普通高等教育"十三五"规划教材

地 基 处 理

主编　武金坤　张红光

中国水利水电出版社
www.waterpub.com.cn
·北京·

内 容 提 要

本教材共 18 章，主要包括地基处理概论、换填、强夯、振冲桩、CFG 桩、石灰桩、灰土桩、灌浆、深层搅拌、锚杆静压桩、加筋土、土工合成材料、土层锚杆和土钉墙等几方面内容。

首先，本教材介绍了地基处理的基本概念、加固理论和计算方法。然后，介绍了每种加固的一些施工和检测方法。通过对本教材的阅读，使读者能够对软基处理方法有所了解，进一步提高地基处理能力。

本教材适合从事水利水电工程施工、设计、管理等方面的高校师生使用，也可供相关专业的从业人员参考。

图书在版编目（ＣＩＰ）数据

地基处理 / 武金坤，张红光主编. -- 北京 : 中国水利水电出版社，2018.8
普通高等教育"十三五"规划教材
ISBN 978-7-5170-6839-6

Ⅰ．①地… Ⅱ．①武… ②张… Ⅲ．①地基处理－高等学校－教材 Ⅳ．①TU472

中国版本图书馆CIP数据核字(2018)第206149号

书　　名	普通高等教育"十三五"规划教材 **地基处理** DIJI CHULI
作　　者	武金坤　张红光　主编
出版发行	中国水利水电出版社 （北京市海淀区玉渊潭南路 1 号 D 座　100038） 网址：www.waterpub.com.cn E-mail：sales@waterpub.com.cn 电话：(010) 68367658（营销中心）
经　　售	北京科水图书销售中心（零售） 电话：(010) 88383994、63202643、68545874 全国各地新华书店和相关出版物销售网点
排　　版	中国水利水电出版社微机排版中心
印　　刷	北京合众伟业印刷有限公司
规　　格	184mm×260mm　16 开本　14.25 印张　338 千字
版　　次	2018 年 8 月第 1 版　2018 年 8 月第 1 次印刷
印　　数	0001—2000 册
定　　价	**35.00** 元

凡购买我社图书，如有缺页、倒页、脱页的，本社营销中心负责调换

前言

随着我国国民经济持续高速的增长，各种基础设施建设的投入不断加大，土木工程得到了前所未有的发展。地基处理是土木工程中重要的一个分支，近些年来，土木工程建设的发展极大地推动了软土地基处理技术研究和应用水平的提高。我国地域辽阔，软土及其他不良地基土分布范围非常广，且差异明显，加上上部结构物对地基的变形要求也越来越严，因此，软土地基处理技术在各类土木工程建设中的应用范围越来越广。

目前，国内外地基处理的方法很多，其中很多方法尚在不断发展完善之中。每一种地基处理方法都有它的适用范围和局限性，没有哪一种处理方法是万能的。工程设计中只能根据工程的具体特点，从几种可行的方案中，通过对技术及经济两方面的综合对比，确定最适合工程的地基处理方案。

本教材配合新规范，介绍了土木工程中主要且常用的地基处理方法，并阐明其加固机理、设计方法、施工方法以及质量检验方法。本教材分 18 章，囊括了换填、强夯、振冲及干振碎石桩、振动沉管砂石桩、CFG 桩、石灰桩、土桩及灰土桩、预压、灌浆、高压喷射灌浆、深层搅拌与粉体喷射搅拌、锚杆静压桩、加筋土、土工合成材料、土层锚杆、土钉墙和锚定板挡土结构等常见的地基处理方法。

本教材的第 1 章、第 3 章至第 13 章由河北工程大学张红光编写，其他章节由河北工程大学武金坤编写，全书由武金坤统稿。感谢李春垒、李文娟在编写过程中提供的帮助。

在编写过程中，本教材参考了部分书籍和文献，在此，谨向这些资料的作者表示衷心的感谢。由于编者水平有限，书中难免存在错误和不当之处，敬请读者批评指正。

编者

2018 年 5 月

目　录

第 1 章 地 基 处 理 概 论

1.1 地基处理中的基本概念

1.1.1 场地

场地是指工程建设所直接占有并直接使用的有限面积的土地。而场地范围内及其邻近的地质环境都会直接影响场地的稳定性。场地的概念应该是宏观的，它不仅代表着所划定的土地范围，还应扩大涉及某种地质现象或工程地质问题所概括的地区，所以不能将"场地"机械地理解为建筑占地面积，在地质条件复杂的地区，还应包括建筑占地面积在内的某个微地貌、地形和地质单元。

场地的评价实际上是工程选址或工程总体规划的一个组成部分。对占有较大地域的工程项目而言，它也是前期工作中可行性研究的一项主要组成部分。其内容包括：①考虑区域工程地质条件并结合场地的具体情况，判断场地范围内及其附近是否存在直接威胁工程安全或影响正常运营的不良地质因素；②如确实存在不良地质因素，则必须进一步说明工程可能带来的具体风险，及为此所需采取的措施和工程额外增加的造价。

1.1.2 基础

基础是建筑物的下部结构。任何建筑物的荷载最终都将传递到地基上，由于上部结构材料强度很高，而地基土相应的强度很低、压缩性较大，因此通过设置一定结构型式和尺寸的基础去解决这个问题。而基础具有承上启下的作用，它一方面处于上部结构的荷载及地基反力的共同作用下，承受由此而产生的内力（轴力、剪力和弯矩等）；另一方面，基础底面的反力反过来又作为地基上的荷载，使地基产生应力和变形。

基础设计时，除了需保证基础结构本身具有足够的刚度和强度外，同时还需选择合理的基础尺寸和布置方案，使地基的变形保持在规范所容许的范围内。

基础方案的论证，常是地基评价的自然引申和必然结果，地基和基础的设计往往是不可分割的。在英语中对"地基"和"基础"均使用 Foundation 一词，可见在实用上两者的一体性，所以基础设计又常被称为地基基础设计。

基础是工程结构物地面以下部分构件的总称，它是工程结构物的重要组成部分。基础按埋置深度可分为浅埋基础（条形基础、柱基础和筏板基础等）和深埋基础（桩基、沉井和沉箱等）；按基础变形特性可分为柔性基础和刚性基础；按基础型式可分为独立基础、联合基础、条形基础、筏板基础、箱形基础、桩基础、管柱基础、沉井基础和沉箱基础等。

1.1.3 地基

地基是指承托建筑物基础的这一部分范围很小的场地，即基础以下的土体。根据基础以下的土体名称和不同的性质，也被称为碎石土地基、砂土地基、黏性土地基、黄土地基、软土地基、冻土地基、膨胀土地基和盐渍土地基等。

地基设计的基本内容是地基承载力、变形和稳定分析。

当基础直接建造在未经加固的天然土层上时，这种地基被称为天然地基。若天然地基较为软弱，不能满足地基强度、变形和稳定分析时，则要事先经过人工处理再建造基础，这种地基加固称为地基处理。地基处理的对象是软弱地基和特殊性土地基。

1.1.3.1　软弱地基

我国的《建筑地基基础设计规范》（GB 50007—2011）中规定："软弱地基系指主要由淤泥、淤泥质土、冲填土、杂填土或其他高压缩性土层构成的地基。"

1. 软（黏）土

淤泥及淤泥质土总称为软（黏）土（soft soil）。它是在静水或非常缓慢的流水环境中沉积，经生物化学作用形成，天然含水量大于液限、天然孔隙比大于 1.0 的黏性土。当天然孔隙比大于或等于 1.0 而小于 1.5 时为淤泥质土（mucky soil）；当天然孔隙比大于或等于 1.5 时为淤泥（muck）。

软土的特性是天然含水量高、天然孔隙比大、渗透系数小、抗剪强度低、地基变形大、不均匀变形也大，流变性大且变形稳定历时较长，在比较深厚的软土层上，建筑物基础的沉降往往持续数年甚至数十年之久。

软土地基设计时应尽量利用其上覆较好的硬壳层作为持力层；应考虑上部结构和地基的共同作用；对建筑体型、荷载情况、结构类型和地质条件等进行综合分析，确定建筑、结构措施和地基处理方法；对活荷载较大的构筑物（如料仓、油罐等），使用初期应根据沉降情况控制加载速率，掌握加载间隔时间或调整活荷载分布，以避免过大倾斜。

建造在软土地基上的建筑物施工时，应注意对基槽底面的保护，减少扰动，以防持力层土的结构破坏而降低强度和增大变形；对荷载差异较大的建筑物，宜先建重、高部分，后建轻、低部分，用以调整不均匀沉降。

软土广泛分布在我国东南沿海、内陆平原和山区，如天津、上海、杭州、宁波、温州、福州、厦门和广州等地区，以及昆明和武汉等内陆地区。

2. 冲填土

冲填土（hydraulic fill）又称吹填土，是由水力冲填泥沙形成的填土，是我国沿海一带常见的人工填土之一，主要是由于整治或疏通江河航道，或因工农业生产需要填平或填高江河附近某些地段时，用高压泥浆泵将挖泥船挖出的泥沙，通过输泥管、排送到需要填高地段及泥沙堆积区，前者为有计划、有目的的填高，而后者则为无目的的堆积，经沉淀排水后形成大片冲填土层。

形成的冲积土在纵横方向上呈不均匀性分布。土的含水量也是不均匀的，土的颗粒越细，排水固结越慢，含水量也越大。当冲填土以黏性土为主时，水分难以排出，土体在形成初期常处于流动状态，强度要经过一定固结时间才能逐渐提高，这类土属于强度低和压缩性大的欠固结土；当冲填土经自然蒸发后，表面常形成龟裂，但下部土体仍然处于流动状态，稍经扰动，即出现触变性（触变性亦称摇变，是指物体一"触"即"变"的性质。如：油漆、涂料等受到剪切时稠度变小，停止剪切时稠度又增加；或受到剪切时稠度变大，停止剪切时稠度又变小的性质）。当冲填土以砂或其他粗颗粒土为主时，排水固结较快，这类土就不属于软弱土。因此，冲填土的工程性质主要取决于颗粒组成、均匀性和排水固结条件。评估冲填土地基的压缩变形和容许承载力时，应考虑欠固结的影响，对于桩基础工程应考虑桩侧负摩擦力的影响。

冲填土主要具有下列特点：

（1）冲填土的颗粒组成随泥沙的来源而变化，有的是砂粒，但在较多情况下是黏土粒和粉土粒。在吹泥的入口处，沉积的土粒较粗，甚至有石块，顺着出口处方向则逐渐变细。除出口处局部范围外，一般尚属均匀。但是，在冲填过程中由于泥沙的来源有所变化，则造成冲填土在纵横方向上的不均匀性。

（2）由吹泥的入口处到出口处，土粒沉淀后常形成约 1‰ 的坡度。坡度的大小与土粒的粗细有关，一般含粗颗粒多的，坡度要大些。

（3）由于土粒的不均匀分布，以及受它表面形成的自然坡度的影响，因而越靠近出口处，土粒越细，排水越慢，土的含水量也越大。

（4）冲填土的含水量较大，一般都大于液限。当土粒很细时，水分难以排出，土体在形成初期呈流动状态。当冲填土表面经自然蒸发后，表面常呈龟裂，但下面的土由于水分不易排除，仍处于流动状态，稍加扰动，即呈触变现象。

（5）冲填前原地面的形状对冲填土的固结排水有较大影响。如原地面高低不平或局部低洼，冲填后土内水分不易排出，就会使它在较长时间内仍处于饱和状态，故压缩性很高，而冲填土在坡岸上，则其排水固结条件就比较好。

在我国长江、上海黄浦江、广州珠江两岸以及天津等地分布着不同性质的冲填土。

3. 杂填土

杂填土（miscellaneous fill）是由人类活动而任意堆填的建筑垃圾、工业废料和生活垃圾。杂填土的成分很不规律，组成的物质杂乱，分布极不均匀，且结构松散，杂填土的主要特性是强度低、压缩性高和均匀性差，一般还具有浸水湿陷性。即使在同一建筑场地的不同位置，地基承载力和压缩性也有较大的差异，对有机质含量较多的生活垃圾和对基础有侵蚀性的工业废料等杂填土，设计时尤应慎重。杂填土一般未经处理不宜作为持力层。根据其物质组成和堆填时间可分为下列类型。

（1）按主要物质组成分。

1）素填土：主要由各类土颗粒组成，其中夹有少量砖瓦片、炉渣、垃圾等杂物，有机物含量一般小于 10%，土的颜色仍接近老土。按土的类别又可分为碎石素填土、砂性素填土、黏性素填土。

2）房渣土：主要由砖头、瓦砾等建筑垃圾夹土类组成。

3）工业废渣土：主要由矿渣、炉渣、电石渣以及其他工业废渣夹少量土类组成。

4）生活垃圾土：主要由炉灰、菜皮、陶瓷片等生活垃圾组成。这种土一般含有机质和未分解的腐殖质较多。

（2）按堆填时间划分。

1）老填土：主要组成物为粗颗粒，其堆填时间在 10 年以上者；或主要组成物为细颗粒，其堆填时间在 20 年以上者，均称老填土。

2）新填土：堆填年限低于上述规定（老填土）者称新填土。

3）杂填土：人类任意堆填的建筑垃圾、工业废物和生活垃圾。杂填土由于是任意堆填而成，其必然存在结构松散、密实度低的缺陷。其工程性质表现为强度低、压缩性高，往往均匀性也差。尤其是含生活垃圾或有机质废料的填土，成分复杂。该类型的填土含腐殖质以及亲水性和水溶性物质，将导致地基产生大的沉降及浸水湿陷性，故这类填土未经处理不宜作为建筑物地基。当遇有面广层厚、性能稳定的工业废料堆积物，也包括部分堆积年代久远的建筑垃圾，宜先对其进行详尽的勘察，然后研究其处理的技术可能性和利用的经济合理性。同时应该注意的是，工业废料中可能包含某些对人体、建筑材料或环境有害的成分。如果加以利用，应通过研究确定可靠的防治措施。

（3）其他高压缩性土。

饱和松散粉细砂（包括部分粉土）也应属于软弱地基范畴，它在动力荷载（机械振动和地震等）重复作用下将产生液化；基坑开挖时也会产生管涌。

对以上 3 种软弱地基勘察时，应查明软弱土层的均匀性、组成、分布范围和土质情况。对冲填土应了解排水固结条件；对杂填土应查明堆载历史，明确自重下稳定性和湿陷性等基本因素。

1.1.3.2　特殊性土地基

特殊性土地基（special foundation）大部分带有地区性特点，它包括软土、湿陷性黄土、膨胀土、红黏土和冻土等。

1. 软土

软土的分类和特性在前面已进行阐明，这里不再进行过多讲解。

2. 湿陷性黄土

凡天然黄土在上覆土的自重应力作用下，或在上覆土自重应力和附加应力共同作用下，受水浸湿后土的结构迅速破坏而发生显著附加下沉的黄土，均称为湿陷性黄土（collapsible loess）。

我国湿陷性黄土广泛分布在黑龙江、吉林、辽宁、内蒙古、山东、河北、河南、山西、陕西、甘肃、宁夏、青海和新疆等地。由于黄土的浸水湿陷而引起建筑物的不均匀沉陷是造成黄土地区事故的主要原因，所以设计时首先要判断是否具有湿陷性，再考虑如何进行地基处理。常见的处理方法见表 1-1。

3. 膨胀土

膨胀土（expansice soil）是指颗粒成分主要由亲水性黏土矿物组成，浸水后体积剧烈膨胀，失水后体积显著收缩的黏性土。由于土中含有较多的蒙脱石、伊利石等黏土矿物，故亲水性很强。当天然含水率较高时，浸水后的膨胀量与膨胀力均较小，而失水后的收缩量与收缩力则很大；天然孔隙比越大时，膨胀量与膨胀力越小，收缩量与收缩力则大些。这类土对建筑物会造成严重危害，但在天然状态下强度一般较高，压缩性低，易被误认为是较好的地基。我国云南、贵州、四川、广西、河北、河南、湖北、陕西、安徽和江苏等地，均有不同范围的分布。影响因素如下：

（1）内在因素。主要是指矿物成分及微观结构两方面。

矿物成分：膨胀土含大量的活性黏土矿物，如蒙脱石和伊利石，尤其是蒙脱石，比表

表 1-1   湿陷性黄土地基常用的处理方法

处理方法		适 用 范 围	一般可处理（或穿透）基底下的湿陷土层厚度/m
垫层法		地下水位以上，局部或整片处理	1～3
夯实法	强夯	S<60%的湿陷性黄土，局部或整片处理	3～6
	重锤夯实		1～2
挤密法		地下水位以上，局部或整片处理	5～15
桩基法		基础荷载大，有可靠的持力层	≤30
预浸水法		Ⅲ级、Ⅳ级自重湿陷性黄土场地，深度 6m 以上，应采用垫层等方法处理	可消除地面 6m 以下全部土层的湿陷性
单液硅化或碱液加固法		一般用于加固地下水位以上的既有建筑物地基	一般不大于 10m，单液硅化加固的最大深度可达 20m

注 S 为土体的饱和度。

面积大，在低含水量时对水有巨大的吸力，土中蒙脱石含量的多寡直接决定着土的胀缩性质的大小。

微观结构：这些矿物成分在空间上的联结状态也影响其胀缩性质。经对大量不同地点的膨胀土扫描电镜分析得知，面—面连接的叠聚体是膨胀土的一种普遍的结构型式，这种结构比团粒结构具有更大的吸水膨胀和失水收缩的能力。

（2）外界因素。水分的迁移是控制土胀、缩特性的关键外在因素。因为只有土中存在着可能产生水分迁移的梯度和进行水分迁移的途径，才有可能引起土的膨胀或收缩。尽管某一种黏土具潜在的较高的膨胀势，但如果它的含水量保持不变，则不会有体积变化发生；相反，含水量的轻微变化，哪怕只是 1%～2% 的量值，实践证明就足以引起有害的膨胀。因此，判断膨胀土的胀缩性指标都是反映含水量变化时膨胀土的胀缩量及膨胀力大小的。

1.2　地基处理方法的分类

地基处理的历史可追溯到古代，许多现代地基处理技术都可在古代找到它的雏形。我国劳动人民在地基处理方面有着极其宝贵的丰富经验，根据历史记载，早在 2000 年前就已采用了软土中夯入碎石（农村入户门院地基）等压密土层的夯实法；灰土和三合土（马王堆汉墓）的换垫法也是我国传统的建筑技术之一。

地基处理方法的分类多种多样。如按时间可分临时性处理和永久性处理；按处理深度可分为浅层处理和深层处理；按土性对象可分为砂性土处理和黏性土处理，饱和土处理和非饱和土处理；也可按照地基处理的作用机理进行分类。编者认为按地基处理的作用机理进行分类的方法较为妥当，见表 1-2，它体现了各种地基处理方法的主要特点。

地基处理的基本方法，无非是置换、夯实、挤密、排水、胶结、加筋等处理方法。这些方法无论是千百年以前还是现在都是仍然有效的方法。值得注意的是，很多地基处理的方法具有多种处理的效果。如碎石桩具有置换、挤密、排水和加筋的多重作用；石灰桩又

表 1-2 地基处理方法的分类

方法类型	机理	处理方法	备　注		
物理处理	换填	挖除换土	全部挖除换土法		
			部分挖除换土法		
		强制换土	自重强制换土法		
			强夯挤淤法		
			爆破换土法		
	密实	浅层密实	碾压法		
			重锤夯实法		
			振动压实发		
		深层密实	冲击密实法	爆破挤密法	
				强夯法	
			振冲法		
			干振法		
			挤密法	砂（石）桩挤密法	
				土桩或灰土桩挤密法	
				石灰桩挤密法	
	排水	力学排水	加压排水法（包括堆载或超载）	砂井排水法	
				袋装砂井排水法	
				塑料带排水法	
			负压排水法		
			真空预压		
			降水法		
		电学排水（电渗排水）			
		其他排水	排水砂（砂石）垫层法		
			土工合成材料法		
	加筋	加筋土			
		土工合成材料			
		土锚			
		土钉			
		锚定板			
		树根桩			
		砂（砂石）桩			
化学处理	搅拌	石灰系搅拌法	石灰桩、灰土桩		
		水泥系搅拌法	水泥土搅拌法	湿喷（深层搅拌法）	
				干喷（粉体喷射搅拌法）	
			灌浆、高压喷射灌浆法		

挤密又吸水，吸水后又进一步挤密等，因而一种地基处理方法可能具有多种处理的效果。所以说单纯的考虑一种加固方式的一种作用显然是不科学的。

各种地基处理方法都是根据各种软弱土的性质发展起来的，因而使用时必须注意其每种地基处理方法的加固机理、适用范围、优点及局限性，见表1-3。

表1-3　　　　　　　　　　　　　常用地基处理方法分类

分类	处理方法	原理及作用	适用范围	优点及局限性
换土垫层法	机械碾压法	挖除浅层软弱土或不良土，分层碾压或夯实土，按回填的材料可分为砂（石）垫层、碎石垫层、粉煤灰垫层、干渣垫层、土（灰土、二灰）垫层等	常用于基坑面积宽大和开挖土方量较大的回填土方工程 适用于处理浅层非饱和软弱地基、湿陷性黄土地基、膨胀土地基、季节性冻土地基、素填土和杂填土地基	简易可行，但仅限于浅层处理，一般不大于3m。对湿陷性黄土地基不大于5m。如遇地下水，对于重要工程，需有附加降低地下水位的措施
	重锤夯实法	它可提高持力层的承载力，减少沉降量，消除或部分消除土的湿陷性和胀缩性，防止土的冻胀作用及改善土的抗液化性	适用于地下水位以上稍湿的黏性土、砂土、湿陷性黄土、杂填土以及分层填土地基	
	平板振动法		适用于处理非饱和无黏性土或黏粒含量少和透水性好的杂填土地基	
	强夯挤淤法	采用边强夯、边填碎石、边挤淤的方法，在地基中形成碎石墩体 可提高地基承载力和减小沉降	适用于厚度较小的淤泥和淤泥质土地基，应通过现场试验才能确定其适用性	
	爆破法	由于振动而使土体产生液化和变形，从而达到较大密实度，用以提高地基承载力和减小沉降	适用于饱和净砂，非饱和但经灌水饱和的砂、粉土和湿陷性黄土	
深层密实法	强夯法	利用强大的夯击能，迫使深层土液化和动力固结，使土体密实，用以提高地基承载力，减小沉降，消除土的湿陷性、胀缩性和液化性 强夯置换是指对厚度小于6m的软弱土层，边夯边填碎石，形成深度为3~6m，直径为2m左右的碎石柱体，与周围土体形成复合地基	适用于碎石土、砂土、素填土、杂填土、低饱和度的粉土、黏性土和湿陷性土 强夯置换适用于软黏土	施工速度快，施工质量容易保证、经处理后土性质量较为均匀，造价经济，适用于处理大面积场地 施工时对周围有很大振动和噪声，不宜在闹市区施工 需要有一套强夯设备（重锤、起重机）
深层密实法	挤密法（碎石、砂石桩挤密法）	利用挤密或振动使深层土密实，并在振动或挤密过程中，回填砂、砾石、碎石、土灰土和石灰等，形成砂桩、碎石桩、土桩、灰土桩、二灰桩或石灰桩，与桩间土一起组成复合地基，从而提高地基承载力，减少沉降量，消除或部分消除土的湿陷性或液化性	砂（砂石）桩挤密法、振动水冲法、干制碎石桩法，一般适用于填土或松散砂土，对软土地基经试验证明加固有效时方可适用	经振冲处理后，地基土性较为均匀
	（土、灰土、二灰桩挤密法）		土桩、灰土桩、二灰桩挤密法一般适用于地下水位以上深度为5~10m的湿陷性黄土和人工填土	
	（石灰桩挤密法）		石灰桩适用于软弱黏性土和杂填土	

1.2.1　复合地基的基本特点

（1）复合地基是由基体（天然地基土体）和增强体（桩体）两部分组成的。复合地基一般可认为由两种刚度（或模量）不同的材料（桩体和桩间土）所组成，因而复合地基是非均质且各向异性的。

（2）复合地基在荷载作用下，由基体和增强体共同承担荷载。复合地基的理论基础是假定在相对刚性基础下，桩和桩间土共同分担上部荷载并协调变形（包括剪切变形）。

1.2.2　复合地基与天然地基及桩基的不同点

复合地基与天然地基同属地基范畴，两者有内在联系，又有本质区别。复合地基的主要受力层在加固体内；复合地基与桩基都是采用桩的形式处理地基，而复合地基中桩与基础都不是直接相连的，它们之间通过垫层（碎石或砂石垫层）来过渡；而桩基中桩体是与基础直接相连，两者形成一个整体，桩基的主要受力层是在桩尖以下一定范围内。由于复合地基理论的最基本假定为桩与桩周土的协调变形。因此，理论上复合地基中也不存在类似桩基中的群桩效应。复合地基的本质就是考虑桩、土的共同作用，这无疑较之仅仅认为荷载由桩体来承担的"桩基"更为经济与合理。

复合地基是由桩和桩间土所组成，其中桩的作用是主要的，同时，地基处理中桩的类型较多，其桩体的性能变化较大。因此，复合地基的类型亦可按桩的类型进行划分。

1. 按成桩材料分类

（1）散体土类桩——如砂（砂石）桩、碎石桩等。

（2）水泥土类桩——如水泥土搅拌桩、旋喷桩等。

（3）混凝土类桩——CFG 桩、树根桩、锚杆静压桩等。

2. 按成桩后桩体的强度分类

（1）柔性桩——散体土类桩属此类桩。

（2）半刚性桩——水泥土类桩。

（3）刚性桩——混凝土类桩。

半刚性桩中水泥掺入量的大小将直接影响桩体的强度。当掺入量较小时，桩体的特性类似柔性桩；而当掺入量较大时，又类似刚性桩。

3. 按成桩的方向分类

（1）纵向增强体复合地基，包括柔性桩、半刚性桩和刚性桩复合地基。

（2）横向增强体复合地基，包括土工合成材料、金属材料格栅等形成的复合地基。

1.2.3　复合地基的作用机理与破坏模式

1.2.3.1　作用机理

不论何种复合地基，都具有以下一种或多种作用。

1. 桩体作用

由于复合地基中桩体的刚度较周围土体为大，在刚性基础下等量变形时，地基中应力按材料的模量进行分配。因此，桩体上产生应力集中现象，大部分荷载将由桩体承担，桩间土上应力相应减小，这样就使得复合地基承载力较原地基有所提高，沉降量有所减少，随着桩体刚度增加，其桩体作用发挥得更为明显。

2. 垫层作用

桩与桩间土复合形成的复合地基，在加固深度范围内形成复合层，它可起到类似垫层的换土、均匀地基应力和增大应力扩散角等作用，在桩体没有贯穿整个软弱土层的地基中，垫层的作用尤其明显。

3. 挤密作用

对砂桩、砂石桩、土桩、灰土桩、二灰桩和石灰桩等，在施工过程中由于振动、沉管、挤密或振冲挤密、排土等原因，可对桩间土起到一定的密实作用。

采用生石灰桩，由于其材料具有吸水、发热和膨胀等作用，对桩间土同样可起到挤密作用。

4. 加速固结作用

除砂（砂石）桩、碎石桩等桩本身具有良好的透水特性外，水泥土类桩和混凝土类桩在某种程度上也可加速地基固结。因为地基固结不但与地基土的排水性能有关，还与地基土的变形特性有关。从土的固结系数 C_v 的计算式反映出来 $C_v = \dfrac{K(1+e_0)}{r_w a}$。虽然水泥土类桩会降低土的渗透系数 K，但它同样会减小地基土的压缩系数 a，而且通常后者的减小幅度要较前者为大。因此使加固后水泥土的固结系数 C_v 大于加固前原地基土的固结系数，所以同样可起到加速固结的作用。国外 Broms 和 Boman 等人对石灰系深层搅拌桩的工程实例进行分析研究后，证明了这种现象。因此，增大桩与桩间土的模量比对加速地基固结是有利的。

5. 加筋作用

复合地基除了可提高地基的承载力外，还可用来提高土体的抗剪强度，因此可提高土坡的抗滑能力［式（4-22）］。国外将砂桩和碎石桩用于高速公路的路基或路堤加固，都归属于"土的加筋"（soil reinforcement），这种人工复合的土体可增加地基的稳定性。

1.2.3.2 破坏模式

在复合地基中，桩体可能存在四种破坏模式，如图 1-1 所示。

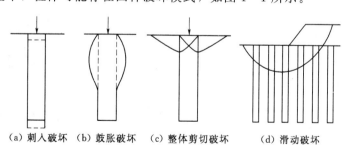

（a）刺入破坏　（b）鼓胀破坏　（c）整体剪切破坏　（d）滑动破坏

图 1-1　复合地基桩体破坏模式

刺入破坏：桩体刚度较大，地基土强度较低的情况下较易发生桩体刺入破坏。桩体发生刺入破坏后，不能承担荷载，进而引起桩间土发生破坏，导致复合地基全面破坏。刚性桩复合地基较易发生此类破坏。

鼓胀破坏：在荷载作用下，桩间土不能提供足够的围压来阻止桩体发生过大的侧向变形，从而产生桩体鼓胀破坏，并引起复合地基全面破坏。散体材料桩复合地基往往发生鼓胀破坏，在一定的条件下，柔性桩复合地基也可能产生此类型式的破坏。

整体剪切破坏：在荷载作用下，复合地基将出现如图 1-1（c）所示的塑性区，在滑动面上桩和土体均发生剪切破坏。散体材料桩复合地基较易发生整体剪切破坏，柔性桩复合地基在一定条件下也可能发生此类破坏。

滑动破坏：如图 1-1（d）所示，在荷载作用下复合地基沿某一滑动面产生滑动破坏。在滑动面上，桩体和桩间土均发生剪切破坏。各种复合地基都可能发生这类型式的破坏。

（1）对不同的桩型，有不同的破坏模式。如对碎石桩可能的破坏模式是鼓胀破坏；而对 CFG 桩的短桩可能的破坏模式是刺入破坏。

（2）对同一桩型，随桩身强度的不同，也存在不同的破坏模式。从水泥土搅拌桩载荷试验中多点位移测试资料分析，以及现场开挖的桩身破坏状态证明，当水泥掺入量较小（$a_w = 7\%$）时，水泥土轴向应变很大（4%～9%），应力才达到峰值并产生塑性破坏，此后在较大应变范围内缓慢下降，这就表现出桩体鼓胀破坏。桩体破坏主要发生在（3～5）D（D 为桩径）范围内。当水泥掺入量很高（$a_w = 25\%$）时，水泥土轴向变形较小。为此，桩体对软弱下卧土层就会产生刺入破坏。但当 $a_w = 15\%$ 时，水泥土在较小应变的情况下，才使应力达到峰值，随即发生脆性破坏，这又类似于桩体整体剪切破坏的特性，通过室内模型试验得出类似的结论。当水泥掺入量为 $a_w \leqslant 10\%$ 时，桩的承载力基本上与桩长无关，而水泥掺入量较大（$a_w \geqslant 20\%$）时，桩的承载力随桩长的增加而提高。

（3）对同一桩型，当土层条件不同时，会发生不同的破坏模式。以碎石桩为例，当浅层存在非常软弱的软土情况 ［图 1-2（a）］ 时，碎石桩将在浅层发生剪切或鼓胀破坏；当较深层存在有局部非常软弱的黏土情况 ［图 1-2（b）］ 时，碎石桩将在较深层发生局部鼓胀；同样，当较深层存在有较厚非常软弱的黏土情况 ［图 1-2（c）］ 时，碎石桩将在较深层发生鼓胀破坏，而其上的碎石桩将发生刺入破坏。

综上所述，复合地基的破坏模式是比较复杂的，一般可认为取决于桩与桩间土的破坏特性。

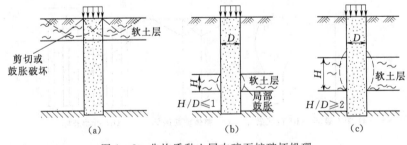

图 1-2 非均质黏土层中碎石桩破坏机理

对散体土类桩的复合地基，由于桩和桩间土的模量和破坏时应变值一般相差不大，所以几乎同时进入破坏状态。

对水泥土类桩复合地基，由于水泥土的模量较大，破坏应变较小，在相等应变条件下，水泥土桩率先进入破坏状态（图 1-3）。

在载荷试验的实践中，发现搅拌桩破坏时存在着二次屈服现象（图 1-4），亦即在荷载施加的前一阶段，桩承担了较大的荷载并首先进入屈服状态，p-s 曲线中出现了第一次屈服，其后再施加的荷载将主要由桩间土承担，直至桩间土进入第二次屈服现象，此时复合地基进入极限状态。

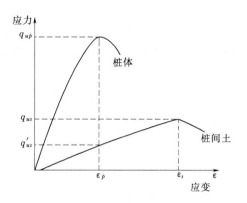

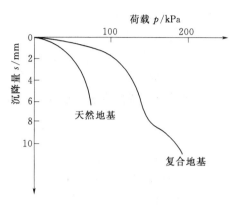

图 1-3 水泥土桩体与桩间土应力应变关系　　图 1-4 搅拌桩荷载试验中复合地基
　　　　　　　　　　　　　　　　　　　　　　　　的二次屈服现象

1.2.4 复合地基承载力特性和设计计算

复合地基设计应满足建筑物承载力和变形要求。地基土为欠固结土、膨胀土、湿陷性黄土、可液化土等特殊土时，设计时应综合考虑土体的特殊性质，选用适当的增强体和施工工艺。应在有代表性的场地上进行现场试验或试验性施工，并进行必要的测试，以确定设计参数和处理效果，取得地区经验后方可推广使用。复合地基增强体应进行桩身完整性和承载力检验。复合地基承载力特征值应通过现场复合地基载荷试验确定，或采用增强体的载荷试验结果和周边土的承载力特征值根据经验确定。

地基初步设计时可按下式估算承载力：

（1）对散体材料增强体复合地基：

$$f_{spk}=[1+m(n-1)]\alpha f_{ak} \tag{1-1a}$$

式中　f_{spk}——复合地基承载力特征值，kPa；

　　　f_{ak}——天然地基承载力特征值，kPa；

　　　α——桩间土承载力提高系数，应按静荷载实验确定；

　　　n——复合地基桩土应力比，在无实测资料时，可取 1.5～2.5，原土强度低取大值，原土强度高取小值；

　　　m——复合地基置换率，$m=d^2/d_e^2$；d 为桩身平均直径，m，d_e 为一根桩分担的处理地基面积的等效圆直径，m；等边三角形布桩 $d_e=1.05s$，正方形布桩 $d_e=1.13s$，矩形布桩 $d_e=1.13\sqrt{s_1 s_2}$，s、s_1、s_2 分别为桩间距、纵向桩间距和横向桩间距。

（2）对有粘结强度增强体复合地基：

$$f_{spk}=\lambda m\frac{R_a}{A_p}+\beta(1-m)f_{sk} \tag{1-1b}$$

式中　f_{spk}——复合地基承载力特征值，kPa；

λ——单桩承载力发挥系数，宜按当地经验取值，无经验时可取 0.70～0.90；

m——面积置换率；

R_a——单桩承载力特征值，kN；

A_p——桩的截面积，m^2；

β——桩间土承载力发挥系数，按当地经验取值，无经验时可取 0.90～1.00；

f_{sk}——处理后桩间土承载力特征值，kPa，应按静荷载实验确定；无实验资料时可取天然地基承载力特征值。

单桩竖向承载力特征值应通过现场载荷实验确定。初步设计时也可按式（1-2）估算

$$R_a = u_p \sum_{i=1}^{n} q_{si} l_i + \alpha q_p A_p \tag{1-2}$$

式中　u_p——桩的周长，m；

n——桩长范围内所划分的土层数；

q_{si}——桩周第 i 层土的侧阻力特征值，应按地区经验确定；

l_i——桩长范围内第 i 层土的厚度，m；

q_p——桩端土端阻力特征值，kPa，可按现行国家标准《建筑地基基础设计规范》（GB 50007—2001）的有关规定确定。

有粘结强度复合地基增强体桩身强度应满足下列规定：

$$f_{cu} \geqslant 3\frac{R_a}{A_p} \tag{1-3a}$$

式中　f_{cu}——桩体试块（边长 150mm 立方体）标准养护 28 天的立方体抗压强度平均值，kPa。

当承载力验算考虑基础埋深的深度修正时增强体桩身强度还应满足下式规定：

$$f_{cu} \geqslant 3\frac{R_a}{A_p} + \gamma_m(d-0.5) \tag{1-3b}$$

式中　γ_m——基础底面以上土的加权平均重度，地下水位以下取浮重度；

d——基础埋置深度，m。

复合地基变形计算应符合国家《建筑地基基础设计规范》（GB 50007—2011）的有关规定确定。复合土层的压缩模量可按下式计算：

$$E_{sp} = \zeta E_s \tag{1-4a}$$

$$\zeta = \frac{f_{skp}}{f_{ak}} \tag{1-4b}$$

式中　f_{ak}——基础底面下天然地基承载力特征值，kPa。

复合地基的变形计算经验系数应根据地区沉降观测资料统计确定，无经验资料时可采用表 1-4 的数值。

表 1-4		变形计算经验系数 ψ_s		
$\overline{E_s}$/MPa	4.0	7.0	15.0	30.0	45.0
复合地基	1.0	0.7	0.4	0.25	0.15

以下对确定复合地基承载力值时几个有关问题进行阐述。

1. 桩土应力比

桩土应力比 n 是复合地基中的一个重要参数，它关系到复合地基承载力和变形的计算，它与荷载水平、桩土模量比、桩土面积置换率、原地基土强度、桩长、固结时间和垫层情况等因素有关。

（1）荷载水平对 n 的影响。国内对几种不同复合地基的桩土应力比量测结果，如图 1-5 所示。可见 n 值的变化范围随复合地基的桩类别不同而有不同，如树根桩复合地基的 n 值远远大于碎石桩复合地基的 n 值，这可理解为树根桩的刚度远远大于碎石桩的刚度。

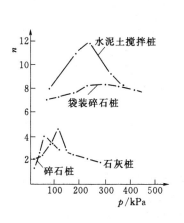
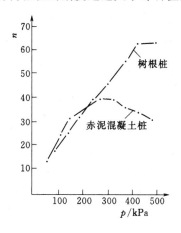

图 1-5　各种不同桩型的 p-n 关系曲线

复合地基与基础间通常铺有碎石等垫层，在荷载作用初期，荷载将通过垫层比较均匀地传递到桩和桩间土，然后随着桩和桩间土变形的发展，桩间土应力逐渐向桩上集中，随着荷载的逐渐增大，复合地基变形也随之增大，桩上应力加剧，桩土应力比也随之增大。

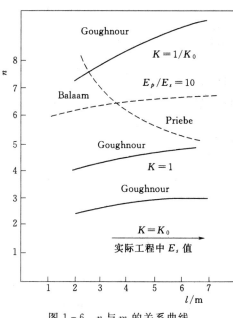

图 1-6　n 与 m 的关系曲线

但随着荷载的继续增大，往往桩体首先进入塑性状态，桩体变形加大，桩上应力就会逐渐向桩间土上转移，桩土应力比反而减小，直至桩和桩间土共同进入塑性状态，复合地基就趋向破坏。

（2）桩土模量比对 n 的影响。桩土模量比 E_p/E_s 是对桩土应力比大小影响比较明显的另一个参数。随着桩土模量比的增大，桩土应力比近于呈线性的增长。

（3）面积置换率对 n 的影响。国外学者的成果，得出桩土应力比 n 随置换率 m 的减小而增大（图 1-6）。

（4）原地基土强度对 n 的影响。由于原地基土的强度大小直接影响桩体的强度与刚度，因此即使对同一类桩，不同的地基土也将会有不同的桩土应力比。原地基土的强度

13

低，其桩土应力比就大，而原地基土强度高，则其桩土应力比就小。

由于碎石桩的承载力主要来自于桩侧土的约束，而袋装碎石桩实际上是采用土工合成材料来增强对桩体的约束能力。如图1-5所示，其桩土应力比大于一般碎石桩复合地基的n值。

（5）桩长对n的影响。图1-7给出了桩的长径比（L/d）与桩土应力比n的关系曲

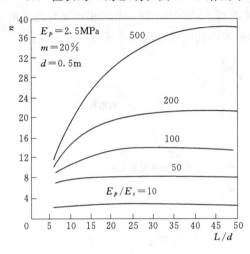

图1-7 n与L/d的关系曲线

线（段继伟、龚晓南等，1992），发现n随L的增加而增大，但当桩长达到某一值时，n值几乎不再增大。为此，存在一个"有效桩长L_e"，的概念。亦即$L > L_e$后，n值不再增大。另外，有效桩长L_e与桩土模量比E_p/E_s有关，即E_p/E_s值越小，则L_e也越小。

（6）时间对n的影响。桩土应力比是随时间变化的，目前所谓的桩土应力比是指稳定历时的桩土应力比，即每级荷载作用下达到稳定时的桩土应力比。

韩杰、叶书麟、曾志贤（1990）通过载荷试验所得碎石桩复合地基桩土应力比n与时间t的关系曲线［图1-8（a）］，而图1-8（b）则为国外Juran（1988）通过室内试验所

得结果，两者规律是一致的。

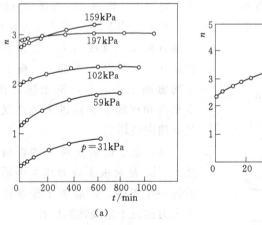

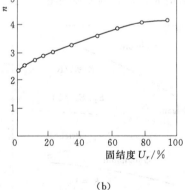

（a）　　　　　　　　　　（b）

图1-8 n与t的关系曲线

参考众多工程中的实测碎石桩复合地基桩土应力比n-t的关系曲线，可得到如下结论：在整个施工过程中随着荷载和时间的增长而增大。

2. 基底附加应力分布

由于复合地基本身的复杂性，国内外目前尚无复合地基附加应力计算公式，图1-9为在荷载作用下复合地基中竖向附加应力的等值线图，同样表现为桩体范围内产生应力集

中。若以等值线 $\sigma_y/p=0.1$ 为标准确定压缩层深度时为 $5.7R$（R 为荷载板直径的一半），而桩间土范围内影响深度为 $3.9R$，计算还表明，随着模量比 E_p/E_s 的增大，桩体范围内的影响深度加大，而桩间土的影响深度减小，这也说明桩体的刚度直接影响着桩体的破坏模式。

3. 基底反力

众所周知，在天然地基（黏性土）的刚性基础下，基底反力呈马鞍形分布。然而，对复合地基通过现场载荷试验，获得了在荷载板下碎石桩和水泥土搅拌桩复合地基的反力分布图，如图 1-10 所示。在实际建筑物基础下也同样测得了碎石桩复合地基的反力

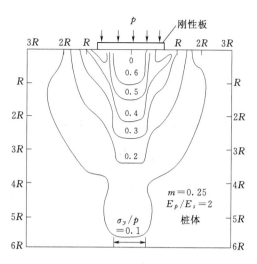

图 1-9 复合地基竖向附加应力等值线图

分布形态，从图中可见，桩顶范围内应力明显集中，并随着荷载的增大而加剧，但桩间土上反力仍保持着类似天然地基时的马鞍形分布。

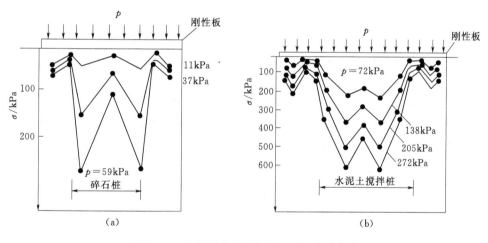

图 1-10 实测荷载板下复合地基反力分布图

1.2.5 复合地基变形特性和设计计算

复合地基变形计算主要包括复合地基加固区 s_1 的变形计算和加固区下卧层 s_2 的变形计算。加固区下卧层 s_2 的变形计算可按现行《建筑地基基础设计规范》（GB 50007—2011）的计算方法进行。而加固区的变形计算方法主要有以下两种方法。

1.2.5.1 多桩型复合地基变形计算

（1）具有粘结强度的长短桩复合地基宜采用以下方法。将总变形量视为三部分组成，即长短桩复合加固区压缩变形、短桩桩端至长桩桩端的加固区压缩变形、复合土层下卧土层压缩变形。其中加固区的压缩变形计算可采用复合模量法计算，复合土层下卧土层变形宜按现行国家标准《建筑地基基础设计规范》（GB 50007—2011）的规定，采用分层总和

法计算。

$$s = s_1 + s_2 + s_3 \qquad (1-5a)$$

式中　s_1——长、短桩复合土层产生的压缩变形；

　　　s_2——短桩桩端至长桩桩端复合土层产生的压缩变形；

　　　s_3——下卧土层的压缩变形。

采用复合模量法计算复合地基变形：

$$s = \psi_{sp} \Bigg[\sum_{i=1}^{n_1} \frac{p_b}{E_{si}} (Z_i \overline{\alpha_i} - Z_{i-1} \overline{\alpha_{i-1}}) + \sum_{i=n+1}^{n_2} \frac{p_b}{\zeta_2 E_{si}} (Z_i \overline{\alpha_i} - Z_{i-1} \overline{\alpha_{i-1}})$$
$$+ \sum_{j=n+1}^{n} \frac{p_b}{E_{si}} (Z_j \overline{\alpha_j} - Z_{j-1} \overline{\alpha_{j-1}}) \Bigg] \qquad (1-5b)$$

式中　s——长短桩复合地基变形量；

　n_1、n_2——长短桩复合加固区、短桩桩端至长桩桩端加固区土层分层数；

　　　n_3——变形计算深度内下卧土层分层；

　ζ_1、ζ_2——长短桩复合加固区、短桩桩端至长桩桩端加固区各土层的模量提高系数，分别按下式计算：

$$\zeta_1 = \frac{f_{spk}}{f_{ak}} \qquad (1-5c)$$

$$\zeta_2 = \frac{f_{spk1}}{f_{ak}} \qquad (1-5d)$$

式中　f_{spk1}——仅由长桩处理成复合地基承载力特征值；

　　　f_{spk}——长短桩复合地基承载力特征值；

　　　f_{ak}——天然地基承载力特征值。

（2）由具有粘结强度的 A 桩与散体材料 B 桩组合形成的复合地基变形计算，宜采用水泥粉煤灰碎石桩复合地基变形计算方法，其中散体材料桩与有粘结强度桩共同形成的复合土层模量计算采用下式：

$$\zeta_1 E_{si} = \frac{f_{spk}}{f_{sk}} [m_2 E_{p2} + (1-m_2) E_{si}] \qquad (1-5e)$$

式中　f_{sk}——仅由 B 桩加固处理后桩间土承载力特征值；

　　　E_{p2}——散体材料桩身材料压缩模量。

或者，

$$\zeta_1 E_{si} = \frac{f_{spk}}{f_{sk}} [1 + m_2(n-1)] \alpha E_s \qquad (1-5f)$$

式中　f_{sk}——仅由 B 桩加固处理后桩间土承载力特征值；

　　　n——桩土应力比，按规范有关规定选取；

　　　α——桩间土承载力提高系数，可按规范中有关规定选取。

（3）复合地基变形计算深度必须大于复合土层的厚度，并应满足现行国家标准《建筑地基基础设计规范》（GB 50007—2011）中地基变形计算深度的有关规定。

1.2.5.2　多桩型复合地基的施工要求

（1）后施工桩不应对先施工桩产生使其降低或丧失承载力的扰动。

（2）对可液化土，应先处理液化，再施工提高承载力增强体桩。

（3）对湿陷性黄土，应先处理湿陷性，再施工提高承载力增强体桩。

（4）对长短桩复合地基，应先施工长桩后施工短桩。

多桩型复合地基的承载力检测宜采用多桩复合地基载荷实验，承载力载荷实验及复合地基质量检验的具体要求应符合有关章节要求。

1.3 复合地基载荷试验

《建筑地基处理技术规范》（JGJ 79—2012）中附录一规定的复合地基载荷试验要点如下：

（1）本试验要点适用于单桩复合地基载荷试验和多桩复合地基载荷试验。

（2）复合地基载荷试验用于测定承压板下应力主要影响范围内复合土层的承载力。复合地基载荷试验承压板应具有足够刚度。单桩复合地基载荷试验的压板可用圆形或方形，面积为一根桩承担的处理面积；多桩复合地基载荷试验的压板可用方形或矩形，其尺寸按实际桩数所承担的处理面积确定。桩的中心（或形心）应与承压板中心保持一致，并与荷载作用点相重合。

（3）试验应在桩顶设计标高进行。承压板底面以下宜铺设 100～150mm 中、粗砂垫层（桩身强度高时取大值）。如采用设计垫层厚度进行试验，对独立基础和条形基础应采用设计基础宽度，对大型基础有困难时应考虑承压板尺寸和垫层厚度对试验结果的影响。试验标高处的试坑宽度和长度不应小于承压板尺寸的 3 倍。基准梁及加荷平台支点（或锚桩）宜设在试坑以外，且与承压板边的净距不应小于 2m。

（4）试验前应采取试坑内的防水和排水措施，防止试验场地地基土含水量变化或地基土扰动，影响试验结果。

（5）加载等级可分为 8～12 级。总加载量不宜少于设计要求承载力特征值的两倍。

（6）每加一级荷载 Q，在加荷前后应各读记压板沉降 s 一次，以后每半个小时读记一次。当一小时内沉降量小于 0.1mm 时，即可加下一级荷载。

（7）当出现下列现象之一时，可终止试验：

1）沉降急剧增大，土被挤出或压板周围出现明显的裂缝。

2）累计的沉降量已大于压板宽度或直径的 10%。

3）总加载量已为设计要求值的两倍以上。

1.4 地基处理技术的国内外发展情况

新中国成立后，特别在近 20 年来得到了迅猛发展。回顾近 70 年来我国地基处理技术的发展历程大体经历了两个阶段。

第一阶段：20 世纪 50—60 年代为起步应用阶段，这一时期大量地基处理技术从苏联引进国门，最为广泛使用的是垫层等浅层处理法。主要为砂石垫层、砂桩挤密、石灰桩、灰土桩、化学灌浆、重锤夯实、预浸水法及井点降水等地基处理技术应用于工业民用建筑。由于是起步阶段，既有成功之经验，又有盲目照搬之教训。

第二阶段：20 世纪 70 年代至今，为应用、发展、创新阶段。大批国外先进技术被引进、开发，并结合我国自身特点，初步形成了具有中国特色的地基处理技术及其支护体系，许多领域达到了国际领先水平。

（1）大直径灌注桩得到了前所未有的发展。20 世纪 70 年代中后期，大直径灌注桩陆续在广州、深圳、北京、上海、厦门等大城市应用于高层和重型构筑物地基处理，80—90 年代初已普及到全国数以百计的大中城市及新兴开发区，广泛应用于软土、黄土、膨胀土、特殊土地基。据估计，近年我国应用大直径灌注桩数量之多堪称世界各国之最，可谓起步虽晚而发展迅猛。

（2）石灰桩、碎石桩、高喷灌浆、深层搅拌、真空预压、动力固结、塑料排水板法等得到了广泛的研究和应用。同时，水工织物在建筑中得到重视和使用，利用工业废渣、废料及其城市建筑垃圾处理地基的研究取得了可喜的进步，譬如采用粉煤灰、生石灰开发成二灰复合地基，又如利用废钢渣开发成了钢渣桩复合地基，利用城市建筑垃圾开发成了渣土桩复合地基等。这些项目的开发利用，不仅能节约大量资源、降低建设费用，同时为改善环境、减少城市污染开辟了新的途径。

（3）托换技术在手段和工艺上有了显著进展。托换技术分加固和纠偏托换两类。前者常采用的有微型钢筋混凝土灌注桩、锚杆静压桩、一般灌注桩及旋喷等措施。后者是一种将已影响建筑物正常使用的不均匀沉降或倾斜纠正过来的特殊的地基处理手段。近十几年来由于掏土纠偏技术的应用发展，不仅大量条形以及筏式基础的倾斜建筑物得到了纠正，而且使倾斜的桩基础建筑物得到了奇迹般的纠偏，在地基处理中特别是在已建工程中有着广阔的应用前景。

（4）大刚度柔性桩复合地基的出现，极大地拓宽了地基处理的应用领域。其主要途径是通过提高桩体材料的强度或刚度来实现提高复合地基的承载力。在这一领域，1990—1994 年先后有中国建科院、浙江建科院、浙江大学研究开发了碎石、水泥、粉煤灰以及水泥、赤泥、碎石和水泥、粉煤灰、生石灰、砂石桩等复合地基、使得工业废料得到综合利用，有效地降低了成本费用。

（5）近年来引人注目的发展还有大桩距的较短钢筋混凝土疏桩复合地基的开发与应用。它是一种介于传统概念上的桩基与复合地基之间的新型地基基础型式。采用桩基疏布，使得桩间土的承载作用得到充分发挥，使桩与土共同承受上部结构荷载，从而有效地将建筑物沉降控制在允许范围内。尽管疏桩基础设计理论有待完善，但它必将会推动这一新型基础型式的广泛应用。

（6）近年来令人关注的还有：我国武汉、成都等地研制开发了将人工挖孔桩设计成空心桩，这在国外是没有的。其特点与实心桩相比，可节省混凝土 50% 以上，仍可满足强度要求，同时能减少废土外运。施工便捷、工艺安全、结构合理，具有应用前景。

（7）我国近年有一项发明专利，称为"钻孔压浆成桩法"。基本原理是用螺旋钻杆钻至预定深度后，从钻具内管底端以高压喷射出水泥浆，边喷边提钻杆，直至浆液达到无坍孔预定深度，再提钻具，投置钢筋笼、骨料。然后通过附着于钢筋笼的通水管，由孔底自下而上以高压补浆而成桩，该法适应于杂填土、淤泥、流砂、卵石等各种地基，尽管是一种方法，但它是地基处理技术中发展起来的一朵奇葩，具有较好、较广的实用价值，不受地下水位影响，不需泥浆护壁，具有推广价值和应用前景。

（8）深基坑工程及其支护体系得到迅猛发展，深基坑工程是近十几年来我国在城市建设迅猛发展中伴随着大量高层、超高层建筑、地铁、地下车库、地下商城等大型市政地下设施的兴建而发展起来的地基处理技术。据有关资料，我国大中城市仅十几年间 10 层以上的建筑物已逾 1 亿 m^2，其中高度超 100m 的已近 200 座。已跻身于世界百座超级巨厦之列的有上海金茂大厦、深圳地王大厦、广州中天大厦。

（9）海上软基处理也得到了迅猛的发展。例如港珠澳大桥上的人工岛，人工岛的建设不仅涉及外海无掩护条件下在深厚软土地基上构筑岛壁结构、形成陆域以及加固软基等大量复杂工程的设计和施工；同时需要提供稳固的深基坑支护结构，优质快速地现浇岛上段隧道形成沉管隧道安装对接条件，其建设难度挑战巨大。我国建设者创造性的采用了"深插钢圆筒快速筑岛成套技术"，并取得成功。

资料表明，我国已建和在建的高楼、超高楼其基坑深度已由 6m、8m 发展到 10m、20m 以上，自 20 世纪 80 年代以来已开发利用地下空间约 5000 万 m^3，大体相当于深基坑工程规模。深基坑的发展伴随着支护结构的发展，经过实践筛选，又形成了我国自己的支护体系。基坑深度在 6m 以内乃至 10m 以内的支护结构类型为水泥搅拌桩和土钉墙。6～10m 的基坑除采用前述方法外，常采用钻孔桩、沉管桩或钢筋混凝土预制桩等，并根据边界条件如防渗止水时，则辅以水泥土搅拌桩、化学灌浆或高压喷射灌浆而成水帷幕，有时也用钢板桩或 H 型钢桩。当基坑深度大于 10m，一般考虑采用地下连续墙或 SMW 工法连续墙等。

思 考 题

1. 什么是场地？其内容都包括些什么？
2. 基础和地基的区别是什么？
3. 地基处理的对象是什么？
4. 复合地基桩体破坏模式是什么？
5. 复合地基的作用机理是什么？
6. 复合地基变形特性和设计计算是什么？

第2章 换　　填

在我国，作为广大中、低层建筑物的支持土层——浅埋土层，由于地域不同、历史成因不同、地质年代不同和上覆荷载历史不同而呈现出极其复杂的特性。除了那些能直接支承建筑物重量，能满足变形与使用要求的土层外，还大量存在着必须经过人工处理才能利用的土层。如分布于我国中部和西北部地区的湿陷性黄土，分布于我国中部与南部地区的膨胀土，分布于我国北方的冻胀土等。这些土层的自然特性往往给建筑物带来危害，必须经过人工处理才能利用。

2.1　换填土的种类和基本特性

2.1.1　杂填土

杂填土是指在城镇中由于人类的长期或短期活动历史形成的地表填土层。

根据杂填土的成因和地貌特征，可分为以下几种类型。

1. 填高地表

城镇中一些地势低洼的地方，因需要利用人们生产和生活中产生的废物填高。在填筑过程中使用的填土大都未经处理。这类填土一般占地较广，但厚度不大。填土的组成物质取决于填筑料，如生活垃圾、建筑垃圾及工业废料（钢渣、煤渣、炉渣、粉煤灰等）。这类填土层下面一般没有淤泥。

2. 填塞沟浜

有些地区沟、塘、浜较多，随着历史的发展、生产与生活上的需要，它们逐渐被填塞。这类填土一般分布不广，其范围依浜、塘形状而定；深度随浜、塘深度而定，一般比前一类填土深。这类填土除了存在水草、残根外，往往在底部残留有淤泥，因此含有大量有机质，土质十分软弱。

3. 由于灾害而毁坏或进行房屋拆迁形成的填土

这类填土组成物大多是碎砖、瓦砾夹黏性土，有机质含量较少，填筑年代从几百年至几十年不等。这类填土中由于存在旧墙基、下水道、废井等，情况非常复杂。

4. 墓穴、暗井填土

这类填土多存在于历史悠久的城镇中。由于历史上人类的活动而被填塞。它土质松软，成分杂乱，常含有棺木和人骨等。

2.1.2　湿陷性黄土

我国黄土分布很广，主要分布在河南、陕西、甘肃、山西和青海等省份。而其中湿陷性黄土的面积约占总面积的 60%，一般为晚更新世（Q_3）和全更新世（Q_4）或更近期的黄土。

黄土以粉土颗粒为主，具有垂直节理。湿陷性黄土属大孔土，其湿陷性在地基浸水情况下表现出来，带有偶然性、局部性和不均匀性。

湿陷性黄土有自重湿陷与非自重湿陷之分。自重湿陷性即土层在上覆土的饱和自重压力下压缩稳定后，浸水再压缩，其再压缩量超过一定数值后的湿陷性黄土。

2.1.3 膨胀土

膨胀土主要分布在我国中部与南部，如山西、湖北、湖南、云南、广西等地，约计13个省份。

膨胀土属黏性土，其颗粒成分主要由亲水性矿物组成，表现为多裂隙，裂隙中常被灰白、灰绿软黏土所充填。

膨胀土具有吸水膨胀、失水收缩的明显特性。由于其与水分的增多或减少具有直接关系，因而与气候、雨水量关系密切。其地基土变形表现为雨季上升、旱季下降、并长期反复。同时变形大小又与土层埋置深度、环境因素有关。土层埋置浅，变形大；补水条件丰富，失水容易，变形也大。重要的一条是，其胀缩能力确会危害建筑物使用安全的才称为膨胀土，这是区别膨胀土与非膨胀土的一条重要的标志。

2.2 勘察要求

上面介绍的各类浅层土具有局部性、不均匀性，情况复杂的特点，对勘察工作提出了更细致的要求。必须根据不同的土层特性采取相应的勘探手段，而详细、明确的勘探成果，又是进行人工处理获得成功的先决条件。

2.2.1 杂填土

已如前述，杂填土组成成分极其复杂，其颗粒尺寸和级配均可有极大的差异；其所含物质的坚硬程度可以有显著的差别；位于同一场地的填土，其填筑年代、填筑后的经历也可完全不同。另外，填筑前场地的地貌起伏不同以及浜塘的存在，使填土的广度、深度都变化不定，这些都要求在勘察阶段能详细查明，必要时并需进行一些辅助试验来确定填土的性质。

杂填土地基的勘测可按照以下步骤进行：

（1）结合城镇历年地形图，初步查明建筑场地的地形情况与标高变化，有无填埋的浜、塘和沟等。

（2）现场踏勘及调查访问，了解历年地貌的变化。

（3）可用螺丝钻探明填土的地层分布、深度、范围及充填物、小间距的钻孔可核实暗浜位置，了解填土的分布、深度及大致组成情况。

（4）基槽开挖以后，勘察、设计、施工三方到现场验坑、验槽，校核勘察报告的结论。对复杂基槽，可用压路机碾压、木夯夯打、密打铁钎等方法辅助。

（5）对填土层进行取土试验及静载荷试验。改变在填土层不取土的传统做法，对填土层是否能作为建筑物的天然地基提供依据。这主要适用于填土中黏性土成分为主时。

静载荷试验则可用来基本了解填土层的承载能力及压缩特性。

2.2.2　湿陷性黄土

要查明建筑场地的湿陷性，必须应用各种勘探手段确定湿陷性黄土层的平面范围、厚度、湿陷类型、湿陷等级和容许承载力等。同时尚须查明地下水和地表水的情况。

要确定黄土层的地质年代、成因和分布规律，调查地下水的深度、季节性的变化幅度、升降趋势，地表水及灌溉情况，了解降水的积聚及排水条件，调查山洪淹没范围及其发生时间。调查邻近建筑物现状，工程建设可能引起的不良地质现象。查明地下的墓、井、坑穴和矿井等。

湿陷性的判定可用湿陷系数 Δ_g；自重湿陷性的确定可用自重湿陷性系数 Δ_{zs}，场地的湿陷性应主要考虑在湿陷影响深度范围内各土层的湿陷性系数及其相应的厚度。

湿陷性的评价主要用湿陷类型和湿陷等级来表示。

湿陷类型可按计算的自重湿陷量或实测的自重湿陷量 Δ'_{zs} 来划分：

$\Delta_{zs} < 7\text{cm}$，一般定为非自重湿陷性黄土场地；$\Delta_{zs} > 11\text{cm}$，一般定为自重湿陷性黄土场地。

建筑场地的湿陷类型，应结合工程所在地区的地形、地貌条件和当地的建筑经验等因素进行综合判定。

当用 Δ'_{zs} 来划分时，一般如下：

$\Delta'_{zs} < 7\text{cm}$，为非自重湿陷性黄土场地；

$\Delta'_{zs} > 7\text{cm}$，为自重湿陷性黄土场地。实践证明，用 Δ'_{zs} 比用 Δ_{zs} 的划分可靠。

湿陷性黄土地基的湿陷强度程度以分级湿陷量 Δ_g 来划分。按分级湿陷量划分湿陷等级的标准见表 2-1。

表 2-1　　　　　　　　　　　　湿陷性黄土地基的湿陷等级

湿　陷　等　级	湿　陷　类　型	
	非自重湿陷黄土地基	自重湿陷性黄土地基
	Δ_g（分级湿陷量）/cm	
I	$\leqslant 15$	$\leqslant 15$
II	$15 < \Delta_g \leqslant 35$	$15 < \Delta_g \leqslant 40$
III	> 35	> 40

2.2.3　膨胀土

勘探的首要目的是确定建设场地土质是否属膨胀土，判别应从两个方面着手。一是了解及掌握场地的工程地质特征。膨胀土的工程地质特征主要表现为：裂隙发育且为灰白、灰绿色枯土所充填；一般在二级或二级以上阶地以及丘陵地带出露；地形平缓，无明显陡坎；自然条件下呈硬土状态，新开挖的边坡易坍塌；建筑物裂缝随气候变化而张开和闭合。二是自由膨胀率 δ_{ef} 值。自由膨胀率即黏土颗粒在无结构力的影响下，充分吸水后土体体积增加的百分比，具有上述工程特质且 $\delta_{ef} \geqslant 40\%$ 的土可判定为膨胀土。

勘探的第二步要给出膨胀土的类别，供设计人员预估建筑物的可能变形及引起的损坏程度。预估地基土的分级胀缩变形量来评价的分级标准可见表 2-2。

表 2 - 2   膨胀土地基的胀缩等级

等级	分级变形量/cm	等级	分级变形量/cm
Ⅰ	1.5～3.5	Ⅲ	≥7.0
Ⅱ	3.6～7.0		

勘探的第三步应确定地基急剧胀缩变形层（主要胀缩变形层）的厚度。一般从 1.5～4.0m 不等。可供设计人员作出基础埋深与基础处理的判断。

2.3 土的压实机理

换土或填土垫层应具有较高的承载能力与较低的压缩性。这一目的通常通过外界振实机械做功来达到。土的压实与以下三个主要影响因素有关，分别是土的特性、土的含水量和振实能量。

试验表明，在一定振实能量作用下，不论是黏性土类或是砂性土类，其振实结果都与含水量有关，通常用土的干密度与含水量的关系曲线来表达。在黏性土中，以结合水、吸附水与自由水的形式存在于土的孔隙中，随着含水量的增加逐渐从结合水形式发展到自由水状态。而在砂类土中，主要以自由水形式存在。

在一定的振实能量作用下，对黏性土，当含水量很小时，土粒表面仅存在结合水膜，颗粒相互间的引力很大，此时土粒间相对移动困难，土的干密度（土层密实程度的评估指标）增加很少。随着含水量的增加，土粒表面水膜逐渐增厚，颗粒间引力迅速减小，土粒相互间在外力作用下容易改变位置而移动，达到更紧密的程度，此时干密度增加。但当含水量达到某一程度（如最优含水量值）后，土粒孔隙中几乎充满了水，饱和度达到85％～90％后，孔隙中气体大多只能以微小封闭气泡形式出现，它们完全被水包围并由表面张力而固定，外界的外力越来越难以挤出这些气体，因而压实效果越来越差，再继续增加含水量，在外力作用下仅使孔隙水压增加并阻止土粒的移动，因而土体反而得不到压实，干密度下降。

对砂类土而言，粒间水的存在主要起到减少粒间摩阻的润滑作用。在含水量递增的初期，随含水量的增加粒间摩阻力减小，土粒容易移动，因而在外界振实能量用下土体压实，干密度增加。但含水量增至某一值后，水的减阻作用不再明显，而与黏性土一样，粒间水的存在阻止了颗粒的进一步挤密，并有可能在外力作用下（如振动）使砂粒处于悬浮状态，因而干密度值下降。

黏性土与砂性土的干密度-含水量关系曲线分别如图 2 - 1 和图 2 - 2 所示。

从图中可看出，由于砂土不存在粒间引力与结合水膜，在较小含水量条件下干密度就达到最大值。

图中曲线的峰值所对应的干密度，即土体在一定外界能量作用下所能得到的最大密实度，称为最大干密度 $\rho_{d\max}$，而与此相对应的含水量称为最优含水量 w_{op}。

当外界振实能量改变时，峰值位置将发生变化。能量增大，$\rho_{d\max}$ 也增加，相应的 w_{op} 反而减小。因为能量增大后，即使在较小含水量条件下，也能使土粒较易产生相对移动而使土体密实。因振实能量改变而产生的不同的压实曲线如图 2 - 3 所示。

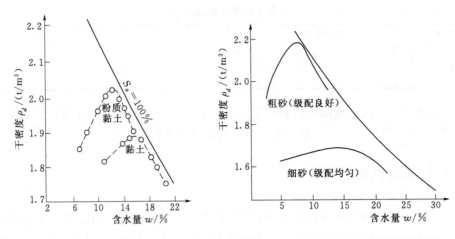

图 2-1 黏性土含水量-干密度关系曲线　图 2-2 砂性土含水量-干密度关系曲线

上述室内试验获得的曲线在工程中应用时须经过合理的修正。因为土地现场条件、振实的机械、土体边界条件、工程对土体密实度的要求等都与室内试验条件不一样，因而很难得到与室内试验一样的结果。

一般，实际施工时，素土或灰土垫层施工含水量控制在 $\omega_{op}\pm2\%$，对粉煤灰垫层控制在 $\omega_{op}\pm4\%$。设计干密度要求（或密实度要求）根据工程的不同需要决定。工地试验与室内击实试验的比较可如图 2-4 所示。

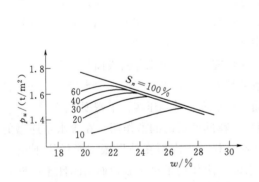

图 2-3 压实功能对压实曲线的影响

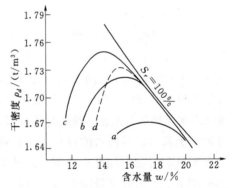

图 2-4 工地试验与室内击实试验的比较
a—碾压 6 遍；b—碾压 12 遍；
c—碾压 24 遍；d—室内击实试验

2.4 垫层设计

上述各类须进行地基处理的浅层表土层，在一定条件下都可通过对原土层的置换来改善其软弱性、不均匀性、湿陷性及胀缩性。

换土垫层与原土相比，具有承载力高、刚度大、变形小、应力分布均匀及减小下卧软土层顶面压力等优点。垫层的适用范围见表 2-3。

2.4 垫 层 设 计

表 2-3　　　　　　　　　　　　　　　　垫 层 的 适 用 范 围

垫 层 种 类		适 用 范 围
砂（碎石、砂砾）垫层		多用于中、小型工程的浜、塘、沟等局部处理。适用于一般饱和与非饱和软弱土和水下黄土处理（不宜用于湿陷性黄土地基）。可有条件地用于膨胀土地基。不宜用于动力基础下、大面积存在下软弱地基，也不宜用于地下水流快且量大地区的地基处理
土垫层	素土垫层	适用于中小型工程及大面积回填，湿陷性黄土地基的处理
	灰土或二灰土垫层	适用于中小型工程，尤其是湿陷性黄土地基处理。也可用于膨胀土地基处理
粉煤灰垫层		适用于厂房、机场、港区陆域和堆场等大、中、小工程的大面积建筑
干渣垫层		适用于中小型建筑工程。尤其适用于地坪、堆场等大面积的地基处理和场地平整；铁路、道路的路基处理

垫层的设计主要是确定垫层的厚度、宽度和承载力，必要时并进行变形计算。

2.4.1　垫层的厚度

垫层厚度 Z 应根据下卧土层的承载能力确定，满足

$$p_z + p_{cz} \leqslant f_z \tag{2-1}$$

式中　p_z——垫层底面附加压力；

p_{cz}——垫层底面处土的自重压力；

f_z——垫层底面处下卧土层的地基承载力。

垫层底面处附加压力 p_z 可按压力扩散角方法简化计算。

条形基础　　　　　　　　$$p = \frac{b(p - p_s)}{b + 2z\tan\theta} \tag{2-2}$$

矩形基础　　　　　　　$$p = \frac{bl(p - p_s)}{(b + 2z\tan\theta)(l + 2z\tan\theta)} \tag{2-3}$$

式中　b、l——基础的宽度与长度；

p——基础底面处压力；

p_s——基础底面处土的自重压力；

θ——垫层的压力扩散角，可按表 2-4 选用。

表 2-4　　　　　　　　　　　　垫层的压力扩散角 θ　　　　　　　　　单位：(°)

换填材料 z/b	中、粗、砾砂、圆砾、角砾、卵石、碎石	黏性土和粉土 ($8 < I_p < 14$)	灰土
0.25	20	6	30
≥0.50	30	23	

注　1. 当 $z/b < 0.25$ 时，除灰土仍取 $\theta = 30°$ 外，其余材料均取 $\theta = 0°$。

　　2. 当 $0.25 < x/b < 0.50$ 时，θ 值可由内插求得。

垫层厚度不宜大于 3m。

2.4.2　垫层的宽度

垫层的宽度应满足基础底面应力扩散的要求，可按下式计算或按当地经验确定。

$$b' \geqslant b + 2z\tan\theta \tag{2-4}$$

式中 b'——垫层底面宽度；

  θ——按表 2-6 取值，当 $z/b<0.25$ 时仍按 $z/b=0.25$ 取值。

  垫层宽度可根据施工要求适当加宽。垫层顶面宽度每边宜超出基础底面不小于 300mm，或从垫层底面两侧向上按当地基坑开挖经验要求放坡。

2.4.3 垫层的承载力

  垫层的承载力宜通过静载荷试验确定，对于小型、轻型或对沉降要求不高的工程，可按表 2-5 选用。

表 2-5 垫 层 的 承 载 力

施 工 方 法	换 填 材 料 类 型	压实系数 λ_c	承载力标准值 f_k/kPa
碾压或振密	碎夹石、卵石	0.94~0.97	200~300
	碎夹石（其中碎石、卵石占全重 30%~50%）		200~250
	土夹石（其中碎石、卵石占全重 30%~50%）		150~200
	中砂、粗砂、砾砂		150~200
	黏性土和粉土（8<I_p<15）		130~180
	灰土	0.93~0.95	200~250

2.4.4 沉降量验算

  在我国某些地区，如沿海软土地区，虽然基础持力层经换填后满足了承载力要求，但由于垫层下软弱下卧层的存在，建筑物往往仍会产生较大的沉降与差异沉降。为使建筑物正常使用，必须对地基沉降进行控制，因此垫层设计尚应验算沉降量。

  垫层地基的变形包括垫层自身变形及压缩层范围内的下卧土层的变形。

  垫层自身变形可按下式进行计算：

$$s_1 = \left(\frac{p+\alpha p}{2}z\right)/E_1 \qquad (2-5)$$

式中 E_1——垫层压缩模量，宜由静载荷试验确定。无试验资料时可用 15~25MPa；

  α——压力扩散系数。

  下卧层变形可用分层总和法参考上节内容。

2.4.5 各类地基中垫层设计要点

2.4.5.1 处理软土或杂填土的垫层

  主要目的是置换基础底下可能受剪切破坏的软土，或基底下土性极不均匀，易引起建筑物不能允许的差异沉降的土。因此其厚度主要取决于剪切破坏区域的大小及工程对消除剪切区深度的要求；下卧层如为软土层，尚应满足该土层的承载力要求及工程对变形容许量的要求，或取决于杂填土层埋藏深度等。垫层宽度的大小，则必须保证垫层在受力作用后的刚度和密实度不被降低，满足基底压力扩散的要求，并避免侧面边界因挤出而造成垫层的疏松。

2.4.5.2 处理湿陷性黄土的垫层

  主要目的是消除或减少湿陷量。其中素土垫层一般用于 4 层以下的民用建筑中，而灰土垫层可用于6～7层的民用建筑中。

垫层厚度取决于工程对湿陷量消除的要求。如果须全部消除，则对非自重湿陷性黄土而言，应满足垫层底部总压力小于或等于下卧层黄土的湿陷起始压力；对于自重湿陷性黄土必须全部挖除，因而仅适用于厚度不大的自重湿陷性黄土。

如果要求消除部分湿陷性，则应根据建筑物的重要性、基础形式和面积、基底压力大小及黄土湿陷类型、等级等因素综合考虑。一般情况下，对非自重湿陷性黄土，垫层厚度等于基础宽度时，可消除湿陷量80%以上；等于1.5倍基础宽度时，可基本消除湿陷量；灰土垫层厚度宜大于1.5倍基础宽度。对自重湿陷性黄土，应控制剩余湿陷量不大于20cm，并满足最小处理厚度的要求。最小处理厚度见表2-6。

表2-6　　　　　　　　　消除部分湿陷量的最小处理深度　　　　　　　　单位：m

建筑物类别	湿 陷 类 型					
	非 自 重 湿 陷			自 重 湿 陷		
	湿 陷 等 级					
	Ⅰ	Ⅱ	Ⅲ	Ⅰ	Ⅱ	Ⅲ
甲类建筑物	1.0	1.5	2.0	1.5	2.0	3.0
乙1类建筑物	1.0	1.0	1.5	1.0	2.0	2.5
乙2类建筑物	—	1.0	1.5	1.0	1.5	2.0

垫层宽度的大小取决于工程的要求。垫层宽度包括整个建筑物平面时，可消除整个建筑物范围内的部分黄土层的湿陷性，可防止水从室内外渗入地基，保护土垫层下未经处理的湿陷性黄土层不致受水浸湿，此时垫层宽度应超出外墙基础边缘的距离至少等于垫层的厚度，且不得小于1.5m。

对于直接位于基础下的垫层，为防止基底下土层向外围挤出，垫层每边超出基础宽度应不小于垫层厚度的40%，并不小于0.5m。

2.4.5.3　处理膨胀土的垫层

主要目的是消除或减小地基土的膨胀性能。主要用于薄的膨胀土层及主要胀缩变形层不厚的情况下。对土垫层厚度应使地基剩余胀缩变形量控制在容许值范围内。如采用补偿砂垫层，则应满足以下条件：

（1）垫层厚度应为1～1.2倍基础宽度，垫层宽度应为1.8～2.2倍基础宽度。

（2）垫层密实度应≥1.6t/m³。

（3）基底压力宜选用100～250kPa。

（4）基槽两边回填区的附加压力不能大，不能大于$0.25p$（p为基底压力）。

（5）当土膨胀压力大于250kPa时，垫层宜用中、细砂；膨胀压力较小时，可用粗砂。

满足以上条件，当膨胀土局部浸水时，可用以减少不均匀胀缩变形量。

2.5　垫层施工

垫层施工一般应分层铺填、分层压实、分层质量检验。施工时最优含水量铺填与压实厚度、压实遍数等，应根据各类施工机具与设计要求通过现场试验确定。

2.5.1 材料要求

（1）砂和碎石料中不得含有草根、垃圾等有机杂物，且含泥量不应超过 5%（排水垫层不应超过 3%），碎（卵）石最大粒径不应大于 5cm。

（2）土性材料宜采用就地基槽中挖出的土，并应过筛，粒径不大于 15mm。不得含有有机杂质、冻土和膨胀土。用于湿陷性黄土地基的素土垫层，土料中不得夹有砖、瓦和石块等渗水材料。

（3）灰土垫层中灰料宜用达到国家三等石灰标准的生石灰，消解 3~4 天后过筛使用，粒径不大于 5mm。灰土以 2∶8 或 3∶7 等比例，应拌和均匀。

（4）粉煤灰可用湿排灰、调湿灰和干排灰。不应含有植物、垃圾和有机质等杂物。

（5）干渣可用分级干渣、混合干渣或原状干渣。小面积垫层可用 8~40mm 或 40~60mm 的分级干渣，或 10~60mm 的混合干渣。大面积铺填可采用混合干渣或原状干渣，但最大粒径不大于 200mm 或 2/3 的虚铺厚度。

2.5.2 含水量要求

施工用控制含水量一般为 $\omega_{op}\pm2\%$；粉煤灰垫层可为 $\omega_{op}\pm4\%$，振动碾压时 $\omega_{op}-6\%\sim2\%$。砂垫层用平板振动器施工时，水面可略低于砂面；用水撼法和插振法施工时，宜使水面与砂面齐平或高出水面。

2.5.3 分层厚度

垫层施工时采用的虚铺厚度见表 2-7。

表 2-7 垫 层 虚 铺 厚 度 单位：cm

材料施工方法	砂石	素土	灰土	粉煤灰	干渣
平振法	20~25				20~25
碾压法	25~35	20~35	20~30	20~30	25~30
夯实法	15~20	15~25	20~25		
锤击法		重锤 10~15 中锤 5~7.5	同左		
插振法	插入器的插入深度				

2.5.4 分层质量检验

分层质量检验以满足设计要求的最小干密度（或压实系数）为控制标准。一般用环刀取样法或贯入法。对碎石、干渣等粗骨料垫层，也可用沉陷差值来控制。

砂垫层要求最小干密度不小于 1.6t/m³。灰土最小干密度以土料种类区分，分别为：黏土 1.45t/m³；粉质黏土 1.5t/m³；粉土 1.55t/m³。

素土垫层的密实度可用压实系数 λ 控制，一般 >0.94。处理湿陷性黄土时也可掺入适量石灰或水泥，控制干密度为不小于 1.6t/m³（灰土垫层不小于 1.55t/m³）。

处理膨胀土地基时，垫层材料可用砂、碎石和灰土等，干密度要求不小于 1.55t/m³。

思　考　题

1. 什么是换填？
2. 换填土类的基本特性是什么？
3. 土的压实机理是什么？
4. 垫层分层施工的依据是什么？

第3章 强　　夯

夯实本意为加固，引申意义为打牢基础，多用于建筑行业。利用重物使其反复自由坠落对地基或填筑土石料进行夯击，以提高其密实度的施工作业。

图 3-1　两种人工夯机

强夯法在国际上又称动力固结法或称动力压实法。这种方法是反复将很重的锤提到一定高度使其自由落下，给地基以冲击和振动能量，从而提高地基的强度并降低其压缩性，改善地基性能。

强夯法适用于处理碎石土、砂土、粉土、黏性土、杂填土和素填土等地基。经过处理后的地基，既提高了地基土的强度，又降低其压缩性，同时还能改善其抗震动液化的能力和消除土的湿陷性。所以这种处理方法还常用于处理可液化砂土地基和湿陷性黄土地基等。

3.1　强夯的加固机理与设计计算

强夯法的主要设计参数包括有效加固深度、夯击能、夯击次数、夯击遍数、间隔时间、夯击点布置和处理范围等。现分别阐述如下。

3.1.1　有效加固深度

强夯法的有效加固深度既是反映处理效果的重要参数，又是选择地基处理方案的重要依据。

强夯法创始人梅内（Menard）曾提出下式来估算影响深度 H：

$$H = \sqrt{Mh}\,(\text{m}) \tag{3-1}$$

式中　M——夯锤质量，t；

　　　h——落距，m。

强夯法引入我国后，在大量的试验研究和工程实测中发现，采用上述梅内公式估算有效加固深度得出的值均偏大。若将地基变形值为地表夯沉量的5%视作有效加固深度的下部界限，则其有效加固深度约为5.5m；又如在北京填土地基中埋设的标点，经8.5t夯锤、8m落距夯击后，其有效加固深度约4.2m；再又一实例是唐山砂土地基上的工程实测。上述三种地基土中实测结果与梅内公式估算值进行对比，见表3-1。

表3-1　　　　　　　　　　　　　　强夯有效加固深度实测值与估算值比较

地基土类别	夯锤重/t	落距/m	梅内公式估算值/m	实测值/m
粉土	10	10	10	5.5
填土	8.5	8.2	8.2	4.2
砂土	8.25	10.4	10.4	6.0

由表3-1对比值可见，有效加固深度实测值均比梅内公式估算值为小。

从梅内公式中可以看出，其影响深度仅与夯锤重和落距有关。而实际上影响有效加固深度的因素很多，除了夯锤重和落距以外，夯击次数、锤底单位压力、地基土性质，不同土层的厚度和埋藏顺序，以及地下水位等都与加固深度有着密切的关系。

由于梅内公式估算值较实测值为大，自1980年开始，国内外的一些学者建议对梅内公式进行修正。如Leonards建议对砂土地基乘以0.5的修正系数，Gambin则认为修正系数的值为0.5～1.0，范维垣等建议对于不同土类采用不同修正系数范围为0.34～0.8。显然经过修正的梅内公式与未修正的梅内公式相比较有了改进，其估算值更接近实测值。但是大量工程实践表明，对于同一类土，采用不同能量夯击时，修正系数并不相同。单击夯击能越大时，修正系数越小。因此，对于同一类土，采用一个修正系数，并不能得到满意的结果。

3.1.2　夯击能

夯击能分为单击夯击能和单位夯击能。

1. 单击夯击能

单击夯击能（即夯锤重和落距的乘积）一般根据工程要求的加固深度来确定，但有时也取决于现有起重机的起重能力和臂杆的长度。我国初期采用的单击夯击能大多为1000kN·m，随着起重机械工业的发展，目前采用的最大单击夯击能为10000kN·m。国际上曾经采用过的最大单击夯击能为50000kN·m，设计加固深度达40m。

2. 单位夯击能

单位夯击能指施工场地单位面积上所施加的总夯击能。单位夯击能的大小与地基土的类别有关，在相同条件下细颗粒土的单位夯击能要比粗颗粒土适当大些。

3.1.3　夯击次数

夯击次数是强夯设计中的一个重要参数。夯击次数一般通过现场试夯确定，常以夯坑的压缩量最大、夯坑周围隆起量最小为确定的原则。目前常通过现场试夯得到的夯击次数与夯沉量的关系曲线确定。

对于碎石土、砂土、低饱和度的湿陷性黄土和填土等地基，夯击时夯坑周围往往没有隆起或虽有隆起但其量很小，在这种情况下，应尽量增多夯击次数，以减少夯击遍数。但对于饱和度较高的黏性土地基，随着夯击次数的增加，土的孔隙体积因压缩而逐渐减小，但因这类土的渗透性较差,故孔隙水压力将逐渐增长,并促使夯坑下的地基土产生较大的侧向挤出,而引起夯坑周围地面的明显隆起,此时如继续夯击,并不能使地基土得到有效的夯实,反而造成浪费。

张永钧等曾于 1980 年提出有效夯实系数的概念,并以此来确定夯击次数。若以 α 表示有效夯实系数,则有

$$\alpha = \frac{V - V'}{V} = \frac{V_0}{V} \tag{3-2}$$

式中 　V——夯坑体积,m^3;

　　　　V'——夯坑周围底面隆起体积,m^3;

　　　　V_0——压缩体积,m^3。

有效夯实系数表示地基土在某种夯击能作用下的夯实效率。有效夯实系数高,说明夯实效果好;反之,有效夯实系数低,说明夯实效果差。

3.1.4　夯击遍数

夯击遍数应根据地基土的性质确定,一般来说,由粗颗粒土组成的渗透性强的地基,夯击遍数可少些。反之,由细颗粒土组成的渗透性弱的地基,夯击遍数要求多些。

3.1.5　间隔时间

两遍夯击之间应有一定的时间间隔,以利于土中超静孔隙水压力的消散。所以间隔时间取决于超静孔隙水压力的消散时间。但土中超静孔隙水压力的消散速率与土的类别、夯点间距等因素有关。对于渗透性好的砂土地基等,一般在数分钟至数小时内即可消散完,但对渗透性差的黏性土地基,一般需要数周才能消散完。夯点间距对孔压消散速率也有很大的影响,夯点间距小,孔压消散慢。反之,夯点间距大,孔压消散快。

当缺少实测孔压资料时,可根据地基土的渗透性确定间隔时间,对于渗透性较差的黏性土地基的间隔时间,一般应不少于 3~4 周;对于渗透性好的地基,则可连续夯击。

3.1.6　夯击点布置

夯击点布置是否合理与夯实效果和施工费用有直接关系。

夯击点位置可根据建筑结构类型进行布置,一般采用等边三角形、等腰三角形或正方形布点。对于某些基础面积较大的建筑物或构筑物(如油罐、筒仓等),为便于施工,可按等边三角形或正方形布置夯点;对于办公楼和住宅建筑来说,则根据承重墙的位置布置夯点更合适些,如图 3-2 所示的某住宅工程的夯点布置采用了等腰三角形布置,这样保证了横向承重墙以及纵墙和横墙交接处墙基下均有夯击点;对单层工业厂房来说,可按柱网来设置夯击点,这样既保证了重点,又可减少夯击面积。因此,夯击点的布置应视建筑结构类型、荷载大小、地基条件等具体情况,应区别对待。

夯击点间距的确定,一般根据地基土的性质和要求加固的深度而定。对于细颗粒土,为便于超静孔隙水压力的消散,夯点间距不宜过小。当要求加固深度较大时,第一遍的夯点间距更不宜过小,以免夯击时在浅层形成密实层而影响夯击能往深层传递。此外,还必须强调,若各夯点之间的距离太小,在夯击时上部土体易向侧向夯坑中挤出,从而造成坑壁坍塌,夯锤歪斜或倾倒,而影响夯实效果。有些工程采用连夯的方法,即一个夯坑紧接另一个夯坑的夯击方法,已被实践所证实,其夯击效果较差。当然,夯点间距过大,也会

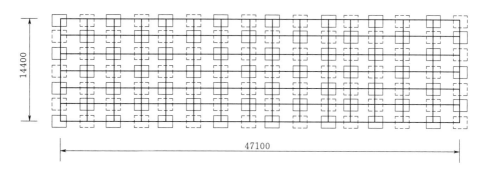

□ 第一遍夯点　⸽┈⸽ 第二遍夯点

图 3-2　某住宅工程夯点布置

影响夯实效果。根据国内经验,第一遍夯击点间距一般为 5～9m,以后各遍夯击点间距可与第一遍相同,也可适当减小。对要求加固深度较深,或单击夯击能较大的工程,第一遍夯击点间距宜适当增大。

3.1.7　处理范围

由于基础的应力扩散作用,强夯处理的范围应大于建筑物基础范围,具体放大范围可根据建筑结构类型和重要性等因素考虑确定。根据国内经验,对于一般建筑物,每边超出基础外缘的宽度宜为设计处理深度的 1/2～2/3,并不宜小于 3m。

3.2　施工方法

3.2.1　施工机具

1. 起重机械

随着强夯技术的不断发展,起重机械也由初期的小型履带式起重机,逐步发展到大能量的专用设备。如法国已开发出用液压驱动的专用三角架,能将 40t 重夯锤提升到 40m 的高度。又如法国尼斯机场扩建跑道,要求加固深度达 40m,为此特制了一台起重量为 200t,提升高度 25m,具有 186 个轮胎的超级起重吊车,这是迄今为止世界上最大的强夯起重设备。

2. 夯锤和脱钩装置

(1) 夯锤。夯锤选用是否恰当,对夯击效果也有重要的影响。我国在应用强夯法的初期,大多数采用钢筋混凝土夯锤,即用钢板焊成开口外壳,内灌混凝土,锤底尺寸为 2m×2m,锤高约 1m,重量为 10t。我国常用的夯锤重为 10～25t,至今采用的最大夯锤重为 40t。在不断实践过程中,夯锤的平

图 3-3　强夯与吊装设备

33

面形状、所用材料、开孔大小等方面都有了不同程度的改进。

1）夯锤平面形状。我国初期采用的大都是底面为正方形的夯锤，正方形锤具有制作简单的优点，但在使用过程中发现存在一些缺点，主要是起吊时由于夯锤在空中旋转，不能保证前后几次夯击的夯坑重合，故常出现锤角与夯坑侧壁相接触的现象，因而使一部分夯击能消耗在坑壁上，影响了夯击效果。目前大多数施工企业已采用圆形锤，而方形锤已逐渐被淘汰。

2）夯锤材料。随着采用的单击夯击能的提高，目前对于 15t 以上的夯锤大多采用铸钢来代替钢筋混凝土。但重量为 10t 左右的夯锤大多仍用钢筋混凝土制作。为便于使用和运输，也有将铸钢锤做成组合式的，可根据需要锤重可以选择 2～3 个单件组合而成。

3）夯锤开孔。为了提高夯击效果，夯锤底面必须对称设置若干个与其顶面贯通的排气孔，以利于夯锤着地时坑底空气迅速排出和起锤时减小坑底的吸力。以前大多数夯锤常因留孔过小，土团堵塞而失去作用。根据经验，排气孔的直径一般为 250～300mm。

4）夯锤底面积。一般根据土的性质选择锤底面积，对于细颗粒土宜选择较大的锤底面积，粗颗粒土宜选较小的面积，但应与锤重有关，所以工程上常用锤底静压力来表示。为探索锤底静压力对夯击效果的影响，中国建筑科学研究院曾在唐山某工地做过对比试验，试验采用两个重量均为 10t 的夯锤，其底面积分别为 $2m^2$ 和 $4m^2$，两者单击夯击能相同，锤底静压力相差一倍，现场对比试验结果表明，锤底静压力较大者的夯击效果较锤底静压力较小者为好。夯锤底静压力值一般可取 25～40kPa，对于细颗粒土宜取较小值。

（2）脱钩装置。脱钩装置是强夯施工的重要机具。国外采用履带式起重机作为强夯起重机械时，常采用单根钢丝绳提升夯锤，夯锤下落时钢丝绳也随着下落，所以夯击效率较高。但当夯锤重超过 15t 时，一般要选用起重量超过 100t 的起重机。而我国常以小吨位起重机吊重锤，所以常以小吨位起重机吊重锤，这样不得不通过动滑轮组以脱钩装置来起落夯锤，操作时将夯锤挂在脱钩装置上，为便于夯锤脱钩，将系在脱钩装置手柄上的钢丝绳的另一端，直接固定在起重机臂杆根部的横轴上，当夯锤起吊至预定高度时，钢丝绳随即拉紧而使脱钩装置开启，这样既保证了每次夯击的落距相同，又做到自动脱钩，提高了工效。夯锤与吊装设备的连接方式如图 3-4 和图 3-5 所示。

图 3-4 夯锤

图 3-5 脱钩装置

3.2.2 施工要点

1. 试夯

强夯施工前，应根据初步确定的强夯参数，在现场有代表性的场地上进行试夯，并通过测试，与夯前测试数据进行对比，检验强夯效果，以便最后确定工程采用的各项强夯参数。若不符合设计要求，则应改变设计参数。在进行试夯时，也可采用不同设计参数的方案，进行比较，择优选用。

2. 平整场地

预先估计强夯后可能产生的平均地面变形，并以此确定夯前地面高程，然后用推土机平整；同时，应认真查明强夯场地范围内的地下构筑物和各种地下管线的位置及标高等，尽量避开在其上进行强夯施工，否则应根据强夯的影响深度，估计可能产生的危害，必要时应采取措施，以免强夯施工对其造成损坏。

3. 铺垫层或降低地下水位

遇地表层为细粒土，且地下水位高的情况，有时需在表层铺 0.5～2m 左右厚的松散性材料或人工降低地下水位。这样做的目的是在地表形成硬层，可以用以支承起重设备，确保机械通行和施工，又可加大地下水和地表面的距离，防止夯击时夯坑积水或夯击效率降低。

4. 强夯施工

强夯施工可按下列步骤进行：

（1）在整平后的场地上标出第一遍夯击点的位置，并测量场地高程。

（2）起重机就位，使夯锤对准夯点位置。

（3）测量夯前锤顶高程。

（4）将夯锤起吊到预定高度，待夯锤脱钩自由下落后，放下吊钩，测量锤顶高程，若发现因坑底倾斜而造成夯锤歪斜时，应及时将坑底整平。

（5）重复步骤（4），按设计规定的夯击次数及控制标准，完成一个夯点的夯击。

（6）换夯点，重复上述步骤（2）至步骤（5），直到完成第一遍全部夯点的夯击。

（7）用推土机将夯坑填平，并测量场地高程。

（8）在规定的间隔时间后，按上述步骤逐次完成全部夯击遍数，最后用低能量满夯，将场地表层松土夯实，并测量夯后场地高程。

必须指出，强夯法的加固顺序是先深后浅，即先加固深层土，再加固中层土，最后加固表层土。根据上述强夯施工顺序，在最后一遍点夯夯击完成后，用推土机将夯坑填平。因此，夯坑底面以上的填土比较疏松，加上强夯产生的强大振动，亦会使周围已经夯实的表土层有一定程度的振松，所以，一般常在最后一遍点夯夯完后，再以低能量满夯一遍。但在夯后工程质量检验时，有时发现厚度 1m 左右的表层土，其密实程度要比下层土差，说明满夯没有达到预期的效果。这是因为目前大部分工程的低能量满夯，是采用同一夯锤低落距夯击，由于夯锤较重，面表层土因无上覆压力，侧向约束小，所以夯击时土体侧向变形大。对于碎石、砂土等粗颗粒松散体来说，侧向变形就更大，更不易夯密。由于表层土是基础的主要持力层，如处理不好，将会增加建筑物的沉降和不均匀沉降，因此，必须高度重视表层土的夯实问题。有条件时满夯宜采用小夯锤夯击，并适当增加满夯的夯击次数，以提高表层土的夯实效果。

5. 施工监测

强夯施工除了严格遵照施工步骤进行外，还应有专人负责施工过程中的监测工作。

（1）开夯前应检查夯锤重和落距，以确保单击夯击能量符合设计要求。因为若夯锤使用过久，往往因底面磨损而使重量减轻。落距未达设计要求的情况，在施工中也常发生这些都将影响单击夯击能。

（2）强夯施工中夯点放线错误情况常有发生。因此，在每遍夯击前，应对夯点放线进行复核，夯完后检查夯坑位置，发现偏差或漏夯应及时纠正。

（3）施工过程中应按设计要求检查每个夯点的夯击次数和每击的夯沉量。

（4）由于强夯施工的特殊性，施工中所采用的各项参数和施工步骤是否符合设计要求，在施工结束后往往很难进行检查，所以要求在施工过程中对各项参数和施工情况进行详细记录。

6. 强夯振动

根据国内大量工程的实践，强夯所产生的振动，对一般建筑物来说，只要有一定的间隔距离（如 10～15m），一般不会产生有害的影响。对振动有特殊要求的建筑物，或精密仪器设备等，当强夯振动有可能对其产生有害影响时，应采取防振或隔振措施，如设置隔振沟等。

7. 信息化施工管理

为提高强夯法施工的质量，并保证处理后地基的均匀性，日本学者首先提出了信息化施工方法（observational control operations），这种施工管理方法，是在现场施工过程中进行一系列测试和检验，将实测结果利用计算机进行信息处理，对地基处理效果作出定量评价，然后反馈回来修正原设计，这样再按新方案进行施工。如此进行，直至达到预定目标。类似方法在各类工程监测中都广泛应用（如大坝监测的信息化管理系统就很好地达到了监测目的），可弥补由于设计阶段情况欠明，或设计人员将地基理想化、简单化后所带来与实际情况不符的缺点，保证整个场地的均匀性，例如，施工现场地基不均匀，但事前并未查明，以至按同一夯击次数进行夯击。当第一遍夯完后，测量各夯坑体积，并对现场进行标贯等一系列试验与测试，经计算机信息处理后，立即显示场地各部位地基处理效果。据此修改原设计，提出第二遍夯击时各部位的夯击次数。再按新设计进行夯击，这样就能保证夯击后地基更均匀。

3.3　质量检验

3.3.1　检验内容

强夯地基的质量检验，包括施工过程中的质量监测及夯后地基的质量检验，其中前者尤为重要。所以必须认真检查施工过程中的各项测试数据和施工记录，若不符合设计要求时，应补夯或采取其他有效措施。

3.3.2　检验时间

经强夯处理的地基，其强度是随着时间增长而逐步恢复和提高的，因此在强夯施工结束后，应间隔一定时间方能对地基质量进行检验。其间隔时间可根据土的性质而定，时间越长，强度增长越高。对于碎石土和砂土地基，其间隔时间可取 1～2 周；对低饱和度的粉土和黏性土地基，可取 2～4 周。

3.3.3 检验方法

强夯地基的质量检验方法，宜根据土性选用原位测试和室内试验。

1. 原位测试

（1）标准贯入试验：适用于砂土、粉土及黏性土。

（2）静力触探试验：适用于黏性土、粉土及砂土。

（3）轻型动力触探：适用于贯入深度小于 4m 的黏性土和黏性土与粉土组成的素填土。

（4）重型动力触探：适用砂土和碎石土。

（5）超重型动力触探：适用于粒径较大或密实的碎石土。

（6）载荷试验：适用于碎石土、砂土、粉土、黏性土和人工填土。当用于检验强夯置换法处理地基时，宜采用压板面积较大的复合地基载荷试验。

（7）旁压试验：分为预钻式旁压试验和自钻式旁压试验。预钻式旁压试验适用于坚硬、硬塑和可塑黏性土、粉土、密实和中密砂土、碎石土。自钻式旁压试验适用于黏性土、粉土、砂土和饱和软黏土。

（8）十字板剪切试验：适用于饱和软黏土。

（9）波速测试：适用于各类土。

2. 室内试验

（1）砂土：颗粒级配、相对密度、天然含水量、重力密度、最大和最小密度。

（2）粉土：颗粒级配、液限、塑限、相对密度、天然含水量、重力密度、压缩-固结试验和抗剪强度试验。

（3）黏性土：液限、塑限、相对密度、天然含水量、重力密度、压缩-固结试验和抗剪强度试验。对湿陷性黄土，尚应做湿陷性试验。

由于上述各种检测方法对不同土类的适用性不同，所以对于一般工程应采用两种或两种以上的方法进行检验；对于重要工程应增加检验项目，有条件时也可做现场大压板载荷试验。

思 考 题

1. 什么是强夯？

2. 强夯的加固机理是什么？

3. 强夯加固深度的确定？

4. 什么叫低能量满夯？

第4章 振冲及干振碎石桩

碎石桩（stone column）和砂桩（sand pile）等在国外统称为粗颗粒土桩（granular pile）。它是指用振动、冲击成孔等施工方式，在软弱地基中成孔后，再将碎石或砂等粗骨料挤压入土孔中，不论采用振冲法、干振法或振动沉管（见第5章）成孔，填料后形成大直径的由碎石或砂等构成的密实的桩体。由于振动沉管施工法内容也较多，本章只具体讲述振冲以及干振碎石桩，而振动沉管砂石桩详见本书第5章。

振冲法是振动水冲法（Vibroflotation）的简称，1937年德国凯勒公司设计制造出具有现代振冲器雏形的机具，成功用来挤密砂土地基。20世纪50年代末至60年代初，德国凯勒公司在Nurembreg的一项地基工程中用振冲器在黏性土中制造了2m深的孔，填入块石，再用振冲器使块石密实，处理后，地基承载力有很大提高。1960年，英国一家地基工程公司，建造一栋六层房屋时，在开挖基槽时意外发现地基中有一层厚2m的有机粉土，强度很低，最后采用振冲造孔、回填碎石的方法处理，效果很好。后来这两家公司有意识地把这一方法（振冲法）用于加固软弱黏土地基，由于使用的桩身材料为碎石，故称振冲碎石桩法。1977年，我国在南京的某工程首次应用振冲碎石桩法，随后在工业民用建筑、水利工程、交通工程和地基抗震加固中得到迅速推广。

随着时间的推移，各种不同的施工工艺相应产生。如沉管法、振动气冲法、袋装碎石桩法、碎石桩强夯置换法等。虽然它们施工不同于振冲法，但同样可形成密实的碎石桩，人们自觉或不自觉地套用了"碎石桩"的名称。所以碎石桩的内涵扩大了，本书对碎石的定义为碎石桩编写，不管加固的地基是砂性土还是黏性土；不论施工方法是振冲法、干振法、振动沉管法还是其他方法，只要制成的是以石料组成的柱体或桩体，均称为"碎石桩"。美国Juran等认为"碎石桩指代表施工过程的最后结果"，这样分类的含义较为确切。

我国应用振冲法始于1977年，近十几年来，我国在坝基、道路、桥酒、大型厂房及工业与民用建筑地基的处理采用振冲法加固。当前我国振冲器机具也在不断更新和改进，江苏省江阴市振冲器厂已正式投产系列振冲器产品供应市场，180kW大功率振冲器业已问世。为了克服振冲法加固地基时要排出大量污泥的弊病，河北省建筑科学研究所采用干振法加固地基，在石家庄和承德等地区都取得了明显的效果。

振冲法加固软弱地基有如下五方面优点。

（1）振动力直接作用在地基深层软弱土的部位，对软弱土施加的振动侧向挤压力大，因而使土密实的效果与其他地基处理方法相比为最好。

（2）对不均匀的天然地基土，在平面和深度范围内，由于振冲及干振碎石桩法加固地基时振密程度可随地基软硬程度对不同的填料量进行调整，同样可取得相同的密实电流，使加固后成为较为均匀的地基，以满足工程对地基变形的要求。

（3）施工机具简单、操作方便、施工速度较快、加固质量容易控制，目前的施工技术最深可达 30m。

（4）不需钢材和水泥，仅用碎石、卵石、角砾、圆砾、砾砂、粗砂和中砂等当地硬质材，因而造价较低，与钢筋混凝土桩基相比较，一般可节约 1/3 的用料。

（5）在天然软弱地基中，经振冲填以碎石或卵石等粗骨料，成桩后改变了地基排水条件，可加速地震时超孔隙水压力的消散，有利于地基抗震和防止液化。

振冲法分为振冲置换法和振冲密实法两类。振冲置换法适用于处理不排水、抗剪强度不小于 20kPa 的黏性土、粉土、饱和黄土和人工填土等地基。振冲密实法适用于处理砂土和粉土等地基。不加填料的振冲密实法仅适用于处理黏粒含量小于 10% 的粗砂和中砂地基。

国内外一般认为振冲置换法只适用于地基土不排水、抗剪强度 c_u 大于 20kPa 的情况。然而 Barksdale、Welsh 和 Juran 等指出，振冲置换法可适用于 $c_u=15\sim50$kPa 的地基土以及高地下水位的情况。Greenwood 甚至认为，即使在黏性土不排水、抗剪强度低于 7kPa 时仍可成功地制桩。Juran 等指出，在统计的 24 项工程中有 75% 的工程加固地基是软黏土和粉土，而 $c_u<20$kPa 的情况占 54%（其中 $c_u<10$kPa 占 12%，10kPa$<c_u<15$kPa 占 15%，15kPa$<c_u<20$kPa 占 27%）。到目前为止，国内也有多项成功的工程，其天然地基土的 $c_u<20$kPa。目前已建成工程展示了中国振冲加固技术已经达到世界先进水平。

振冲法在黏性土中施工时，由于排污泥量较大，因而在人口稠密的市中心和没有排污泥场地使用时受到了一定的限制。为了克服排污泥的缺点，国内外都在研究干振法，施工时可不用水。目前国内干振法适用于地下水位以上的非饱和松软的黏性土，以炉灰、炉渣、建筑垃圾为主的杂填土，松散的素填土，二级以上湿陷性土及其他高压缩性土（其加固机理都属挤密效应）。20 世纪 80 年代初由河北省建筑科学研究所等单位开发，迄今已在石家庄、北京、张家口、沈阳、保定、邯郸、天水和承德等地约 100 多项工程中应用。载荷试验表明，容许承载力可达 200kPa，施工中没有排污问题，建筑物竣工后，沉降已完成 70%～80% 的最终沉降。

4.1 加固机理

4.1.1 对松散砂土加固机理

砂土是单粒结构，密实的单粒结构已接近稳定状态，在荷载作用下不再会产生大的变形。而疏松的单粒结构，颗粒间孔隙较大，颗粒位置不稳定，在动载或静载作用下很容易位移，因而会产生较大的变形。特别在振动荷载作用下更为显著，其体积可减少 20%。所以疏松的砂性土不经处理不能作为建筑地基，碎石桩不论振冲法或干振法加固砂性土地基的主要目的是提高地基土的承载力和模量，并增强抗液化性。其抗液化的加固机理有下列三方面。

1. 挤密效应

对于振冲挤密法，在施工过程中由于水冲使松散砂土处于饱和状态，砂土在强烈的高频强迫振动下产生液化，并重新排列致密，且在桩孔中填入大量的粗骨料后，被强大的水平振动力挤入周围土中，使砂土的相对密实度增加，孔隙率降低，干密度和内摩擦角增大，土的物理力学性能得以改善，使地基承载力大幅度提高，因此抗液化的性能得到改善。从我国对地震区的广泛调查以及室内试验得知，当地震烈度为 7 度、8 度、9 度时，在相对密实度分别达到 55％、70％和 80％以上时，则不会发生液化。在国内，对振冲法加固的地基，以加固效果较低的桩间土中心进行测试，其相对密实度一般可达到 75％以上，如果需要更高的密实度则只要适当缩小振冲孔的孔距即可。如开栾钱家营矿水塔工程，在天然细砂地基上，标准贯入击数 $N=15$，相对密实度 $D_r=70％$，不能满足抗 9 度地震的要求，采用振冲法处后，N 值增加一倍，D_r 达 90％以上，承载力增高到 200～300kPa，满足了提高地基承载和抗液化的要求；江苏省南通市天生港电厂工程，其地基为厚约 13m 的松散粉砂和中密砂，天然地基的极限承载力为 120kPa。振冲加固后平均孔隙比由原来的 0.833 降低 0.759，减少了 14％。标贯击数由原来的 13 击增高到 34 击，提高了 1.6 倍。复合地基加到 600kPa，沉降达 75mm 时仍无破坏迹象，提高了 4 倍。国外报道中指出，只要小于 0.074mm 的细颗粒含量不超过 10％，都可得到挤密效应。

图 4-1 表示细颗粒对振动挤密后密实度影响，图中说明，土中细颗粒量超过 20％时，振动挤密已不再有效。

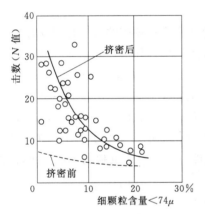

图 4-1　细颗粒对振动挤密后密实度影响

经振动挤密后，贯入阻力会变得很高，相对密实度可大于 100％，这是振动使侧向压力增加所致。

2. 排水减压效应

对砂土液化机理的研究证明，当饱和松散砂土受到剪切循环荷载作用时，将发生体积收缩并趋于密实。在砂土无排水条件时，体积的快速收缩将导致超静孔隙水压力来不及消散而急剧上升，当砂土中有效应力降低为零时，便形成了完全液化。碎石桩加固砂土时，桩孔内充填反滤性好的粗颗粒料，在地基中形成渗透性能良好的人工竖向排水减压通道，可有效消散和防止超孔隙水压力的增高和砂土产生液化，并可加快地基的排水固结。国内官厅水库大坝下游坝基中细砂地基位于 8 度地震区，天然地基孔隙比 $e=$ 0.615，$N=12$，$D_r=53％$，经分析 8 度地震时将液化，采用 2m 孔距振冲加固后，$e<$ 0.5，$N=34～37$，$D_r>80％$，地基的孔隙水压力比天然地基降低 66％。日本学者用玻璃箱进行振动观察试验，在箱内用砂土中做占面积 17％的排水桩，与未设排水桩作对比试验表明：当给定振动加速度为 2.5m/s² 时，原状砂不液化的临界相对密实度 $D_r=66％$，而设排水桩后不液化临界相对密实度 $D_r=40％$，有效地降低砂土产生液化的临界相对密实度。中国学者，在振动台上试验得到了同样类似的结论；美国加利福尼亚大学教授 H. B. Seed 和 J. R. Booker 等的研究认为：在可液化砂基中设置 $a/b=0.25$（a 为排水桩半径，b 为孔距之半）的砾石排水桩，则地基土的任何部分都不会产生液化。

3. 预震效应

美国一些学者在 1975 年进行的试验表明，相对密实度 $D_r = 54\%$ 但未受过余震影响的砂样，与抗液化能力相当于相对密实度 $D_r = 80\%$ 的未受过余震的砂样相比，即在一定循环次数下，当两试样的相对密实度相同时，要造成经过预震的试样发生液化，所需施加的应力要比施加未经预震的试样引起液化所需应力值提高 46%。从而得出了砂土液化的特性除了与土的相对密实度有关外，还与其振动应变史有关的结论。在振冲法施工时，振冲器以每分钟 1450 次振动频率、$98m/s^3$ 水平加速度和 90kN 激振力喷水沉入土中时，使填料和地基士在挤密的同时获得强烈的余震，这对砂土增强抗液化能力是极为有利的。

1964 年日本新瀉发生 7.7 级地震，大面积砂基发生液化，灾害严重。现场调查结果表明，经振冲处理地基的 2 万 m^3 油罐和厂房基本上都没有破坏，基础均匀下沉 20～30mm，同地点相邻的几个厂房虽已打了深 7m、直径为 0.3m 的钢筋混凝土摩擦桩，并打到 $N = 20$ 的土层，但都发生了明显的沉陷和倾斜，另外未经处理的建筑物都遭到了严重的破坏。

4.1.2 对黏性土加固机理

对于黏性土地基（特别是饱和软土），由于土的黏粒含量多，粒间结合力强，渗透性低，在振动力或挤压力的作用下土中水不易排走，所以碎石桩的作用不是使地基挤密，而是置换。振冲碎石桩是一种换土置换，即以性能良好的碎石来替换不良的地基土。

振冲法施工时，通过振冲器借助其自重、水平振动力和高压水，将黏性土变成泥浆水排出孔外，形成略大于振冲器直径的孔，再向孔中灌入碎石料，并在振冲器的侧向力作用下，将碎石挤入周围孔中，形成密实度高和直径大的桩体，它与黏性土（作为桩间土）构成复合地基而共同工作。

由于碎石桩的刚度比桩周土的刚度大，而地基中应力按材料变形模量进行重新分配，因此大部分荷载将由碎石桩承担，桩体应力和桩间黏性土应力比 n 一般取 2～4。

在制桩过程中，由于振动、挤压和扰动等原因，桩间土会出现较大的附加孔隙水压力，从而导致原地基土的强度降低。有的工程实测资料表明，制桩后立即测试桩周土，含水量增加 10%，干密度下降 3%，十字板抗剪强度比原天然地基土降低 10%～40%。制桩结束后，一方面原地基土的结构强度会随时间逐渐恢复；另一方面孔隙水压力会向桩体转移消散，结果是有效应力增大，强度提高和恢复，甚至会超过原土体强度。所以对碎石桩的质量检验时有一个龄期问题，通常检测的间隔时间定为 3～4 周。

如果在选用碎石桩材料时考虑级配，则所制成的碎石桩是黏性土地基中一个良好的排水通道，它能起到排水砂井的效能，且大大缩短了超孔隙水的水平向渗透途径，加速软土的固结，使沉降稳定加快。如浙江省镇海浙江炼油厂的一座油罐，地基土为淤泥质黏土和粉质黏土，厚 7.4m，十字板抗剪强度上部为 17～19kPa，下部平均为 25.5kPa。采用碎石桩加固，桩长 8m，三角形布置，排距 1m，桩距 2m。罐体建成后只用 54.5h 充水至最大高度 9m。此时基底压力为 130kPa。其后罐内水位保持不变进行预压，经过 38 天，地基沉降已经稳定，由此可见，碎石桩还能起排水砂井的作用。

由于碎石桩是由散粒体组成的，所以承受荷载后产生径向变形，并引起周围的黏性土产生被动抗力。如果黏性土的强度过低，不能使碎石桩得到所需的径向支持力，桩体就会产生鼓胀破坏，这样就使加固效果欠佳。为此，近年来国内外开发增强桩身强度的方法，如袋装碎石桩、水泥碎石桩和群围碎石桩等，我国的 CFG 桩（见后面章节）类似于水泥碎石桩。

如果软弱土层较厚，则桩体可不贯穿整个软弱土层，此时加固的复合土层起垫层作用，垫层将荷载扩散，使应力分布趋于均匀，起双层地基的作用，从而可提高地基整体的承载力并减少地基变形。

另外，碎石桩的加固，除了提高地基承载力、减少地基变形外，还可以提高土体的抗剪强度，增大土坡的抗滑稳定性，国外通常将这类加固归属于"加筋法"的范畴。

不论对疏松砂性土、杂填土或软弱黏性土，碎石桩（不论振冲法或干振法）的加固有：挤密、置换、排水、垫层和加筋 5 种作用。

4.2 设计计算

4.2.1 设计的一般原则

1. 加固范围

加固范围应根据建筑物的重要性和场地条件确定，通常都大于基底面积。对一般地基，在基础外缘宜扩大 1～2 排；对可液化地基，在基础外缘应扩大 2～4 排。

2. 桩位布置

对大面积满堂处理，桩位宜用等边三角形布置；对独立或条形基础，桩位宜用正方形、矩形或等腰三角形布置；对圆形或环形基础（如油罐基础），宜用放射形布置。

3. 加固深度

加固深度应根据软弱土层的性能、厚度或工程要求按下列原则确定。

（1）如果软弱土层厚度不大，则桩体可贯穿整个软弱土层，直达相对硬层，此时桩体在荷载作用下主要起应力集中的作用，从而使软弱土负担的压力相应减少，与原天然地基相比，复合地基的承载力有所提高，而压缩性也有所减少。

（2）当相对硬层的埋藏深度较大时，对按变形控制的工程，加固深度应满足碎石桩复合地基加固后变形值不超过建筑物地基容许变形值的要求。

（3）对按稳定性控制的工程，加固深度应不小于最危险滑动面深度。

（4）在可液化地基中，加固深度应按要求的抗震处理深度确定。

（5）桩长不宜短于 4m。

4. 桩径

碎石桩的直径应根据工程要求、地基土质情况和成桩设备等因素确定，采用 30kW 振冲器成桩时，桩径一般为 0.7～1.0m，对饱和黏性土地基宜选用较大的直径；干振碎石桩桩径一般为 0.4～0.7m。

4.2.2 砂性土设计计算方法

对砂性土地基，主要是从挤密的观点出发考虑地基加固中的设计问题，首先根据工程对地基加固的要求（如提高地基承载力、减少变形或抗地震液化等要求），确定碎石桩加固后要求达到的密实度和孔隙比，从而考虑桩位布置形式和桩径大小，再计算桩距和桩长。

1. 桩距确定

设碎石桩的布置如图4-2所示。假定在松散砂土中打入碎石桩能起到100%的挤密效果，亦即在成桩过程中地面没有隆起或下沉现象，被加固的砂土没有流失。已知一根碎石桩所分担的加固面积为A，单位深度灌碎石量为A_p，原砂土地基单位深度的平均体积为V。其中砂的固体颗粒所占的体积为V，桩距为L（图4-3）。当正方形布置时：

处理前体积为 $$V_0 = 1^2 \times 1 = V_e(1+e_0) \tag{4-1}$$

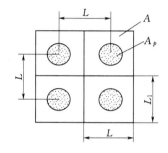

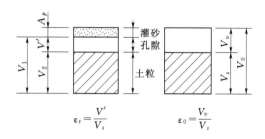

图4-2　正方形桩位布置计算桩距　　　　图4-3　孔隙比e变化图

处理后体积为 $$V_1 = V_0(1+e_1) = V_0 - A_p \times 1 \tag{4-2}$$

设桩体直径为d，由于$A_p = \dfrac{\pi}{4}d^2$，得

$$\frac{V_1}{V_0} = \frac{1+e_1}{1+e_0} = \frac{V_0 - A_p}{V_0} \tag{4-3}$$

$$A_p = \frac{e_0 - e_1}{1+e_0}V_0 = \frac{e_0 - e_1}{1+e_0}L^2 \tag{4-4}$$

当正方形布置时：

$$L = 0.887d\sqrt{\frac{1+e_0}{e_0 - e_1}} \tag{4-5}$$

当等边三角形布置时：

$$L = 0.95d\sqrt{\frac{1+e_0}{e_0 - e_1}} \tag{4-6}$$

地基挤密后要求达到的孔隙比e_r，可按工程对地基承载力要求或按挤密后要求，达到抗液化的相对密实度D_r确定e_1：

$$e_1 = e_{\max} - D_r(e_{\max} - e_{\min})$$

$$L = 0.95d\sqrt{\frac{1+e_0}{e_0 - e_1}} \tag{4-7}$$

式中　$e_{\max}$、$e_{\min}$——砂土的最大和最小孔隙比，可按国家标准《土工试验方法标准》（GB/T 50123—1999）的有关规定确定；

　　　　D_r——地基挤密后要求砂土达到的相对密实度，可根据场地地震烈度需要而取得。

碎石桩每根桩每米长度的填料量q为

$$q = \frac{e_0 - e_1}{1 + e_0} A \tag{4-8}$$

式（4-5）和式（4-6）也可用加固前、后土的重度 γ_0 和 γ_1 表示，即

当正方形布置时：

$$L = 0.887d \sqrt{\frac{\gamma_1}{\gamma_1 - \gamma_0}} \tag{4-9}$$

当等边三角形布置时：

$$L = 0.95d \sqrt{\frac{\gamma_1}{\gamma_1 - \gamma_0}} \tag{4-10}$$

2. 液化判别

根据《建筑抗震设计规范》（GB 50011—2010）规定：应采用标准贯入试验判别法，在地面下 15m 深度范围内的液化土应符合下式要求（当有成熟经验时，尚可采用其他判别方法）。

$$N_{63.5} < N_{er} \tag{4-11}$$

$$N_{er} = N_0 \big[0.9 + 0.1(d_s - d_w) \big] \sqrt{\frac{3}{\rho_0}} \tag{4-12}$$

式中　$N_{63.5}$——饱和土标准贯入锤击数实测值（未经杆长修正）；

　　　N_{er}——液化判别标准锤击数临界值；

　　　N_0——液化判别标准锤击数基准值，应按表 4-1 采用；

　　　d_s——饱和土标准贯入点深度，m；

　　　d_w——地下水位深度，m，应按建筑使用期内年平均最高水位采用，也可按近期内年最高水位采用；

　　　ρ_0——黏粒含量百分率，当小于 3 或为砂土时，均应采用 3。

表 4-1　　　　　　　　　　　标准贯入锤击数基准值

地震种类	烈　　　度		
	7	8	9
近震	6	10	16
远震	8	12	—

　　这种液化判别法只考虑了桩间土挤密效应的抗液化能力，而未考虑碎石桩的排水减压效应和预震效应，所以是偏于安全的。日本采用标准贯入击数面积加权平均的方法。该法假设要求处理后的标准贯入击数 N_1' 如处理后桩间土的标准贯入击数为

$$\overline{N_1} = mN_p + (1-m)N_1' \tag{4-13}$$

式中　m——面积置换率，其值等 A_p/A；

　　　A_p——桩截面积；

　　　A——根桩所分担的加固面积（图 4-4）；

　　　N_p——桩中心处的标准贯入击数；

　　　N_1——假设要求处理后的标准贯入击数。

4.2.3 黏性土设计计算方法

4.2.3.1 承载力计算

1. 单桩承载力计算

由于碎石桩均由散体土粒组成，其桩体的承载力主要取决于桩间土的侧向约束能力，对这类桩最可能的破坏形式为桩体的鼓胀破坏（图 4-5）。

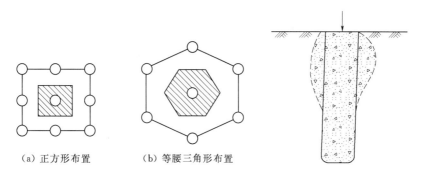

（a）正方形布置　　　　（b）等腰三角形布置

图 4-4　桩的加固范围　　　　图 4-5　桩体的膨胀破坏形式

目前国内外估算碎石桩的单桩极限承载力的方法有若干种，如有侧向极限应力法、整体剪切破坏法、球穴扩张法。一般常用的有单桩极限承载力法和综合极限承载力法，推荐采用式（4-14）估算单桩极限承载力：

$$[\rho_p]_{\max} = 20c_u \tag{4-14}$$

式中　c_u——地基土的不排水抗剪强度，kPa。

2. 复合地基承载力计算

在碎石桩和桩间土所构成的复合地基上，当作用荷载为 p 时，设作用于砂桩的应力为 p_p 和作用在桩周黏性土上的应力为 p_s。假定在碎石桩和黏性土各自面积 A_p 和 $A \sim A_p$ 范围内作用的应力不变时，则可求得：

$$p = p_p A_p + p_s(A - A_p) \tag{4-15}$$

式中　A——一根桩所分担的面积。

若将桩土应力比 $n = p_p/p_s$ 及面积置换率 $m = A_p/A$ 代入式（4-15），则式（4-15）可改为

$$\frac{p_p}{p} = \mu_p = \frac{n}{1+(n-1)m} \tag{4-16}$$

$$\frac{p_s}{p} = \mu_s = \frac{1}{1+(n-1)m} \tag{4-17}$$

式中　μ_p——应力集中系数；

　　　μ_s——应力降低系数。

另外，式（4-15）又可改写为

$$p = \frac{p_p A_p + p_s(A - A_p)}{A} = [1+(n-1)m]p_s \tag{4-18}$$

由式（4-18）可知：

（1）式（4-18）是按桩和桩间土的面积比例分配应力的。

（2）式（4-18）中桩和桩间土的承载力必须是等量变形条件下的承载力。

（3）由于 n 值是随荷载变化而变化的，故桩土应力比 n 必须是在 p_0 和 p 定值下的应力比。

（4） p_s 不同于天然地基承载力，施工后，对黏性土地基而言，都有不同程度的挤密或振密，不能简单地看做为只有置换作用。

从式（4-18）也可得知，只要由实测资料求得 p_p 和 p_s 后，就可求得复合地基极限承载力 p。一般桩土应力比 n 可取 $2\sim4$，原天然地基土强度低者可取大值。

对小型工程的黏性土地基如无现场载荷试验资料，复合地基的承载力标准值可按式（4-19）计算：

$$p = [1+(n-1)m] \times 3S_v \tag{4-19}$$

式中　S_v——桩间土的十字板抗剪强度，也可用处理前地基土的十字板抗剪强度代替。

另外，式（4-18）中的桩间土承载力标准值也可用处理前地基土的承载力标准值代替。

4.2.3.2 沉降计算

碎石桩的沉降计算主要包括复合地基加固区的沉降和加固区下卧层的沉降。地基在处理后的变形计算应按国家标准《建筑地基基础设计规范》（GB 50007—2011）的有关规定执行。复合土层的压缩模量可按式（4-20a）计算：

$$E_{spi} = \xi E_{si} \tag{4-20a}$$

$$\xi = f_{spk} / f_{ak} \tag{4-20b}$$

式中　E_{spi}——第 i 层复合土层的压缩模量，MPa；

　　　　ξ——复合土层的压缩模量提高系数；

　　　f_{spk}——复合地基承载力特征值，kPa；

　　　f_{ak}——基础底面下天然地基承载力特征值，kPa。

4.2.3.3 固结度计算

一般常用的排水砂井理论也适用于计算复合地基的沉降与时间关系。为了考虑涂抹作用，可以将桩径乘以 $1/2\sim1/15$，并且可假定水平渗透系数为垂直渗透系数的 $3\sim5$ 倍。对于荷载通过刚性筏基施加的等应变问题分析表明，随着桩、土弹性模量之比 E_p/E_a 的增大，碎石桩承担着更大的荷载，从而加速固结，对于比值 E_p/E_a 从 1 增大到 40 时，达到固结度 50% 所需的时间减少到原来的 1/10。若荷载不通过刚性筏基，而直接作用于碎石桩地基上（自由应变情况），则比值 E_p/E_a 对固结速率没有明显的影响。固结系数折算方法认为

$$c_\tau = c_r \left(1 + N \frac{m}{1-m}\right) \tag{4-21}$$

式中　c_r——桩间土径向固结系数；

　　　 N——桩土模量比；

　　　 M——置换率。

4.2.3.4 稳定分析

若碎石桩用于改善天然地基整体稳定性时，可使用复合地基的抗剪强度，再采用圆弧

滑动法来进行计算。

如图 4-6 所示，假定在复合地基中某深度处剪切面与水平面的交角为 θ，如果考虑碎石桩和桩间土两者都发挥抗剪强度，则可得出复合地基的抗剪强度 τ_{sp}：

$$\tau_{sp}=(1-m)c+m(\mu_p p+\gamma_p z)\tan\varphi_p\cos^2\theta$$
$$(4-22)$$

式中　c——桩间土的黏聚力；

　　　z——自地表面起计算滑动深度；

　　　γ_p——碎石料的有效重度；

　　　φ_p——碎石料的内摩擦角；

　　　μ_p——应力集中系数，$\mu_p=\dfrac{n}{1+m(n-1)}$；

　　　m——面积置换率。

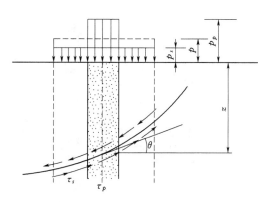

图 4-6　复合地基的剪切特性

如不考虑荷载产生固结而使黏聚力提高时，则可用天然地基的黏聚力 c_0。如考虑作用于黏性土上的荷载产生固结，则应计算黏聚力的提高。

$$c=c_0+\mu_s p U\tan\varphi_{cu}\qquad(4-23)$$

式中　U——固结度；

　　　φ_{cu}——桩间土的内摩擦角；

　　　μ_s——应力降低系数。

若 $\Delta c=\mu_s p U\tan\varphi_{cu}$，则强度增长率为

$$\frac{\Delta c}{p}=\mu_s p U\tan\varphi_{cu}\qquad(4-24)$$

Priebe（1978）采用了 φ_{sp} 和 c_{sp} 的复合值，并由式（4-25）求得

$$\tan\varphi_{sp}=\omega\tan\varphi_p+(1-\omega)\tan\mu_p\qquad(4-25)$$

$$c_{sp}=(1-\omega)c_s\qquad(4-26)$$

其中 $\omega=m\mu_p$，一般 $\omega=0.4\sim0.6$，已知 c_{sp} 和 φ_{sp} 后，可用常规的圆弧滑动稳定分析方法计算抗滑安全系数；或者根据要求的安全系数，反求需要的 ω 和 m 值。

4.3　施工工艺

4.3.1　振冲法施工工艺

振冲法是以起重机吊起振冲器（图 4-7），启动潜水电机后带动偏心块，使振冲器产生高频振动，同时开动水泵，使高压水通过喷嘴喷射高压水流，在边振边冲的联合作用下，将振冲器沉到土中的设计深度。经过清孔后，就可从地面向孔中逐段填入碎石，每段填料均在振动作用下被振挤密实，达到所要求的密实度后提升振冲器，如此重复填料和振密直至地面，从而在地基中形成一根大直径的和很密实的桩体。图 4-8 为振冲法施工顺序示意图。

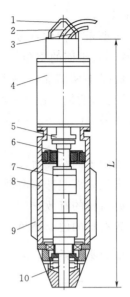

图4-7 振冲器与振冲器构造图

1—吊具；2—水管；3—电缆；4—电机；5—联轴器；

6—轴；7—偏心块；8—壳体；9—翅片；10—水管

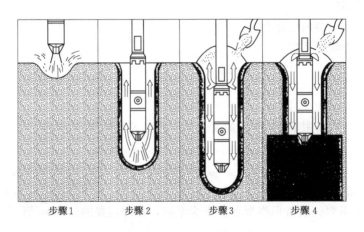

图4-8 振冲法施工顺序示意图

1. 施工前准备工作

（1）了解现场有无障碍物存在；加固区边缘留出空间是否足够施工机具使用；空中有无电线；现场是否有可作为施工时的排泥池的河沟；料场是否合适。

（2）了解现场地质情况，土层分布是否均匀，有无软弱夹层。

（3）对大中型工程，宜事先设置试验区进行实地制桩试验，从而求得各项施工参数。

2. 施工组织设计

进行施工组织设计，以便明确施工顺序和施工方法，计算出在允许的施工期内所需配备的机具设备，所需耗用的水、电、料。排出施工进度计划和绘出施工平面布置图。

振冲器是振冲法施工的主要机具，国内可参见江苏省江阴市江阴振冲器厂的定型产品的各项技术参数（该公司网站有具体型号），可根据地质条件和设计要求进行选用。

起重机械一般采用履带吊、汽车吊、自行井架式专用吊机。起重能力和提升高度均应满足施工要求，并需符合起重规定的安全值，一般起重能力为 10～15t。

在加固过程中，要有足够的压力水通过橡皮管引入振冲器的中心水管，最后从振冲器的孔端喷出 400～600kPa 的压力水，水量为 20～30m³/h，振冲法施工配套如图 4-10 所示。

水压水量按下列原则选择：

（1）黏性土（应低水压、大水量）比砂性土为低。

（2）软土比硬土低；随深度适当增高，但接近加固深度 1m 处应减低，以免底层土扰动。

（3）制桩比造孔低。一般加固深度为 10m 左右时，需保证输送填料量 4～6m³/h 以上，填料可用含泥量不大的碎石、卵石、角砾、圆砾等硬质材料。碎石的粒径一般可采用 20～50mm，最大不超过 80mm。

应特别注意排污问题，要考虑将泥浆水引出加固区，可从沟渠中流到沉泥池内，也可用泥浆泵直接将泥水打出去。

要设置好三相电源和单相电源的线路与配电箱。三相电源主要是供振冲器使用，其电压需保证在 380V，变化范围在 ±20V，否则会影响施工质量，甚至要损坏振冲器的潜水电机。

4.3.1.1 施工顺序

施工顺序一般可采用"由里向外"或一边向另一边的作业顺序。因为"由外向里"的施工，常常是外围的桩都加固好后，再施工里面的桩时，就很难振挤开来。

在地基强度较低的软黏土地基中施工时，要考虑减少对地基土的扰动影响，因而可采用"间隔跳打"的方法。

当加固区附近有其他建筑物时，必须先从邻近建筑物一边的桩开始施工，然后逐步向外推移。

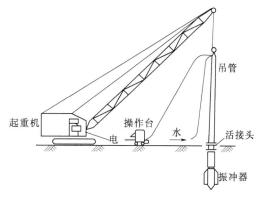

图 4-9 振冲法施工配套机械

4.3.1.2 施工方法

一般填料的方法是把振冲器提出孔口往孔内加料，然后再放下振冲器进行振密；另一种方法是振冲器不提出孔口，只是往上提一些，使振冲器离开原来振密过的地方，然后往下倒料，再放下振冲器进行振密；还有一种是连续加料，即振冲器只管振密，而填料是连续不断往孔内添加，只要在其深度上达到规定的振密标准后就往上提振冲器，再继续进行振密。究竟选用何种填料方式，主要视地基土的性质而定。在软黏土地基中，由于桩孔常会被坍塌下来的软黏土所堵塞，所以常需进行清孔除泥，故不宜使用连续加料的方法。砂性土地基的桩孔，坍塌现象不像软黏土地基那样厉害，所以为了提高工效，可以使用连续加料的施工方法。

振冲法具体施工根据"振冲挤密"和"振冲置换"的不同要求，其施工操作要求也有所不同。

1. "振冲挤密法"施工操作要求

"振冲挤密法"一般在中、粗砂地基中使用时可不另外加料，而利用振冲器的振动力，使原地基的松散砂振挤密实。在粉、细砂和黏质粉土中制桩，最好是边振边填料，以防振冲器提出地面时孔内塌方，施工操作时，其关键是水量的大小和留振时间的长短。

"留振时间"是指振冲器在地基中某一深度停下振动的时间。水量的大小是要保证地基中的砂土充分饱和。砂土只要在饱和状态下并受到了振动便会产生液化，足够的留振时间是让地基中的砂土"完全液化"和保证有足够大的"液化区"。砂土经过液化在振冲停止后，颗粒便会慢慢重新排列，这时的孔隙比较原土的孔隙比为小，密实度相应增加，这样就可达到加固的目的。

整个加固区施工完后，桩体顶部约 1m 范围内，由于该处地基土的上覆压力小，桩体的密实度难以保证，应予挖除，另作 300～500mm 厚的压实碎石垫层；也可用振动和碾压等方法处理这部分疏松层。压实的垫层可在桩顶起水平排水的作用。

振冲挤密法一般施工顺序如下：

（1）振冲器对准加固点。打开水源和电源，检查水压、电压和振冲器的空载电流是否正常。

（2）启动吊机。使振冲器以 1～2m/min 的速度徐徐沉入砂基，并观察振冲器电流变化，电流最大值不得超过电机的额定电流。当超过额定电流值时，必须减慢振冲器下沉速度，甚至停止下沉。

（3）当振冲器下沉到设计加固深度以下 0.5m 处时，在这一深度上留振 30s。如中部遇硬夹层时，应适当通孔，每深入 1m 应停留扩孔 5～10s，达到设计孔深后，振冲器再往返 1～2 次以便进一步扩孔。

（4）以 1～2m/min 速度提升振冲器。每提升 0.3～0.5m 就留振 30s，并观察振冲器电机电流变化，其密实电流一般是超过空振电流 25～30A，记录每次提升高度、留振时间和密实电流。

（5）关机、关水和移位，在另一个加固点上施工。

（6）施工现场全部振密加固后，整平场地，进行表层处理。

2. "振冲置换法"施工操作要求

在黏性土层中制桩而孔中的泥浆水太稠时，碎石料在孔内下降的速度将减慢，影响施工速度，所以要在成孔后，留有一定的清孔时间，利用回水把稠泥浆带出地面，降低泥浆的密度。

若土层中夹有硬层时，应适当进行扩孔，把振冲器多次往复上下几次，使得此孔径能扩大，以便于加碎石料。加料时宜"少吃多餐"，每次往孔内倒入的填料数量，约为堆积在孔内 1m 高，然后用振冲器振密，再继续加料。施工要求填料量大于造孔体积，孔底部分要比桩体其他部分多些，因为刚开始往孔内加料时，一部分料沿途沾在孔壁上，到达孔底的料就只能是一部分，孔底以下的土受高压水破坏而造成填料的增多。密实电流应超过原空振时电流 35～45A。

在强度很低的软土地基中施工，则要用"先护壁、后制桩"的方法。即在开孔时，不要一下子到达加固深度，可先到达第一层软土层，然后加些料进行初步挤振，让这些填料挤到此层的软土层周围去，把此段的孔壁保护住，接着再往下开孔到第二层软土层，给予同样的处理，直到预定加固深度，这样在制桩前已将整个孔道的孔壁保护住，以后就可按常规制桩。

目前常用的填料是碎石，其粒径不宜大于50mm，太大将会磨损机具。也可采用卵石、矿渣等其他硬粒料，各类填料的含泥量均不得大于5%，已经风化的石块，不能作为填料使用。

同理，在地表1m范围内的土层也需另行处理。振冲置换法的一般施工顺序与振冲挤密法基本相似，此处不再赘述。

施工的质量关键是填料量、密实电流和留振时间，这三者实际上是相互联系的，只有在一定的填料量的情况下，才可能保证达到一定的密实电流，而这时也必须要有一定的留振时间，才能把填料挤紧振密。

在较硬的土或砂性较大的地基中，振冲电流有时会超过密实电流规定值，随着在留振的过程中电流会缓慢地下降。这是由于振冲器瞬时较快地进入石料产生的瞬时电流高峰，决不能以此电流来控制制桩的质量。密实电流必须是在振冲器留振过程中稳定下来的电流值。

在黏性土地基中施工时，由于土层中常夹有软弱层，这会影响填料量的变化。有时在填料量达到的情况下，密实电流还不一定能够达到规定值，这时就不能单纯用填料量来检验施工质量，而要更多地注意密实电流是否达到规定值。

4.3.2 干振法施工工艺

干振法是干法振动加固法的主机振孔器的直径为280～330mm，全长7.3m，自重约22kN，其构造由动力、传动和振动三大部分组成。

动力部分为40～45kW的电动机，机外有保护罩，罩顶有吊顶滑轮，罩外对称焊接两个内径为100mm、长300～400mm的钢管，在管内插入1.0m长圆木，在此圆木上系绳，以克服反扭矩。

传动部分主要是将上部电机的动力传递到下部的激振器，该部分主要由联轴器、传动轴、万向节和联接管组成。万向节外围设减振器，由于电动机在机体上端，力矩通过万向节传递到下部，又使下部激振器产生的振动力与上部隔开，使整机工作平衡。

振动头主要由偏心体、平衡配重体、推力球面轴承和滚珠轴承等组成。

干振法制桩过程中，需要配备一台起重量不小于8t以上的吊车，吊车提升高度不能小于10m，以便在加固现场起吊和移动长7.3m的振孔器。

施工过程首先用振孔器成孔，使原孔位的土体挤到周围土体中去，成孔后提起振孔器，在原孔中倒入约1m高的碎石，再放下振孔器振捣密实，直至达到密实电流为止，如此反复进行，在土体中便制成碎石桩。

4.3.3 测量控制办法

1. 平面测量控制方法

由于是水上作业，为提高施工效率，采用船载GPS定位系统控制振冲点的位置。

GPS 接收仪器与振冲器绑定在同一轴线上，并始终保持 GPS 接收器的垂直状态。用电子手簿与 GPS 接收器相连接，仪器调试完备复测控制点，精度符合要求后，输入孔位点的坐标，电子手簿上会显示出振冲器所在位置与孔位点的相对位置，通过搅锚移船，使振冲器所在的位置与孔位点位置重合，偏差不大于 2cm，成孔中心点偏差不大于 1/6 孔径（且不大于 15cm），方可开始施工。

　　2. 高程控制办法

首先，在吊管装配后，外侧壁平行捆绑一条绳索。该绳索上从吊管底部的振冲器顶端为高度起算点，沿绳索的高度方向每 1m 系一个红色小绳表示刻度。在过渡段胸墙侧面沿高度方向每 50cm 划一刻度，刻度用红白油漆间隔表示。振冲施工时，根据吊管上绳索的刻度在水面处的读数及相应的过渡段胸墙处显示的潮位情况，就可推算振冲器所达到的高程。

4.4　质量检验

碎石桩施工结束后，除砂土地基外，应间隔一定时间方可进行质量检验。对黏性土地基，间隔时间可取 3～5 周；对粉土地基可取 2～3 周。施工中应检查密实电流、供水压力、供水量、孔底留振时间、振冲点位布置、振冲器施工参数等。

质量检验可用单桩载荷试验，其圆形载荷板的直径与桩的直径相等，可按每 200～400 根桩随机抽取一根进行检验，但总数不得少于 3 根。对砂土或粉土层中的碎石桩，除用单桩载荷试验检验外，尚可用标准贯入、静力触探等试验对桩间土进行处理前后的对比试验。

对大型的、重要的或场地复杂的碎石桩工程，应进行复合地基的处理效果检验，检验方法可用单桩或多桩复合地基载荷试验。检验点应选择在有代表性的或土质较差的地段，检验点数量可按处理面积大小取 2～4 组。

载荷板实验检验地基加固后土体的承载能力要求应在每 20000m^2（每区域不少于 2 组）地基加固区域进行 1 组载荷板实验。荷载板试验可采用 1.5m×1.5m（或更大面积）的承载板，按照使用荷载的级别逐级施加静力荷载，每级荷载增量可为预估地基承载力的 1/10～1/20，根据荷载-沉降关系曲线确定地基承载能力，计算土体的变形模量 E_0 及基床系数 K_0。

有关复合地基载荷试验的方法参见第 1 章 1.3 节。

思　考　题

1. 简述振动沉管砂石桩的加固机理。

2. 振动沉管砂石桩桩长、桩径及桩距如何确定？

3. 振动沉管砂石桩的施工顺序是什么？

4. 振动沉管砂石桩施工时应注意哪些事项？

第 5 章　振动沉管砂石桩

振动沉管砂石桩是振动沉管砂桩和振动沉管碎石桩的简称。20 世纪 50 年代日本首先采用振动沉管砂桩，50 年代后期引入我国。振动沉管碎石桩是近十余年发展起来的一种地基处理方法。振动沉管砂石桩就是在振动机的振动作用下，把套管打入规定的设计深度，套管入土后，挤密套管周围土体，然后投入砂石，再排砂石于土中，振动密实成桩，多次循环后就成为砂石桩。桩与桩间土形成复合地基，从而提高地基的承载力并防止砂土振动液化，也可用于增大软弱黏性土的整体稳定性。它适用于处理松散砂土、粉土、素填土、杂填土、黏性土、湿陷性黄土等地基；对在饱和黏性土地基上主要不以变形控制的工程，也可采用砂石桩置换处理。振动沉管砂石桩具有施工简单、加固效果好、节省三材、成本低廉、无污染等特点，被广泛应用于路堤、原料堆场、码头、仓库、油罐、厂房和住宅等工业与民用建筑物的地基加固。

5.1　加固机理

振动沉管砂石桩在砂性土和黏性土中的加固机理是有区别的。

5.1.1　对松散砂土的加固机理

振动沉管砂石桩加固砂性土地基的主要目的是提高地基土承载力、减少变形和增强抗液化性。砂石桩加固砂土地基抗液化的机理主要有三个方面。

1. 挤密作用

在成桩过程中桩管对周围砂层产生很大的横向挤压力，桩管体积的砂挤向桩管周围的砂层，使桩管周围的砂层孔隙比减小、密实度增大。

2. 排水降压作用

砂石桩加固砂土时，桩孔内充填碎石（卵石、砾石）和粗砂等反滤性好的粗颗粒料，在地基中形成渗透性能良好的人工竖向排水降压通道，可有效地消散和防止超孔隙水压力的增高，防止砂土产生液化，并可加快地基的排水固结。

3. 砂基预震效应

砂石桩在成孔及成桩时，振动锤的强烈振动，使填入料和地基土在挤密的同时获得强烈的预震，对砂土增强抗液化能力是极为有利的。

5.1.2　对黏性土的加固机理

砂石桩加固黏性土，其主要目的是提高地基承载力、减少地基沉降量、提高土体的抗剪强度、增大土坡的抗滑稳定性。其作用主要有以下四个方面。

1. 置换作用

对于黏性土地基（特别是饱和软土），由于土的黏粒含量多，黏粒间结合力强，渗透

53

性低，在振动力或挤压力的作用下土中水不易排走，所以砂石桩的作用不是使地基挤密，而是置换。

2. 排水作用

砂石桩在黏土地基中形成一个良好的排水通道，起到排水砂井的效能，且大大缩短了孔隙水的水平渗透途径，加速软土的排水固结，使沉降稳定加固。

3. 加筋作用

如果软弱土层厚度不大，则砂石桩体可贯穿整个软弱土层，直达相对硬层，此时桩体在荷载作用下主要起应力集中作用。从而使软土负担的压力相对减少，结果与原天然地基相比，复合地基的承载力提高、压缩性减少。

4. 垫层作用

如果软弱土层较厚，则砂石桩体可不贯穿整个软弱土层，此时加固的复合土层起垫层作用，垫层将荷载扩散使施力分布趋于均匀，从而可提高地基整体的承载力，减少沉降量。

5.2　设计计算

振动沉管砂石桩的设计包括方案确定、桩长和桩径确定、桩距计算、加固范围及布桩形式确定和沙石灌入量计算。

5.2.1　方案确定

根据地基处理的目的、等待处理场地的地质工程条件以及施工机具等的不同，可分别选择振动沉管沙桩、砂石桩或碎石桩，也可以与其他地基处理方式结合使用。

5.2.2　桩长和桩径确定

桩长主要取决于需要加固土层的厚度。一般视建筑物的设计要求和地质条件而定，应满足地基的强度和变形控制要求。

（1）对松散砂土或其他软土层，当其厚度不大时，挤密砂石桩应穿透软弱土层至较好持力土层土；当厚度较大而挤密砂石桩（因机具设备限制或造价太贵）不能穿透时，桩长应根据建筑地基的允许变形值确定。

（2）处理可液化土层时，桩长应穿透可液化层或按国标《建筑抗震设计规范》（GB 50011—2010）确定。

（3）对按稳定性控制的工程，加固深度应大于最危险滑动面的深度。

（4）桩长不宜短于 4m。

桩径应根据工程地质条件和成桩设备等因素确定，一般为 300～800mm，对饱和黏性土地基宜选用较大的桩径。

5.2.3　桩距计算

桩距应能满足地基强度及变形控制要求，以及抗液化和消除黄土湿陷性等设计要求，同时使单位面积造价最低。一般应通过现场试验确定桩距，但不宜大于砂石桩直径的 4 倍。在有经验的地区可按以下公式确定。

5.2.3.1 松散砂土地基

等边三角形布置时：

$$L = 0.95d \sqrt{\frac{1+e_0}{e_0-e_1}} \qquad (5-1)$$

正方形布置时：

$$L = 0.90d \sqrt{\frac{1+e_0}{e_0-e_1}} \qquad (5-2)$$

$$e_1 = e_{max} - D_r(e_{max}-e_{min}) \qquad (5-3)$$

式中　L——砂石桩间距，m；

　　　d——砂石桩直径，m；

　　　e_0——地基处理前砂土的孔隙比，可按原状土样试验确定，也可根据动力或静力触探对比试验确定；

　　　e_1——地基挤密后要求达到的孔隙比；

e_{max}、e_{min}——砂土的最大、最小孔隙比。可按照《土工试验方法标准》（GB/T 50123—1999）有关规定确定；

　　　D_r——地基挤密后要求砂土达到的相对密实度，可取 0.70～0.85。

5.2.3.2 黏性土地基

等边三角形布置时：

$$L = 1.08 \sqrt{A_e} \qquad (5-4)$$

正方形布置时：

$$L = \sqrt{A_e} \qquad (5-5)$$

式中　L——砂石柱间距，m；

　　　A_e——1 根砂石柱的截面积，m²。

$$A_e = \frac{A_p}{m} \qquad (5-6)$$

式中　A_p——砂石柱的截面积，m²；

　　　m——面积置换率。

$$m = \frac{d^2}{d_e^2} \qquad (5-7)$$

式中　d——桩的直径，m；

　　　d_e——等效影响圆的直径，m，等边三角形布置时 $d_e=1.05L$，正方形布置时 $d_e=1.13L$，矩形布置时 $d_e=1.13\sqrt{L_1L_2}$；

　　　L_1、L_2——桩的纵向间距和横向间距。

5.2.4 加固范围和布桩形式确定

加固范围应根据上部建筑结构特征、基础形式及尺寸大小、荷载条件及工程地质条件而定，地基的加固宽度一般不小于基础宽度的 1.2 倍，而且基础外缘每边放宽不应少于 1～3 排桩。对于有抗液化要求的地基基础，外缘每边放宽不宜小于处理深度的 1/2，并不小于 5m；当可液化层上覆盖有厚度大于 3m 的非液化层时，基础外缘每边放宽不宜小于液化层厚度的 1/2，并不应小于 3m；一般在基础外缘放宽 2～4 排桩。

布桩形式应依据基础形式确定。对大面积满堂处理，桩位宜采用等边三角形布置；对独立或条形基础，桩位宜采用正方形、矩形或等腰三角形布置；对于圆形或环形基础，宜用放射形布置。

5.2.5　砂石灌入量计算

砂石量可按式（5-8）计算：

$$q = \frac{Kh\pi d^2}{4} \tag{5-8}$$

式中　q——每根桩填料量，m^3；

　　　h——桩长，m；

　　　K——充盈系数，一般为 1.25～1.32；

　　　d——桩径，m。

也可按式（5-19）计算：

$$q' = \frac{A_p h d_e}{1+e_1}(1+0.01\omega) \tag{5-9}$$

式中　q'——每根桩砂石灌入量，t；

　　　A_p——砂石柱的截面积，m^2；

　　　h——桩长，m；

　　　d_e——砂石料的相对密度，t/m^3；

　　　ω——砂石料的含水量，%。

填料宜用砾砂、粗砂、中砂、圆砾、角砾、卵石或碎石等，其粒径一般小于 50mm，含泥量不得大于 5%。

5.2.6　其他计算

对砂性土地基，应根据国标《建筑抗震设计规范》（GB 50011—2010）的规定进行抗震计算。对黏性土地基，应按照《建筑地基处理技术规范》（JGJ 79—2012）和《建筑地基基础设计规范》（GB 50007—2011）进行必要的承载力计算、沉降计算及稳定分析。

5.3　施工方法

5.3.1　施工机械

振动沉管成桩法的施工机械包括振动机、料斗、振动套管组成的振动打桩机。

5.3.2　施工要点

施工时可采用振动成桩法，也可采用锤击成桩法，后者还分为双管法和单管法。国内施工振动沉管时还常用活瓣式桩靴和混凝土桩靴。依施工工艺顺序，振动沉管砂石桩的施工方法可选择以下几种。

（1）排孔法。由一端开始逐步施工到另一端。

（2）跳打法。同一排桩可隔一根桩打一根桩，反复进行。

（3）围幕法。先打外圈桩，再打内圈桩，从外到里依次向中心区推进。适用于油罐、水塔等基础的圆形布桩施工。

5.3.3　施工程序

振动沉管砂石桩的施工顺序为：施工准备→布置桩位→（制桩→桩机就位→开机→沉管造孔→填料→挤密成桩→关机移位）→检验→交工验收。

5.3.4　注意事项

振动沉管砂石桩施工应注意以下几点。

（1）正式施工前应进行成桩试验，试验桩数一般为7～9根，以验证设计参数的合理性，如发现不能满足设计要求时，应及时会同设计单位予以调整桩间距和砂石灌入量等有关参数，重新试验或改变设计。

（2）正式施工时，要严格按照设计要求的桩长、桩径、桩间距、砂石灌入量以及试验确定的桩管提升高度和速度、挤压次数和悬振时间、电机的工作电流等施工参数进行施工，以确保挤密均匀和桩身的连续性。

（3）应保证起重设备平稳，导向架与地面垂直，且垂直度偏差不应大于1.5%，成孔中心与设计桩位偏差不应大于50mm，桩径偏差控制在20mm以内，桩长偏差不大于100mm。

（4）砂石灌入量不应少于设计值的95%，如不能顺利下料时，可适当往管内加水。

5.4　质量检验

质量检验应在施工完工后间隔一定的时间进行，对饱和黏性土一般在施工完1～2周后进行，对其他土可在施工完3～5天后进行。

检验一般采用两种以上方法，如载荷试验、动力触探试验、静力触探试验、土工试验等。桩间土质量检测位置应在等边三角形或正方形中心。

检测点不少于总桩数的2%，且至少每个工程不少于3点。检测点一般应包括桩、桩间土和复合地基。检查结果，如占检测总数10%的桩未达到设计要求时，应采取加桩或其他措施。

思　考　题

1. 振动沉管砂石桩与振冲桩的区别是什么？
2. 振动沉管砂石桩的加固机理是什么？
3. 振动沉管砂石桩的施工顺序是什么？

第6章　水泥粉煤灰碎石（CFG）桩

水泥粉煤灰桩，简称 CFG 桩（C 指 Cement、F 指 Flyash、G 指 Gravel），由碎石、石屑、粉煤灰，掺适量水泥加水拌和，用各种成桩机制成的具有可变黏结强度的桩型。通过调整水泥掺量及配比，可使桩体强度等级在 $C_5 \sim C_{20}$ 之间变化。桩体中的粗骨料为碎石；石屑为中等粒径骨料，可使级配良好；粉煤灰具有细骨料及低标号水泥的作用。

20 多年来，复合地基在我国地基处理中得到广泛应用，特别是近来年，复合地基理论的研究和应用发展很快，一批新的桩型、施工设备和施工工艺应运而生，一些设计思想也给人耳目一新的感觉。CFG 桩法适用于处理黏性土、粉土、砂土和已自重固结的素填土等地基。对淤泥质土应按地区经验或通过现场试验确定其适用性。

CFG 桩的骨料为级配碎石，粒径通常为 $20 \sim 50$mm。掺入石屑以填充碎石的孔隙，使其级配良好，石屑粒径通常为 $2.5 \sim 10$mm。掺入石屑后，桩体混合料接触比表面积增大，提高了桩体抗剪强度。

粉煤灰是燃煤发电厂排出的一种具有一定活性的工业废料，在 CFG 桩体混合料中，它既是细骨料，又有低强度等级水泥的作用。粉煤灰的掺入可改善混合料的和易性和可泵性，提高混合料的后期强度。水泥一般采用标号不小于 32.5 普通水泥即可。混合料的密度一般为 $2.10 \sim 2.2$t/m^3。

(a) 桩头清理前的 CFG 复合地基　　　　　(b) 清理完的 CFG 地基

图 6-1　CFG 复合地基

为深化对复合地基的认识，许多学者对不同桩型进行系列化研究，以便了解不同桩型复合地基在承载力和变形特性方面的差异。在大量试验研究和工程应用的基础上，一些学者从不同角度出发，对复合地基进行分类，以便设计人员采用复合地基方案时合理选用桩型。作者试图按桩体材料构成、桩体强度和模量、桩置换能力的大小，将复合地基分为以下四种类型：

（1）散体桩复合地基，其桩体由碎石或砂石等散体材料构成，如振冲碎石桩或干振砂石桩等。

（2）低黏结强度桩复合地基，如石灰桩、灰土桩、水泥土搅拌桩。

（3）中等粘结强度桩复合地基，如夯实水泥土桩等。

（4）高粘结强度桩复合地基，如 CFG 桩、素混凝土桩等。

CFG 桩和桩间土一起，通过褥垫层形成 CFG 桩复合地基，如图 6-2 所示。此处的褥垫层，不是基础施工时通常做的 10cm 厚素混凝土垫层，而是由粒状材料组成的散体垫层。

工程中，对散体桩（如碎石桩）和低粘结强度桩（如石灰桩）复合地基，有时可不设置褥垫层，也能保证桩与土共同承担荷载。CFG 桩系高粘结强度桩，褥垫层是 CFG 桩和桩间土形成复合地基的必要条件，亦即褥垫层是 CFG 桩复合地基不可缺少的一部分。与素混凝土桩的区别仅在于桩体材料的构成不同，而在其受力和变形特性方面没有什么区别。因此这里是将 CFG 桩作为高粘结强度桩的代表进行研究。复合地基性状和设计计算，对其他高粘结强度桩复合地基都适用。

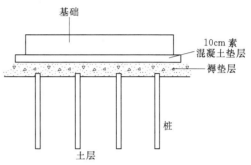

图 6-2　CFG 桩复合地基示意图

6.1　褥垫层加固机理

6.1.1　褥垫层的作用

保证桩土共同承担荷载（具体机理见 6.1.2 节），它是 CFG 桩形成复合地基的重要条件。当基础瞬时受荷时，桩和桩间土都要发生沉降变形，由于桩的模量远比土的变形模量大，因而桩比土的变形小。由于基础下面设置了一定厚度的褥垫层，桩可以向上刺入，伴随这一变化过程，垫层材料不断调整补充到桩间土上，以保证基础始终把一部分荷载传到桩间土上，也就能保证在任一荷载作用下桩和桩间土始终参与工作。

6.1.2　保证桩与土共同承担荷载

如前所述，对 CFG 桩复合地基，基础通过厚度为 H 的褥垫层与桩和桩间土相联系。如图 6-3（a）所示。若基础和桩之间不设置褥垫层（即 $H=0$），则如图 6-3（b）所示，桩和桩间土传递垂直荷载与桩基相类似。当桩端落在坚硬土层上，基础承受荷载后，桩顶沉降变形很小，绝大部分荷载由桩承担，桩间土的承载力很难发挥。

对褥垫厚度 $H=0$，桩端落在一般黏性土上，基础承受荷载后，桩和桩间土受力随时间变化。随着时间的增加，基础和桩的沉降变形不断增加，基础下桩间土分担的荷载不断增加，桩承担的荷载相应减少，即有单个桩所承担的荷载逐渐向桩间土转移的过程。

基础和桩之间设置一定厚度的褥垫层后，当荷载一定时，桩顶平均应力 σ_p 和桩间土应力 σ_s 不随时间增长而变化，即使桩端落在好的土层上，σ_p、σ_s 也均为一常值。这是因为褥垫层的设置，可以保证基础始终通过褥垫把一部分荷载传到桩间土上。

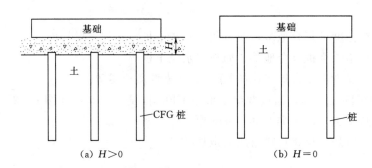

(a) $H > 0$　　　　　　　　　　(b) $H = 0$

图 6 - 3　褥垫层作用示意图

6.1.3　调整桩与土垂直和水平荷载的分担作用

复合地基中桩与土的荷载分担可以用桩土应力比 n 表示：

$$n = \frac{\sigma_p}{\sigma_s} \qquad (6 - 1)$$

式中　σ_p——桩顶应力，kPa；

σ_s——桩间土应力，kPa。

也可用桩土荷载分担比 δ_p、δ_s 表示：

$$\delta_p = \frac{p_p}{p} \qquad (6 - 2)$$

$$\delta_s = \frac{p_s}{p} \qquad (6 - 3)$$

式中　p_p——桩承担的荷载，kN；

p_s——桩间土承担的荷载，kN；

p——总荷载，kN。

当复合地基面积置换率 m 已知后，桩土应力比 n 和桩土荷载分担比 δ_p、δ_s 可以互相表示为

$$n = \frac{1 - m\delta_p}{m} \cdot \frac{\delta_p}{\delta_s} \qquad (6 - 4)$$

$$\delta_p = \frac{mn}{1 + m(n - 1)} \qquad (6 - 5)$$

$$\delta_s = \frac{1 - m}{1 + m(n - 1)} \qquad (6 - 6)$$

CFG 桩复合地基中桩土应力比 n 多数在 $10 \sim 40$ 之间变化。在较软的土中 n 可达到 100 左右。桩承担的荷载占总荷载的百分比一般为 $40\% \sim 75\%$。

需要特别指出的是：对碎石桩，n 一般在 $1.4 \sim 3.8$ 之间变化，如果想通过增加桩长来提高桩土应力比是很困难的。CFG 桩复合地基桩土应力比具有较大的可调性，当其他参数不变时，减少桩长可使桩土应力比降低；增加桩长可使桩土应力比提高。当其他参数不变时（桩长、桩径、桩距一定时），增加褥垫厚度可使桩土应力比降低；减少褥垫厚度可使桩土应力比提高。如图 6 - 4 所示，当褥垫厚度 $H = 0$ 时 [图 6 - 4 (a)]，桩土应力比很大；当褥垫厚度 H 很大时 [图 6 - 4 (b)]，桩土应力比接近于 1。此时桩的荷载分担比

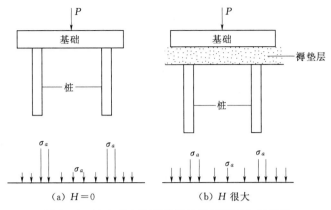

(a) $H=0$ (b) H 很大

图 6-4 桩土应力比随着褥垫层厚度变化示意图

$\delta_p = m$（m 为面积置换率）。

CFG 桩主要传递垂直荷载，当基础承受水平荷载时，桩与土是如何参与工作的，特别是 CFG 桩不配筋，桩在水平荷载作用下会不会断裂，会不会影响建筑物的正常使用，常常是设计人员所关心的问题。

如图 6-6 所示，基础受垂直荷载 p 和水平荷载 Q 作用。当褥垫厚度 $H=0$ 时，桩承担的荷载占总荷载的百分比 δ_p 很大，而土承担的荷载占总荷载的百分比 δ_s 很小。在无埋深条件下，荷载 Q 传到桩上的水平荷载为 Q_p，传到桩间土上的水平力为 Q_s，并有

$$Q = Q_p + Q_s \tag{6-7}$$

$$Q_s = p_s \mu \tag{6-8}$$

式中　p_s——桩间土分担的荷载，kN；

　　　μ——基础和土之间的摩擦系数，μ 值多在 $0.25 \sim 0.45$ 之间。

当褥垫厚度增大到一定数值时，作用在桩顶和桩间土上的剪应力 τ_p 和 τ_s 相差不大，桩顶承受的剪力 $Q_p = mA\tau_p$，其中 m 为面积置换率，A 为基础面积，τ_p 为桩顶剪应力平均值。由此可知，桩承受的剪力 Q_p 占水平荷载的比例，大体与面积置换率 m 相当。此时桩受的水平荷载很小，水平荷载主要由桩间土承担。

由以上讨论可知，通过改变褥垫层厚度，可以调整桩与土承担垂直荷载和水平荷载的比例。褥垫层越薄，桩承担的垂直荷载和水平荷载的比例越大；褥垫层越厚，桩间土承担的垂直荷载和水平荷载的比例越大。

6.1.4　减少基础底面的应力集中

当褥垫厚度 $H=0$ 时，桩对基础的应力集中很显著，和桩基础一样，需要考虑桩对基础的冲切破坏。

当 H 大到一定程度，基底反力即为天然地基的反力分布。

一般情况下，桩顶对应的基础底面测得的反力 σ_{Rp} 与桩间土对应的基础底面测得的反力 σ_{Rs} 之比用 β 表示 $\beta = \sigma_{Rp}/\sigma_{Rs}$，$\beta$ 值与褥垫层厚度 H 的关系如图 6-5 所示。当褥垫厚度 H 大于 10cm 时，桩

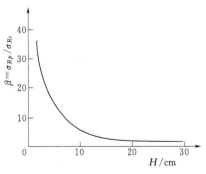

图 6-5　β 值与垫层厚度关系曲线

对基础底面产生的应力集中已显著降低，当 H 为 30cm 时，β 值已经很小。

6.2　CFG 桩复合地基的工程特性

1. 承载力提高幅度大，可调性强

CFG 桩桩长可从几米到二十多米，并可全桩长发挥桩的侧阻力。

当地基承载力较好时，荷载又不大，可将桩长设计得短一些，荷载大时桩长可以长一些。特别是天然地基承载力较低而设计要求的承载力较高，用柔性桩难以满足设计要求时，则 CFG 桩复合地基比较容易实现。

2. 适用范围广

对基础型式而言，CFG 桩既可适用于独立基础和条形基础，也可适用于筏基和箱形基础。

就土性而言，CFG 桩可用于填土、饱和及非饱和黏性土。既可用于挤密效果好的土，又可用于挤密效果差的土。

当 CFG 桩用于挤密效果好的土时，承载力的提高既有挤密分量，又有置换分量；当 CFG 桩用于不可挤密土时，承载力的提高只与置换作用有关。CFG 桩和其他桩型相比，它的置换作用很突出是一重要特点。

当天然地基承载力标准值 $f_k \leqslant 50\text{kPa}$ 时，CFG 桩的适用性取决土的性质。

当土是具有良好挤密效果的砂土、粉土时，振动可使土大幅度挤密或振密。比如唐山港海员大酒店工程，天然地基承载力 $f_k \leqslant 50\text{kPa}$，地表以下 8m 又有好的土层，采用振动沉管机制桩，仅振密分量就有 70~80kPa，即加固后桩间土承载力可达 120~130kPa。

塑性指数高的饱和软黏土，成桩时土的挤密分量接近于零。承载力的提高唯一取决于桩的置换作用。由于桩间土承载力太小，土的荷载分担比太低，此时不宜直接做复合地基。

3. 桩体的排水作用

CFG 桩在饱和粉土和砂土中施工时，由于成桩的振动作用，会使土体内产生超孔隙水压力，刚刚施工完的 CFG 桩是一个良好的排水通道，孔隙水将沿着桩体向上排出，直到 CFG 桩体结硬为止。这样的排水过程可延续几个小时。

人们担心孔隙水的排出是否会影响桩体强度，通过施工后分层做桩体检验和静载试验，并未发现上述问题的发生。这种排水作用对减少因孔压消散太慢而引起的地面隆起和增加桩间土的密实度大为有利。

4. 时间效应

利用振动成桩工艺施工，将会对桩间土产生扰动，特别是对高灵敏度土，结构强度丧失、强度降低。施工结束后，随着恢复期的增长，结构强度的恢复，桩间土承载力会有所增加。

以南京某工程为例，天然地基承载力为 87kPa，施工后 14 天桩间土承载力比天然地基承载力降低 43.8%，恢复期超过 32 天后，桩间土承载力大于天然地基承载力，恢复期 53 天时，桩间土承载力为天然地基承载力的 1.2 倍。

CFG 桩复合地基，通过改变桩长、桩距、褥垫厚度和桩体配比，可使复合地基承载力提高幅度有很大的可调性。沉降变形小、施工简单、造价低，具有明显的社会和经济效益。为此，建设部 1994 年作为重点科研成果在全国推广应用。国家科学技术委员会列为国家级全国重点推广项目向全国推广。自 1988 年以来，先后在江苏、天津、北京、河北、山东、浙江、安徽、河南和广西等 21 个省（自治区、直辖市）推广应用，特别是近年来，CFG 桩复合地基成套技术已成为高层建筑地基处理的有效手段，一般情况下，和桩基相比可节省工程造价 1/3～1/2。

6.3 CFG 桩与碎石桩的区别

CFG 桩为复合地基刚性桩，桩身具有一定的黏结性，可在全长范围内受力，能充分发挥桩周摩阻力和端承力。而碎石桩为散体材料桩，桩身无粘结强度，依靠周围土体的约束力来承受上部荷载。通常在碎石桩桩顶 2～3 倍桩直径范围为高应力区，4 倍直径为碎石桩的临界桩长。当桩长超过其临界桩长，大于 6～10 倍桩径后，轴向力的传递收敛很快，当桩长大于 2.5 倍基础宽度后。即使桩端落在较好的土层上，桩的端阻力也很小。

CFG 桩的桩土应力比较高，一般在 10～40 之间，而碎石桩桩土应力比一般为 1.5～4.0，增加桩长对提高复合地基承载力意义不大，只有提高置换率，而提高置换率又会给施工造成很多困难。

CFG 桩用于加固填土、饱和及非饱和黏性土、松散的砂土、粉土等。对塑性指数高的饱和软黏土使用要慎重。而碎石桩宜处理砂土、粉土、黏性土、填土以及软土，但在不排水抗剪强度小于 20kPa 的软土使用时要慎重。

6.4 勘察要求

按中华人民共和国国家标准《岩土工程勘察规范》（GB 50021—2001）进行工程地质勘察和提供勘察报告。

6.4.1 工程勘察内容

（1）查明岩土埋藏条件及物理力学性质，持力层及下卧软弱土层埋藏深度、厚度、性状及变化。

（2）查明水文地质条件，地下水位、地下水对混凝土的腐蚀性。

（3）查明膨胀性土、湿陷性土或可液化土层的性状。

（4）查明填土厚度、填土时间以及填土材料的组成成分。若基础底面在填土层，应给出填土层的承载力标准值。

6.4.2 勘探点间距

勘探点的布置应控制持力层层面坡度、厚度及岩土性状，其间距为 10～30m。层面高差或岩性变化较大时，间距取小值。

6.4.3 勘探深度

应取勘探总数的 1/3～1/2 作为控制孔，深度为桩尖以下基础宽度的 1～1.5 倍。

6.4.4　室内试验

做土的物理力学常规试验。对基础底面以下的土层做灵敏度试验。查明这些土层灵敏度的大小，为褥垫层施工提供依据。对中、高灵敏度土，褥垫层施工时应尽量避免对桩间土产生扰动，防止发生"橡皮土"（指因土含水量高于达到规定压实度所需要的含水量而无法压实的黏性土体，碾压后踩上去有一种颤动的感觉）。

6.4.5　勘察报告

除按国家标准提供勘察报告外，尚需特别增加如下内容：

（1）提供各土层土的桩侧摩擦力和桩端阻力，桩侧摩擦力一般按灌注桩施工工艺提供，桩端阻力按灌注桩和打入桩分别提供。

（2）若有填土，应说明填土材料的构成，尤其对施工可能造成困难的工业垃圾或块石等予以说明；当基础底标高在填土层时，要提供填土承载力标准值。

（3）提供基底以下土层的灵敏度，作为褥垫层铺设施工时能否选用动力夯实法的主要依据。

6.5　设计计算

6.5.1　承载力计算

复合地基是由桩间土和增强体（桩）共同承担荷载。目前复合地基承载力计算公式比较多，但比较普遍的有两种：第一种是由桩间土承载力和单桩承载力进行合理组合叠加；第二种是将复合地基承载力用天然地基承载力扩大一个倍数来表示。

必须指出，复合地基承载力不是天然地基承载力和单桩承载力的简单叠加，需要对如下的一些因素予以考虑：①施工时对桩间土是否产生扰动或挤密，桩间土承载力有无降低或提高。②桩对桩间土有约束作用，使土的变形减少；在垂直方向上荷载水平不大时，对土起阻碍变形的作用，使土沉降减少；荷载水平高时起增大变形的作用。③复合地基中桩的 $p_p - s$ 曲线呈加工硬化型，比自由单桩的承载力要高。④桩和桩间土承载力的发挥都与变形有关，变形小，桩和桩间土承载力的发挥都不充分。⑤复合地基桩间土的发挥与褥垫层厚度有关。

6.5.1.1　CFG 桩单桩承载力

单桩的竖向承载力 R_a 应按如下要求：

（1）当采用单桩载荷试验时，应将单桩竖向极限承载力除以安全系数 2。

（2）当无单桩载荷试验资料时，可按式（6-9）估算：

$$R_a = u_p \sum_{i=1}^{n} q_{si} l_i + q_p A_p \qquad (6-9)$$

式中　l_i——土层厚度；

　　　q_{si}——极限侧阻力标准值；

　　　q_p——极限端阻力标准值；

　　　A_p——单桩截面积。

6.5.1.2 CFG 桩复合地基承载力

复合地基承载力特征值应通过现场复合地基载荷试验确定，初步设计时也可按式（6-10）估算：

$$f_{spk} = m\frac{R_K}{A_p} + \alpha\beta(1-m)f_k \tag{6-10}$$

或

$$f_{spk} = [1 + m(n-1)]\alpha\beta f_{sk} \tag{6-11}$$

式中 f_{spk}——复合地基承载力标准值；

      m——面积置换率；

      n——桩土应力比；

      A_p——桩的断面面积；

      f_k——天然地基承载力标准值；

      α——桩间土强度提高系数；

      f_{sk}——加固后桩间土承载力标准值；

      β——桩间土强度发挥度，对一般工程 $p=0.9\sim1.0$；对重要工程或对变形要求高的建筑物 $\beta=0.75\sim1.0$；

      R_K——自由单桩承载力标准值。

R_K 可按式（6-12）计算，取其较小者

$$R_K = \eta R_{28}A_p \tag{6-12}$$

$$R_K = (U_p\sum q_{si}h_i + q_pA_p)/K \tag{6-13}$$

式中 η——取 0.30~0.33；

      R_{28}——桩体 28 天立方体试块强度（15cm×15cm×15cm）；

      U_p——桩的周长；

      q_{si}——第 i 层土与土性和施工工艺有关的极限侧阻力，按《建筑桩基技术规范》（JGJ 94—2008）有关规定取值；

      h_i——第 i 层土厚度；

      q_p——与土性和施工工艺有关的极限端阻力，按《建筑桩基技术规范》（JGJ 94—2008）有关规定取值；

      K——安全系数，$K=1.5\sim1.75$。

当用单桩静载荷试验求得单桩极限承载力 R_U 后，R_K 可按式（6-14）计算：

$$R_K = R_U/K \tag{6-14}$$

重要工程和基础下桩数较少时 K 取高值，一般工程和基础下桩数较多时 K 取低值。

K 的取值比《建筑地基基础设计规范》（GB 50007—2011）规定的 $K=2$ 降低 12.5%~25%，是根据工程反算并综合考虑复合地基中桩的承载力与单桩承载力的差异、桩的负摩擦作用、桩间土受力后桩的承载能力会有提高等一系列因素而确定的。

6.5.1.3 CFG 桩桩体强度

桩体试块抗压强度平均值应满足式（6-15）要求：

$$f_{cu} \geq 3\frac{R_a}{A_p} \tag{6-15}$$

式中　f_{cu}——桩体混合料试块（边长 150mm 立方体）标准养护 28 天立方体抗压强度平
　　　　　均值，kPa。

6.5.2　沉降计算

目前，复合地基在荷载作用下应力场和位移场的实测资料还不多。就测试手段而言，测定复合地基位移场要比测定应力场容易些。有些学者试图以测定的位移场为基础，再通过测定桩间土应力、桩顶应力和桩的轴力沿桩长的变化，利用土的本构关系的研究成果，用有限元计算应力场，将其计算结果与测定的有限的桩间土应力和桩顶应力进行比较，对计算结果不断进行修正，以期得到符合实际的复合地基应力场，为建立合理的复合地基沉降计算模式提供依据。

沉降计算请参考前面章节内容。

6.5.3　复合地基设计

6.5.3.1　设计思想

当 CFG 桩桩体强度用得较高时，具有刚性桩的性状，有的设计人员常将之与桩基相联系，并经常问及 CFG 桩不放钢筋、在水平荷载作用下如何工作等一些问题。为此，讨论 CFG 桩复合地基与桩基的区别显然是必要的。

桩基是大家熟知的一种基础型式，桩在桩基中可承受垂直荷载也可承受水平荷载。众所周知，桩是一种细长杆件，它传递水平荷载的能力远远小于传递垂直荷载能力。CFG桩复合地基通过褥垫层把桩和承台（基础）断开，改变了过分依赖于桩承担垂直荷载和水平荷载的传统设计思想。

如图 6-6 所示的独立基础，当基础承受水平荷载 Q 时，有三部分力与 Q 平衡。第一部分为基础底面摩阻力 F_t；第二部分为基础两侧面的摩阻力 F_1；第三部分为与水平荷载 Q 方向相反的土的抗力 R。

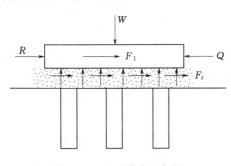

图 6-6　基础受力示意图

F_t 和基底与褥垫层之间的摩擦系数 μ 以及建筑物重量 W 有关，W 数值越大则 F_t 越大。

基底摩阻 F_t 传递到桩和桩间土上，桩顶剪应力为 τ_p、桩间土剪应力为 τ_s。由于 CFG 桩复合地基置换率一般不大于 10%，则有不低于90% 的基底面积的桩间土，承担了绝大部分水平荷载，而桩承担的水平荷载则占很小一部分。前已述及，桩土剪应力比随褥垫层厚度增大而减小。设计时可通过改变褥垫厚度调整桩土水平荷载分担比。

按这一设计思想，复合地基水平承载能力比按传统桩基设计思想有相当大的增值。至于垂直荷载的传递，如何在桩基中发挥桩间土的承载能力，是许多学者都在探索的课题。大桩距布桩的"疏桩理论"，就是为调动桩间土承载能力而形成的新的设计思想。

如图 6-7 所示，桩基中只提供了桩可能向下刺入变形的条件。当承台承受垂直荷载时，对摩擦桩，桩端向下刺入，承台发生沉降变形，桩间土可以发挥一定的承载作用，且沉降变形越大，桩间土的作用越明显；桩距越大，桩间土发挥的作用也越大。对端承桩，承台沉降变形一般很小，桩间土承载能力很难发挥。需要指出的是，即使是摩擦桩，桩间土承载能力的发挥占总承载能力的百分比也很小，且较难定量预估。

CFG 桩复合地基通过褥垫与基础连接，无论桩端落在一般土层还是坚硬土层，均可保证桩间土始终参与工作。因此垂直承载力设计首先是将土的承载能力充分利用，不足的部分由 CFG 桩来承担。由于 CFG 桩复合地基置换率不高，基础下桩间土的面积与使用的桩间土承载力之积是一个不小的数值。总的荷载扣除桩间土承担的荷载，才是 CFG 桩应承担的荷载。显然，与传统的桩基设计思想相比，桩的数量可以大大减少，再加上 CFG 桩不配筋，桩体利用工业废料粉煤灰和石屑作为掺加料，大大降低了工程造价。

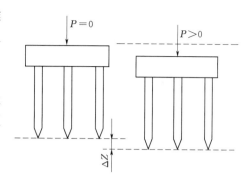

图 6-7 桩基沉降变形示意图

需要特别指出的是，CFG 桩不只是用于加固软弱的地基，对于较好的地基土，若建筑物荷载较大，天然地基承载力不够，就可以用 CFG 桩来补足。

6.5.3.2 设计参数

CFG 桩复合地基有 5 个设计参数，分别为桩径、桩距、桩长、桩体强度、褥垫厚度以及材料。

1. 桩径 d

一般桩径 d 设计成 350～600mm，可以用 $\phi377$ 振动沉管打桩机或其他成桩设备制桩。

2. 桩距 S

一般桩距 $S=(3\sim6)d$，桩距的大小取决于设计要求的复合地基承载力、土性与施工机具。一般设计要求的承载力大时 S 取小值，但是必须考虑施工时新打桩对已打桩的影响，就施工而言希望采用大桩距大桩长，因此，S 的大小应综合考虑。

3. 桩长 L

由式（6-10）可以解出桩间土强度发挥度为 β 时的桩土应力比：

$$n=\left(\frac{f_{sp,k}}{\alpha\beta f_k}-1\right)/m+1 \qquad (6-16)$$

设计时复合地基承载力 f_{sp}，k 和天然地基承载力 f_k 是一致的；桩径 d 和桩距 s 确定后，置换率 m 也为已知，α 有经验时可按实际预估，没经验时一般黏性土可取 1.0，β 通常可取 0.9～1.0，对重要建筑物或变形要求高的建筑物可取 0.75～1.0。这样，n 值就为已知值。那么可根据 $P_p=\alpha\beta f_k A_p$ 进行计算；A_p 为桩截面面积。

这样求得 P_p 和地基土的性质，参照与施工方法相关的桩周摩擦阻力和桩端端承力，即可预估对应的桩长 L。

4. 桩体强度

参考式（6-15）。

5. 褥垫层

褥垫层厚度一般取 10～30cm 较为合适，当桩径大桩距大时宜取高值。褥垫层材料宜用中砂、粗砂、级配砂石或碎石等，最大粒径不宜大于 30mm。其铺设范围要比基底面积大，超出部分不应小于褥垫层厚度。

6.6　CFG 桩施工

CFG 桩复合地基设计时，必须同时考虑 CFG 桩的施工。施工时采用什么样的设备和施工工艺，要视现场土的性质、设计要求的承载力、变形以及拟建场地周围环境等情况而定。

6.6.1　常用施工方法

目前有以下常用的施工方法。

（1）长螺旋钻孔灌注成桩。该方法适用于地下水埋藏较深的黏性土，成孔时不会发生坍孔现象，且对周围环境要求噪声、泥浆污染比较严格的场地。长螺旋钻钻机如图 6-8 所示。

图 6-8　长螺旋钻机

（2）泥浆护壁钻孔灌注成桩。该方法适用于分布有砂层的地质条件，以及对振动噪声要求严格的场地。

（3）长螺旋钻孔泵压混合料成桩。该方法适用于分布有砂层的地质条件，以及对噪声和泥浆污染要求严格的场地。

施工时，首先用长螺旋钻钻孔达到预定标高，然后提升钻杆，同时用高压泵将桩体混合料通过高压管路以及长螺旋钻杆的内管压到孔内成桩。这一工艺具有低噪声、无泥浆污染的优点，是一种很有发展前途的施工方法。

（4）振动沉管灌注成桩。适用于无坚硬土层和密实砂层的地质条件，以及对振动噪声限制不是很严格的场地。

当遇到坚硬黏性土层时，振动沉管会发生困难，此时可以考虑用长螺旋钻预引孔，再用振动沉管机成孔制桩。

6.6.2　常见通病分析及应对措施

6.6.2.1　堵管

堵管是长螺旋钻孔、管内泵压混合料灌注成桩工艺常遇到的主要问题之一。它直接影响 CFG 桩的施工效率，增加工人劳动强度，还会造成材料浪费。特别是故障排除不畅时，使已搅拌的 CFG 桩混合料失水或结硬，增加了再次堵管的几率，给施工带来很多困难。产生堵管的原因有以下几点。

（1）混合料配合比不合理。低强度混凝土混合料中细骨料和粉煤灰用量较少时，混合料的流动性差。外加剂与水泥相容性差，混合料的黏聚性、保水性差，容易离析。混合料坍落度太大，易产生泌水和离析，管内浆液在泵压作用下，先流动，骨料和砂浆分离，摩擦力增大容易堵管；坍落度太小，混合料在输送管内流动性差，容易堵管。防治措施：在使用配合比前，室内试验必须保证混凝土的和易性，控制混凝土施工坍落度在 16～18cm，保证混凝土的泵送工作性能，防止堵管。要注意混合料的配合比，尤其要注意将粉煤灰掺量控制在 70～90kg/m³，混凝土坍落度应控制在 160～200mm。

（2）混合料搅拌质量有缺陷。

（3）施工操作不当。钻孔进入土层预定标高后，开始泵送混合料，管内空气从排气阀排出，待钻杆内管及输送软、硬管内混合料连续时提钻。若提钻时间较晚，在泵送压力下钻头处的水泥浆液被挤出，管内剩下少浆混合料塞体，造成堵管。防治措施：施工时应在管内填充混凝土后及时提钻，避免造成堵管。

（4）冬期施工措施不当。冬施时，有时会采用加热水的办法提高混合料的出口温度，但要控制好水的温度，水温最好不要超过 60℃，否则会造成混合料的早凝，产生堵管，影响混合料的强度。

（5）设备缺陷。混合料输送管要定期清洗，否则管路内有混合料的结硬块，还会造成管路的堵塞。

（6）施工气温高，管壁浆液容易凝固。产生原因：夏季施工管内温度高，管壁砂浆易凝固，增大管壁阻力，容易堵管。防治措施：施工时在管壁覆盖草袋并经常洒水保持草袋湿润，降低管道温度。

6.6.2.2 窜孔

发生窜孔的条件有如下 3 条：

（1）被加固土层中有松散饱和粉土、粉细砂。

（2）钻杆钻进过程中叶片剪切作用对土体产生扰动。

（3）土体受剪切扰动能量的积累，足以使土体发生液化，使已施工未凝固桩体相邻桩内混凝土突然下落。

由于窜孔对成桩质量的影响，施工中采取的预控措施如下：

（1）采取隔桩、隔排跳打方法。

（2）设计人员根据工程实际情况，采用桩距较大的设计方案，避免打桩的剪切扰动。

（3）减少在窜孔区域的打桩推进排数，减少对已打桩扰动能量的积累。

（4）合理提高钻头钻进速度。

6.6.2.3 桩头空芯

桩头空芯主要是施工过程中排气阀不能正常工作所致。钻机钻孔时，管内充满空气，泵送混合料时，排气阀将空气排出，若排气阀堵塞不能正常将管内空气排出，就会导致桩体存气，形成空芯。为避免桩头空芯，施工中应经常检查排气阀的工作状态，发现堵塞应及时清洗。

6.6.2.4　桩端不饱满

桩端不饱满主要是因为施工中为了方便阀门的打开，先提钻后泵料所致。这种情况可能造成钻头上的土掉入桩孔或地下水浸入桩孔，影响 CFG 桩的桩端承载力。为杜绝这种情况，施工中前、后台工人应密切配合，保证提钻和泵料的一致性。

6.6.2.5　缩颈、断桩

CFG 桩施工过程中，混合料现场灌注过程一定要确保其密实性。保证桩截面尺寸，灌注过程中随时监控混合料的质量，确保混合料的和易性和坍落度，应每车检查坍落度，混合料的坍落度严格按设计要求控制。确保混合料供应及时，钻头提升应保持匀速，提升速度不得大于混凝土灌注速度，拔管时必须保证管的埋深，防止发生缩颈、断桩现象。出现该现象的主要原因如下：

（1）拔管太快，桩体存在缺陷。产生原因：成桩过程中拔管速度太快，在桩内容易形成空洞或桩内掉泥，使桩身存在缺陷或桩身夹泥，造成断桩或缺陷。防治措施：控制拔管速度在 2～2.5m/min，使泵送混凝土速度与拔管速度相匹配，确保桩身混凝土质量。

（2）成品未进行保护，成桩后外力破坏。产生原因：CFG 桩为素混凝土桩，抗弯、抗剪能力较差，在未施工褥垫层前大型机械进入 CFG 桩加固区，造成断桩；另外，使用大型挖机在混凝土终凝后清理桩间土时，触碰混凝土桩体，造成断桩。防治措施：混凝土终凝后，禁止使用大型机械在没有任何垫层情况下清理桩间土，采用小型机械清理桩间土时，必须有专人指挥，防止机械触碰桩体；成桩后，在没有垫层情况下禁止任何机械进入加固区。

6.6.2.6　断桩拟采取处理措施

（1）浅部 3m 以内断桩时，在桩上距边缘 10cm 采用手风钻对称凿 3 个直径为 42mm 孔至断桩位置下 0.5m，注 M30 水泥浆后插入 18mm 螺纹钢补强处理；3m 以下断桩时，在桩侧重新补桩处理。

（2）吊脚桩产生原因：螺旋钻未钻至岩面停钻，导致桩尖悬空，成吊脚桩，无法满足承载力要求。防治措施：由有经验的操作手操作钻机，根据钻机钻至岩面后，钻机摇摆情况及钻杆钢丝绳的松弛情况判断钻头是否到达岩面。处理措施：全部重新施工，以确保工后沉降。

（3）施工记录不准确。主要包括：责任不清、施工责任心不强，导向架标识不清楚，对 CFG 桩的施工桩长及桩头截除长度记录不准确。防治措施：清晰标识导向架标识，在每次桩机组装后复核标识，明确责任，提高施工的责任心，采用双人记录复核签认制，准确记录桩长。

6.6.2.7　施工扰动土的强度降低

振动沉管成桩工艺与土的性质具有密切关系。就挤密性而言，可将地基土分为三大类：

（1）挤密性好的土，如松散填土、粉土、砂土等。

（2）可挤密性土，如塑性指数不大的松散的粉质黏土和非饱和黏性土。

（3）不可挤密土，如塑性指数高的饱和软黏土和淤泥质土。需要着重指出的是，土的密实度对土的挤密性影响很大。众所周知，密实的砂土或粉土会振松；松散的砂土或粉土可振密。

因此讨论土的挤密性时，一定要考虑加固前土的密实度。如盘锦地区某工程，为粉质黏土，天然地基承载力为 200kPa，勘察部门误认为只有 120kPa，设计要求 180kPa，采用挤密碎石桩加固方案，选用振动沉管打桩机施工，施工后地表隆起 30～50cm，做复合地基静载试验，发现承载力只有 150kPa。为考察加固效果，在拟建场地之外补做了 6 台天然地基静载试验，证实天然地基承载力为 205kPa。也就是说采用振动沉管成桩工艺，对密实度较高的土，振动使土的结构强度破坏密度减小，承载力反而下降了。

6.6.3 CFG桩施工要点

1. 拔管速率

试验表明，拔管速率太快将造成桩径偏小或缩颈断桩。拔管速率为 1.2～1.5m/min 是适宜的。

应该指出，这里说的拔管速率不是指平均速度。除启动后留振 5～10s 之外，拔管过程中不再留振，也不得反插。国产振动沉管机拔管速率都较快，可以通过增加卷扬系统中滑轮组的动滑轮数量来改变拔管速度。也可通过电动机-变速箱系统来实现。

2. 合理桩距

桩距的合理性在于桩、桩间土承载力能否很好地发挥，达到设计要求，并考虑施工的可行性，新打桩对已打桩是否产生不良影响，经济上是否合理。试验表明，其他条件相同，桩距越小，复合地基承载力越大，当桩距小于 4 倍桩径后，随桩距的减少，复合地基承载力的增长率明显下降，从桩、土作用的发挥考虑，桩距大于 4 倍桩径为宜。

施工过程中，无论是振动沉管还是振动拔管，都将对周围土体产生扰动或挤密，振动的影响与土的性质密切相关，挤密效果好的土，施工时振动可使土体密度增加，场地发生下沉；不可挤密的土则要发生地表隆起，桩距越小隆起量越大，导致已打的桩产生缩颈或断桩。桩距越大，施工质量越容易控制。但应针对不同的土性，分别加以考虑，基础型式也是值得注意的一个因素：对一般单、双排布桩的条形基础，或面积不大而桩数不多的独立基础，桩距可适当取小一些；对满堂布桩而面积大的筏基、箱基以及多排布桩的条基，桩距应适当放大。此外，地下水位高，土的渗透性差或土体密度大时，桩距也应用的大一些。

当设计要求的承载力较高、桩距过大，不能满足承载力要求，必须缩小桩距时，可考虑采用螺旋钻孔机预钻孔的措施。引孔直径一般要小于沉管的外径，并视桩距和土性而定。

3. 施打顺序

在设计桩的施打顺序时，主要考虑新打桩对已打桩的影响。

施打顺序大体可分为两种类型，一是连续施打，从 1 号桩开始，依次 2 号、3 号、……［图6-9（a）］连续打下去；二是间隔跳打，可以隔一根桩，也可隔多个桩，先打 1 号、3 号、5 号、……，后打 2

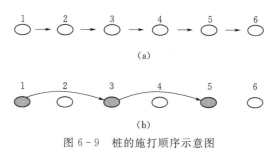

图6-9 桩的施打顺序示意图

号、4 号、6 号、……［图 6-9（b）］。连续施打可能造成桩的缺陷是桩径被挤扁或缩颈。如果桩距不太小，混合料尚未初凝，连打一般较少会发生桩完全断开。

隔桩跳打，先打桩的桩径较少发生缩小或缩颈现象，但土质较硬时，在已打桩中间补打新桩时，已打的桩可能发生被振裂或振断。施打顺序与土性和桩距有关，在软土中，桩距较大，可采用隔桩跳打；在饱和的松散粉土中施工，如果桩距较小，不宜采用隔桩跳打方案。因为松散粉土振密效果较好，先打桩施工完后，土体密度会有明显增加，而且打的桩越多，土的密度越大，桩越难打。在补打新桩时，一是加大了沉管的难度，二是非常容易造成已打的桩成为断桩。对满堂布桩，无论桩距大小，均不宜从四周转圈向内推进施工，因为这样限制了桩间土向外的侧向变形，容易造成大面积土体隆起，断桩的可能性增大。可采用从中心向外推进的方案，或从一边向另一边推进的方案。对满堂布桩，无论如何设计施打顺序，总会遇到新打桩的振动对已结硬的已打桩的影响，桩距偏小或夹有比较坚硬的土层时，也可采用螺旋钻引孔的措施，以减少沉、拔管时对桩的振动力。

4. 混合料坍落度

大量工程实践表明，混合料坍落度过大，桩顶浮浆过多，桩体强度也会降低。坍落度控制在 3～5cm，和易性很好，当拔管速率为 1.2～1.5m/min 时，一般桩顶浮浆可控制在 10cm 左右，成桩质量容易控制。

5. 保护桩长

所谓保护桩长是指成桩时预先设定加长的一段桩长，基础施工时将其凿掉。保护桩长是基于以下几个因素而设置的。

（1）成桩时桩顶不可能正好与设计标高完全一致，一般要高出桩顶设计标高一段长度。

（2）桩顶一段由于混合料自重压力较小或由于浮浆的影响，靠桩顶一段桩体强度较差。

（3）已打桩尚未结硬时，施打新桩可能导致已打桩受振动挤压，混合料上涌使桩径缩小。如果已打桩混合料表面低于地表较多，则桩径被挤小的可能性更大，增大混合料表面的高度即增加了自重压力，可使抵抗周围土挤压的能力提高，特别是基础埋深很大时，空孔太长，桩径很难保证。

保护桩长必须设置，并建议遵照如下原则。

（1）设计桩顶标高离地表的距离不大时（不大于 1.5m），保护桩长可取 50～70cm，上部再用土封顶。

（2）桩顶标高离地表的距离较大时，可设置 70～100cm 的保护桩长，上部再用粒状材料封顶直到接近地表。

6. 开槽及桩头处理

CFG 桩施工完毕，待桩体达到一定强度（一般需 3～7 天），可进行开槽。对基槽开挖，如果设计桩顶标高距地表不深（一般不大于 1.5m），宜考虑采用人工开挖，不仅可防止对桩体和桩间土产生不良影响，而且也比较经济。如果基坑较深，开挖面积大，采用人工开挖效率太低，可采用机械和人工联合开挖，但必须遵循如下原则。

（1）不可对设计桩顶标高以下的桩体产生损害。

（2）对中、高灵敏度土，应尽量避免扰动桩间土。

针对以上两点，关键在于要留置足够的人工开挖厚度。采用机械、人工联合开挖，人工开挖厚度留置多少，与桩体强度和土质条件等有关，建议不同的场地条件按照现场试验确定。但人工开挖留置厚度一般不小于70cm。

基槽开挖至设计标高后，多余的桩头需要凿除，凿除桩头时宜采取如下措施。

（1）找出桩顶标高位置。

（2）用钢钎等工具沿桩周向桩心逐次凿除多余的桩头，直到设计桩顶标高，并把桩顶找平。

（3）不可用重锤或重物横向击打桩体。

（4）桩头凿至设计标高处，桩顶表面不可出现斜平面。

如果在基槽开挖和凿除桩头时，造成桩体断裂至桩顶设计标高以下，必须采取补救措施。假如断裂面距桩顶标高不深，可用C20混凝土接桩至设计桩顶标高，注意在接桩头过程中保护好桩间土。

7. 褥垫层铺设

褥垫层所用材料多为级配砂石，限制最大粒径一般不超过3cm，也可采用粗砂或中砂等材料。褥垫层厚度一般为10～30cm，由设计给定。桩头处理后，桩间土和桩头处在同一平面，褥垫层虚铺厚度按式（6-17）控制：

$$H' = \frac{H}{\lambda} \tag{6-17}$$

式中　H'——褥垫层虚铺厚度；

　　　H——设计褥垫层厚度；

　　　λ——夯填度，一般取0.87～0.9。

虚铺后多采用静力压实，当桩间土含水量不大时亦可夯实。褥垫层的宽度应比基础宽度大，其宽出的部分不宜小于褥垫的厚度。

6.7 施工质量控制措施

6.7.1 施工前的工艺试验

施工前的工艺试验，主要是考查设计的施打顺序和桩距能否保证桩身质量工艺试验，也可结合工程桩施工进行，并做如下两种观测：

（1）新打桩对未结硬的已打桩的影响。在已打桩桩顶表面埋设标杆，在施打新桩时量测已打桩桩顶的上升量、以估算桩径缩小的数值，待已打桩结硬后，开挖检查其桩身质量并量测桩径。

（2）新打桩对结硬的已打桩的影响。在已打桩尚未结硬时，将标杆埋置在桩顶部的混合料中，待桩体结硬后，观测打新桩时已打桩桩顶的位移情况。对挤密效果好的土，比如饱和松散的粉土，打桩振动会引起地表的下沉，桩顶一般不会上升，断桩可能性小，当发现桩顶向上的位移过大时，桩可能发生断开。若向上的位移不超过1cm，断桩的可能性很小。

6.7.2　施工监测

信息施工能及时发现施工过程中的问题，可以使施工管理人员有根据把握施工工艺的决策，对保证施工质量是至关重要的。施工过程中，特别是施工初期应做如下的一些观测：

（1）施工场地标高观测。施工前要测量场地的标高，注意测点应有足够的数量和代表性。打桩过程中随时测量地面是否发生隆起，因为断桩常常和地表隆起相联系。

（2）桩顶标高的观测。施工过程中要注意已打桩桩顶标高的变化，特别要注意观测桩距最小部位的桩。

（3）对桩顶上升量较大的桩或怀疑发生质量事故的桩要开挖查看。

6.7.3　逐桩静压

对重要工程或通过施工监测发现桩顶上升量较大，并且桩的数量较多，可采用逐个桩快速静压，以消除可能出现的断桩对复合地基承载力造成的不良影响。这一技术在沿海带广泛采用，当地称为"跑桩"。

静压桩机就是用打桩的沉管机，在沉管机桩架上配适量压重，配重的大小按可施于桩的压力不小于 1.2 倍桩的设计荷载为准，当桩身达到一定强度后即可进行逐桩静压，每个桩的静压时间一般为 3min。静压桩的目的在于将可能发生已脱开的断桩接起来，使之能正常传递垂直荷载。这种技术对保证复合地基桩能正常工作和发现桩的施工质量问题是很有意义的。当然不是所有的工程都必须逐桩静压，通过严格的施工监测和施工质量控制，施工质量确有保证的，可以不进行逐桩静压。此外，静压荷重不一定都要用 1.2 倍桩承载力，要视具体情况而定。

6.7.4　静压振拔技术

所谓静压振拔是说沉管时不启动马达，借助桩机自身的重量，将沉管沉至预定标高。填满料后再启动马达振动拔管。对饱和软土，特别是塑性指数较高的软土，振动将引起土体孔隙水压力上升，土的强度降低。振动历时越长，对土和已打桩的不利影响越严重。在软土地区施工时，采用静压振拔技术对保证施工质量是有益的。

6.8　施工检测及验收

施工结束，一般 28 天后做桩、土以及复合地基检测。对砂性较大的土可以缩短恢复期，不一定等 28 天。

1. 桩间土的检测

施工过程中振动对桩间土产生的影响视土性不同而异，对结构性土强度一般要降低，但随时间增长会有所恢复；对挤密效果好的土强度会增加。对桩间土的变化可通过如下方法进行检验。

（1）施工后可取土做室内土工试验，检验土的物理力学指标的变化。

（2）也可做现场静力触探和标准贯入试验，与地基处理前进行比较。必要时做桩间土静载试验，确定桩间土的承载力。

2. CFG 桩的检测

通常用单桩静载试验来测定桩的承载力，也可判断是否发生断桩等缺陷。静载试验要求达到桩的极限承载力。

3. 复合地基检测

复合地基检测可采用单桩复合地基试验或多桩复合地基试验。对于重要工程，试验用荷载板尺寸尽量与基础宽度接近。具体试验方法按《建筑地基处理技术规范》（JGJ 79—2012）执行，若用沉降比确定复合地基承载力时，s/B 取 0.01，对应的荷载为 CFG 桩复合地基承载力标准值。

桩的施工容许偏差应满足下列要求：

（1）桩长容许偏差不大于 10cm。

（2）桩径容许偏差不大于 2cm。

（3）垂直度容许偏差不大于 1%。

（4）桩位容许偏差：

1）满堂布桩的基础不大于 $1/4D$。

2）条形基础：垂直轴线方向不大于 $1/4D$，对单排布桩不得大于 6cm；顺轴线方向不大于 $1/3D$，对单排布桩不得大于 $1/4D$。

思 考 题

1. 简述 CFG 桩的加固机理。

2. 褥垫层的作用是什么？

3. CFG 桩与碎石桩的有什么区别？

4. CFG 桩的成孔有什么要求？

5. CFG 桩的工程特性是什么？

6. CFG 桩的常用施工方法有哪些？

第7章 石 灰 桩

石灰桩是指用人工或机械在土体中成孔，然后灌入生石灰块，经夯压后形成的一种桩体。桩身还可掺入其他活性与非活性材料，例如掺入粉煤灰的称"二灰桩"，掺入砂子的称"石灰砂桩"等。

石灰桩加固地基的机理包括成孔挤密作用、吸水作用、膨胀挤密作用、反应热作用、离子交换作用、胶凝作用和桩身置换作用等，一般认为在软土中石灰桩的置换作用和吸水膨胀作用是主要的，而在杂填土中置换和挤密起着同样重要的作用。

用石灰加固软弱地基在我国已有约两千年的历史，这主要是指石灰掺填法。长城、西藏佛塔、北京御道、天津炮台以及漳州民居都是应用石灰掺填法的著名例子。而石灰桩的应用和研究却起始于 20 世纪 50 年代。1952 年天津大学首先用石灰短桩处理食堂的局部软基，以后又在水上公园、新港船厂等处做了石灰桩试验。1959 年建工部地基基础研究所李云章也在舟山软土中试验了石灰短桩和石灰砂短桩。范恩锟把用石灰短桩加固的土层看成是人工硬壳，与下卧软弱土层构成双层地基。由于桩身"软心"问题未获解决，研究工作和工程应用曾一度中断。20 世纪 70 年代中期重新恢复了石灰桩的试验研究，1975—1976 年中国铁道科学研究院对塘沽软土路基进行 6 种不同处理方法的效果对比试验，以石灰桩的加固效果为最好。20 世纪 80 年代初，同济大学等在浙江湖州做了等长度（3m）的砂桩、碎石桩、石灰桩、混凝土灌注桩的复合地基承载力对比试验，也是石灰桩复合地基的承载力最高。接着江苏（1981）、浙江（1982）、湖北（1983）、山西（1985）、天津（1985）相继开展了石灰桩的课题研究，并大量用于工程实践。目前全国有十余个省（市）已应用过石灰桩，应用范围主要是多层民用建筑、部分工业厂房和个别 9～12 层高层建筑物的地基加固，结构形式有砌体承重结构、框架结构和排架结构等。此外，石灰桩还用于烟囱、油罐、储仓、设备基础的地基加固，以及基坑围护、路基加固、市政管线工程和房屋托换工程中。

石灰桩适用于杂填土、素填土、一般黏性土、淤泥质土和淤泥、湿陷系数不大的黄土类土，以及透水性小的粉土，在解决盐土的盐胀和膨胀土的胀缩性上也有尝试，但后者用的是搅拌法。石灰桩不适用于砂土和透水性大的砂质粉土。是否选用石灰桩还需考虑一些别的因素。例如杂填土中包含大量有机生活垃圾，或者软土的含水量过分高，用石灰桩解决不了问题；当地下水渗流量很大或者含酸量过高时，石灰桩桩身的形成和强度均受影响，也不宜使用石灰桩。在某些情况下，例如在渗透系数较大的填土和透水量中等的夹薄透水层的黏土中，以及在雨季施工时，应采取阻水和降水等措施。

国内将石灰桩列入地区性规范内容的，有天津市《建筑地基基础设计规范》（TBJ 1—88）和浙江省《建筑软弱地基基础设计规范》（DBJ 10‐1‐90）。较系统的石灰桩资料文献有《岩土工程治理手册》和《地基处理与托换技术》等。

7.1 勘察工作和调查研究

本工作的目的是要判断石灰桩法在技术上和经济上的可行性，并提供石灰桩设计所需要的参数，因此勘察工作和调查研究应包括以下内容：

（1）建设场地的地形和环境、场地土层的分布、类型和物理力学性质；地下水和地表水状况。分析是否适合采用石灰桩法，以及可能会遇到的问题和预防措施。

（2）建筑物类型、等级和荷载的种类大小，估计需要增加的地基承载力和需要减少的地基变形值，以及石灰桩法是否能满足这些要求。

（3）本地区使用石灰桩的经验和工程档案分析。

（4）季节和气候条件对采用石灰桩法的可能影响。

（5）生石灰和掺加材料的种类、来源和质量分析，选择合适的材料。

（6）本地区石灰桩的施工条件：人员素质和经验、机具设备、质量检测手段等，以及现场施工条件。

（7）粉尘和石灰溶解造成污染的可能性和防止污染的措施。

（8）与其他可行的地基处理方法作技术经济比较。

7.2 设计计算

7.2.1 石灰桩设计的主要参数

石灰桩设计的主要参数是桩径，桩长、置换率、桩距和布桩范围，通过这些参数可以确定桩数和进行平面布置。确定这些参数的原则是根据工程情况及地质条件，满足复合地基和下卧层承载力要求，同时满足地基变形和稳定的要求。这些参数相互间是有联系的，确定时还应该考虑以下特点。

7.2.1.1 桩径

从石灰桩加固地基的机理看，采用"细而密"的布桩方案较好，但还得顾及施工条件和保证桩身质量。因此国内常用直径为 $\phi150 \sim \phi350mm$，较长的桩宜用较大的直径，$\phi200mm$ 以下的桩径只适用于 5m 以下的短桩。有些地区采用混凝土沉管灌注桩的设备施工石灰桩，则石灰桩桩径规格与沉管灌注桩相同，例如浙江就有 $\phi325mm$、$\phi377mm$ 等直径规格。

7.2.1.2 桩长

石灰桩作为一种柔性桩，其有效长度的概念比别的桩体胶结程度更好和强度更高的柔性桩更明显，即当大于有效长度时，再加长的桩身对提高石灰桩的承载力作用甚微。根据这一概念，石灰桩不宜过长。但从另一角度分析，提高桩土复合承载力和减少变形要求桩间土有必要的处理深度。因此一般作以下考虑：当需要加固的土层较薄，下面是较好土层时，石灰桩应打穿软弱土层进入好土；当软弱土层深厚时，则应视不同情况处理，对变形需求较高的建筑物地基，如有可能，桩长宜达到压缩层底部。对用于加强地基稳定的石灰桩，桩长应穿过所有可能的滑动面。一般情况常按双层地基考虑，桩长应能满足双层地基的承载力和变形要求。对于多层民用建筑，5～6m 的桩长一般就可以满足要求。

7.2.1.3 桩距和布桩范围

桩距依赖于所需要的石灰桩置换率，当土质较差和建筑物对复合地基承载力要求较高时，桩距应小些。但过分小的桩距或者过分大的置换率不一定是好的，可能会造成地面的隆起和破坏土的结构，尤其对结构破坏后不易恢复的土类，如黄土、硬塑黏土表壳等更应注意。常用的桩距值参见表 7-1。

表 7-1　　　　　　　　　　石 灰 桩 的 参 考 桩 距

土　类	桩距/桩径	土　类	桩距/桩径
淤泥和淤泥质土	2～3.5	较好的填土和一般黏性土	不大于 5
较差的填土和一般黏性土	3～4		

石灰桩是柔性桩，一般认为柔性桩宜在基础范围以外设置围护桩。浙江省规范的规定是"条形基础宜取基础宽度的两倍，大面积满堂加固时，宜在基础外缘增设 2～3 排围护桩"。

7.2.1.4 置换率

石灰桩置换率有两个概念，一是由施工时桩管或桩孔面积确定的置换率 m；二是由石灰桩吸水膨胀后的桩身截面积确定的置换率 m'，$m'=\varepsilon m$，其中膨胀率 ε 应根据试验开挖检查确定，当无试验资料时，可按表 7-2 估值，当桩身约束力大时取小值。

表 7-2　　　　　　　不同掺和料的石灰桩膨胀率的参考值

纯石灰桩	粉煤灰：生石灰 2：8	粉煤灰：生石灰 3：7	火山灰：生石灰 2：8	火山灰：生石灰 3：7
1.2～1.5	1.15～1.40	1.10～1.35	1.10～1.35	1.05～1.25

置换率 m 与桩径 d（未膨胀时）、桩距 l 的关系为：

正三角形网格布桩 　　　　　$m=0.7854\left(\dfrac{d}{l}\right)^2$ 　　　　　(7-1a)

正方形网格布桩 　　　　　$m=0.907\left(\dfrac{d}{l}\right)^2$ 　　　　　(7-1b)

7.2.2 承载力和变形计算

已提出若干石灰桩复合地基承载力和变形计算的方法，但通常还是用复合地基计算公式估算地基承载力和模量，并用现场载荷试验结果加以确定，然后按浅基础的常规设计方法设计基础，其步骤如下。

7.2.2.1 确定石灰桩复合地基的承载力和模量

1. 用复合地基计算公式估算

石灰桩复合地基承载力标准值（或容许承载力）和复合地基压缩模量用下式估算：

$$f_{ap,k}=[1+(n-1)m']f_{a,k} \qquad (7-2a)$$
$$f_{ap}=[1+(n-1)m']f_a \qquad (7-2b)$$
或 $$E=[1+(n-1)m']E_a \qquad (7-3)$$

采用式（7-2）、式（7-3）要求实际的桩土承载力之比 $f_{p,k}/f_{a,k}$ 不小于选用的桩土

应力比 n。估算的关键是要较准确地确定 m'、n、f_a，$k(f_a)$、E_a 等参数，最好使用本工程的试验数据，当无试验资料时，则可取粗略的经验估值或简化取值。

桩土应力比 n 表示了桩土之间的荷载分担，实际上反映桩土相对刚度的影响。因此，当桩周土相同时，石灰桩桩身质量越好 n 越大。而对相同的石灰桩，桩周土越软弱 n 则越大。对同一石灰桩复合地基，n 随荷载的大小而变化。其一般规律是：因为桩身刚度大，最初荷载总是向桩身集中，随荷载的增大而增大；当石灰桩分担的荷载使其产生较大的刺入式沉降时，桩周土便发挥较大的作用，n 随之下降。在设计取值时，如果用埋设土压力盒的石灰桩复合地基载荷试验确定的 n 值；但一般还是做小压板的桩间土和单桩载荷试验，然后用既定的沉降模比值 ω（$\omega=s/b$，b 为压根等效宽度），在曲线上求得 n 值。初步估算时往往取经验值 3～5，并考虑上述规律。

f_a、$k(f_a)$ 是加固后桩间土承载力标准值（或容许承载力），用加固后桩间土的载荷试验值或实测的土工参数（室内土工试验和原位测试参数）估值。有时 f_a、$k(f_a)$ 也直接取天然地基土承载力标准值（或容许承载力），这样比较简单，也偏于安全。加固后桩间土模量 E_a 值，可取样做压缩试验得到，也有直接采用天然地基模量的。

　　2. 用复合地基载荷试验确定

可用多桩或单桩复合地基载荷试验确定石灰桩复合地基承载力和变形模量，后者较为经济。当进行单桩复合地基试验时，载荷板形状可圆可方，面积宜与实际布置的一根桩所承担的加固面积相同。试验方法可参照《建筑地基处理技术规范》（JGJ 79—2012）的规定。当在 $p-s$ 曲线上按相对沉降量法取承载力基本值时，宜以 s/b 等于 0.01～0.015 为标准。载荷试验应在成桩后一个月进行。

7.2.2.2 确定基础底面尺寸

f 是复合地基承载力设计值，由标准值或容许承载力经深宽修正得到。宽度修正系数取零，深度修正系数 η_d 取 1.0。

7.2.2.3 验算软弱下卧层的承载力

当石灰桩复合地基下面存在未处理的软弱土层时，应验算软弱下卧层的承载力。验算可采用图 7-1 所示的扩散角法，扩散角可由复合地基模量与下卧软土模量之比查规范表格，也可近似取 $22°$。

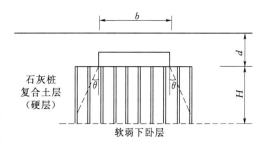

图 7-1　验算软弱下卧层的扩散角法

7.3　施工方法

7.3.1　成桩工艺和设备

石灰桩成桩工艺分无管成桩和管内成桩两种。无管成桩是用人工或机械在土中成孔以后，分段投料，分段用夯锤夯实最后封顶而成。管内成桩则是用各类桩机打入钢管，往管内填料，用芯管分段夯实；或者在施加振动、压缩空气等的同时，提升钢管形成桩身，再用盲板（盲板：blind disk，正规名称叫法兰盖 Flange cover，有的也叫做盲法兰或者管堵）封管将桩顶段反压密实，最后封顶成桩。

无管成桩工艺不易保证成桩质量，尤其在软土中易发生孔壁土的回涌，导致缩颈断桩等问题，只宜在土质条件相对较好的地区采用，一般桩长不宜大于 6m。

图 7-2 洛阳铲

最简单的成桩工具是洛阳铲（图 7-2），用于无管成桩，桩长一般不超过 6m。较先进的设备是能施加空气压力的生石灰专用桩机。而用得多的还是各类振动、锤击、静压桩机，可采用预制桩尖或活瓣钢管，通常是管内成桩。其中以振动桩机的成桩质量较好，静压成桩仅用于软土。此外，也有用冲击钻机或螺旋钻机无管成桩的。

7.3.2 桩身材料

一般认为生石灰宜用钙质石灰（MgO 含量不大于 5％的石灰），要求采用新鲜的煅烧良好的块灰，活性氧化钙含量不少于 70％，但有人认为含镁较高的生石灰似乎更有利于水下硬化。过火的、欠火的和受潮的生石灰会影响加固效果而不宜使用。块灰粒径大小宜为 30～70mm，含粉量应小于 10％。生石灰的质量往往与产地相关，选用时尤其注意。

粉煤灰以含活性 S_iO_2、Al_2O_3、Fe_2O_3 量高者为佳，要求采用干灰，含水量小于 5％。掺入粉煤灰可以提高桩身强度，同时减少桩身的膨胀应力和膨胀量。石灰粉煤灰掺和比一般从 8∶2 到 6∶4，较优掺量比是 7∶3。石灰砂桩应采用干的中、粗砂，含泥量不超过 8％。掺入砂子可增加桩身的密实程度。砂的掺入宜经试验确定，应以能填充生石灰块间的孔隙为佳。

7.3.3 施工要点

为使石灰桩复合地基达到设计预期的要求，施工中应采取保证桩身质量和桩间土的加固效果的措施，并保证施工安全和防止污染，为此提出以下施工要点。

（1）施工前进行成桩试验和材料配合比试验，以验证设计的合理性和成桩工艺的适宜性，并确定合适的成桩参数，如桩身材料配合比、填料数量、气压或夯击参数等，并了解施工中可能发生的问题和决定相应的对策。

（2）保证桩身填料的充盈系数和密实度。桩身灌灰量按生石灰的天然密度折算应达到 (1.5～2.0)V（V 为桩孔或桩管体积），并逐段控制充盈系数。采用夯锤夯实桩身的，应分段夯填，每段高度不大于 100cm。采用振动密实的，投料后应边振边拔管，不得随意停振。长桩宜辅以气压灌灰。

（3）严格做好封顶，封顶好坏是石灰桩法成败的关键之一，好的封顶增加石灰桩的上覆压力，减少向上胀发引起的能量损失，保证桩身强度。封顶材料可用素土、灰土、素混凝土等，长度一般为 50～100cm，必须夯压密实。如能在石灰桩复合地基上铺上灰土、道砟或片石垫层后再夯压碾实，则加固效果更佳。

（4）控制施工次序。打桩次序应由外向内、先周边后中间地进行，桩机行驶路线宜用前进式。这样做有利于挤密桩间土和增加桩身约束力，也有利于减少场地四周地下水对桩身材料的影响。

（5）防止过量水浸泡桩身。当土中含水量过大，或有渗流，或处雨季，则应采取降水、排水和阻水措施。

（6）保证施工安全和防止环境污染。储存生石灰要防止发热引燃，灌灰时避免孔口喷溅伤人（宜先清除桩孔内积水，软土中施工宜先在孔底铺设 50cm 厚的砂）。应采取措施减少粉尘飞扬，如用新鲜块灰、合理组织施工、使用先进的密封工艺等。

7.4 质量检验

检验内容一般包括桩点位置、桩孔质量、桩身质量、桩间土加固效果和复合地基承载力，其中后三项应在成桩后一个月进行。

1. 桩点位置

检查基础轴线、临时水准点和桩点位置是否与施工图相符。

2. 桩孔质量

检查已成桩孔的位置、直径、垂直度和深度是否在允许偏差之内（表 7-3）；桩孔有无缩颈、回旋、坍土和渗水情况。检查结果和处理结果应记入施工记录中。

表 7-3 石灰桩的施工允许偏差

成孔方法	桩孔位置/cm	桩孔垂直度/%	桩孔直径/cm	桩孔深度/cm
沉管法	5	2	-2	<10
爆扩法	5	2	$+10，-5$	<30
冲击法	5	2	$+5，-5$	<30
钻进法	5	2	$+2，-2$	<10

3. 桩身质量

采用随机质量检查。抽样检查数量不少于总桩数的 2%，同时每台班最少抽样一根。检查方法可以采用静力 p 值、标贯试验击数 N 值、轻便触探击数 N_{10} 值等，以不小于成桩试验值或当地经验值为合格。也可以在桩身取样做成试块直接测定桩身抗压和抗剪强度。

有条件时可开挖检查，观测桩身直立程度、桩的外形尺寸、桩身均匀性、密实度和坚硬程度，定性地判定桩身质量。

单桩载荷试验也是检验桩身质量的较可靠方法，可得到桩承载力、变形模量等参数，结合桩间土载荷试验，可以推算复合地基的承载力和变形是否满足设计要求。

4. 桩间土加固效果

一般采用静力触探、标贯试验、轻便触探、旁压试验等原位测试方法，软土中也可以用十字板试验，同时钻取土样做室内土工试验，尤应分析含水量、孔隙比等指标的变化。

注意到桩间土的加固效果与孔位离桩身的距离有关，为统一标准，建议试验孔和取样孔取桩位于对角线 1/4 处的位置。

思　考　题

1. 简述石灰桩的工程特性。
2. 简述石灰桩的加固机理。

第8章 土 桩 及 灰 土 桩

　　土桩及灰土桩是利用沉管、冲击或爆扩等方法在地基中挤土成孔，然后向孔内夯填素土或灰土成桩。成孔时，桩孔部位的土被侧向挤出，从而使桩周土得以加密，所以也可称之为挤密桩法。土桩及灰土桩挤密地基，是由土桩或灰土桩与桩间挤密土共同组成复合地基。土桩及灰土桩法的特点是就地取材、以土治土、原位处理、深层加密费用较低。因此，在我国西北及华北等黄土地区已广泛应用。

　　土桩及灰土桩挤密法适用于处理地下水位以上的湿陷性黄土、素填土和杂填土等地基。处理深度宜为5～15m。当以消除地基的湿陷性为主要目的时，宜选用土桩挤密法；当以提高地基的承载力及水稳定性为主要目的时，宜选用灰土桩挤密法。若地基土的含水量大于23％及饱和度超过0.65时，由于无法挤密成孔，故不宜选用上述方法。

　　土桩挤密法1934年首创于苏联，主要用以消除黄土地基的湿陷性，至今仍为俄罗斯及东欧诸国湿陷性黄土地基常用的处理方法之一。我国自20世纪50年代中期开始，在西北黄土地区开展土桩挤密法的试验应用，又在60年代中期试验成功了具有中国特点的灰土桩挤密法。自70年代初期以来，逐步在陕、甘、晋和豫西等省区推广应用灰土桩及土桩挤密法，取得了显著的技术经济效益。同时，各地区又结合当地条件，在桩孔填料、施工工艺和应用范围等方面均有所发展，如利用工业废料的粉煤灰掺石灰（二灰桩）、矿渣掺石灰（灰渣桩）及废砖渣等。目前，灰土桩挤密法已成功地用于50m以上高层建筑地基的处理，基底压力超过400kPa，处理深度有的已超过15m。

　　为适应建设工程的需要，陕西省于1985年颁布了省标《灰土桩和土桩挤密地基设计施工及验收规程》（DBJ 42—1985）这是我国首次编制的土桩及灰土桩地区技术标准。国家标准《地基与基础工程施工及验收规范》（GB 50202—2016）也有相关条文。历次修订的国家标准《湿陷性黄土地区建筑规范》（GB 50025—2004）等，均包括有土桩及灰土桩的内容。国家行业标准《建筑地基处理技术规范》（JGJ 79—2012）专章列入土桩或灰土桩挤密法。显然，这一方法已成为我国黄土地区建筑地基处理的主要方法之一。

　　大量的试验资料和工程实践证明，灰土（土）挤密桩用于处理地下水位以上的湿陷性黄土、素填土、杂填土等地基，不论是消除土的湿陷性还是提高承载力都是有效的。当土的含水量大于24％及其饱和度大于65％时，在成孔及拔管过程中，桩孔及其周围容易引起颈缩和隆起，挤密效果差，故该方法不适用与处理地下水位以下及毛细饱和带的土层。

　　基底下5m深度内的湿陷性黄土、素填土、杂填土，通常采用土（或灰土）垫层或强夯法等处理。大于15m的土层，由于成孔设备的限制，一般采用其他处理方法。

　　饱和度小于60％的湿陷性黄土，其承载力较高，湿陷性较强，处理应以消除湿陷性为主。而素填土和杂填土的湿陷性较小，但压缩性大，承载力低，应以提高承载力和减小压缩性为主。

8.1　加固机理

土桩及灰土桩的加固机理，其共同之处是对桩间土的挤密作用，但两者又有所不同，现分述如下。

8.1.1　土桩挤密地基

湿陷性黄土是非饱和的欠压密土，具有较大的孔隙率和偏低的干密度，是其产生湿陷性的根本原因。试验研究及工程实践证明，若土的干密度或其压实系数达到某一标准，即可消除其湿陷性。土桩挤密法正是利用这一原理，向土层中挤压成孔，迫使桩孔内的土体侧向挤出，从而使桩周一定范围内的土体受到压缩、扰动和重塑，若桩周土被挤密到一定的干密度或压实系数时，则沿桩孔深度范围内土层的深陷性就会消除。

在单个桩孔外围，孔壁附近土的干密度 ρ_d 接近甚至超过其最大干密度 ρ_{dmax}，压实系数 $\lambda_c \approx 1.0$，依次向外 ρ_d 逐渐减小，直至其值逐渐趋于自然土的情况。若以桩孔中心为原点，"挤密影响区"即塑性区的半径约为 $(1.5 \sim 2.0)d$（d 为桩孔直径）；但当以消除土的湿陷性为标准时，通常以 $\rho_d \geq 1.5 \mathrm{g/cm^3}$ 或 $\lambda_c \geq 0.90$ 划界，确定出满足工程实用的"有效挤密区"，其半径约为 $(1.0 \sim 1.5)d$。因此，合理的桩孔中心距离常为 $(2.0 \sim 3.0)d$ 范围内。群桩挤密效果试验表明，在相邻桩孔挤密区交接处的挤密效果相互叠加，桩间中心部位土的干密度会有所增大，并使桩间土的干密度变得较为均匀。

影响成孔挤密效果的主要因素是地基土的天然含水量（ω）及干密度（ρ_{d0}）。当土的含水量接近其最优含水量时，土呈塑性状态，挤密效果最佳，成孔质量良好。当土的含水量偏低 ω 小于 12% 时，土呈半固体状态，有效挤密区缩小，桩周土挤压扰动而难以重塑，成孔挤密效果较差，且施工难度较大。当土的含水过高 $\omega > 23\%$ 时，由于挤压引起的超孔隙水压力短时期难以消散，桩周土仅向外围移动而挤密效果甚微，同时桩孔容易出现缩孔、回淤等情况，有的甚至不能成孔。土的天然干密度越大，有效挤密区半径越大；反之，则挤密区缩小，挤密效果较差。

土桩挤密地基由桩间挤密土和分层夯填的素土桩组成，土桩面积约占处理地基总面积的 10% ~ 23%，两者土质相同或相近，且均为被机械加密的重塑土，其压实系数和其他物理力学性指标也基本一致。因此，可以把土桩挤密地基视为一个厚度较大和基本均匀的素土垫层。国内外有关规范对土桩挤密地基的设计原则，如承载力的确定及处理范围的规定与验算等均与土垫层的设计原则基本相同，其原因即在于此。

8.1.2　灰土桩挤密地基

8.1.2.1　灰土的基本性质

石灰是一种最常用的气硬性胶凝物质，也是一种传统的建筑材料。但当熟石灰与土混合之后，将发生较复杂的物理化学反应，其主要反应为离子交换作用、凝硬反应，主要生成物包括酸及铝酸钙等水化反应物，以及部分石灰的碳化与结晶等。由此可见，灰土的硬化既具有气硬性，同时又具有水硬性，而不同于一般建筑砂浆中的石灰。灰土的力学性质决定于石灰的质量、土的类别、施工及养护条件等多种因素。用作灰土桩的灰土，其无侧限抗压度不宜低于 500kPa。灰土的其他力学性质指标与其无侧限抗压强度 f_{cu} 有关，抗拉

强度约为 $(0.11\sim0.29)f_{cu}$，抗剪强度约为 $(0.20\sim0.40)f_{cu}$，抗弯强度为 $(0.35\sim0.40)$ f_{cu}，灰土的水稳定性以软化系数表示，其值一般为 $0.54\sim0.90$，平均约为 0.70。若在灰土中掺入 $2\%\sim4\%$ 的水泥时，软化系数可提高到 0.80 以上，能充分保证灰土在水中的长期稳定性，同时灰土的强度也可提高 $50\%\sim85\%$，灰土的变形模量为 $40\sim200MPa$，但其值随应力的增高而降低。据试验分析，灰土桩顶面的应力在设计荷载下一般为 $(0.40\sim90)f_{cu}$，超过了灰土强度的比例界限。有的甚至已达到极限强度，这是灰土桩工作的主要特点。

8.1.2.2 灰土桩的变形及荷载传递规律

根据室内外试验结果分析，在竖向荷载作用下，桩长超过 $6\sim10$ 倍桩径的灰土桩，其变形、破坏及荷载传递规律具有以下特征：

(1) 具有一定胶凝强度的灰土桩，受压时桩顶面的沉降主要是桩身压缩变形所致，桩身变形约为桩顶沉降量的 $42\%\sim93\%$，有的灰土桩即使桩顶已被压裂，而桩底仍不产生沉降。在桩身的总压缩变形中，桩顶段 $(1.0\sim1.5)d$ 的变形约占总变形量的 $60\%\sim85\%$。在极限荷载作用下，素土桩的沉降主要发生在 $(2\sim3)d$ 深度范围内，与土垫层或天然地基的情况相似；而素混凝土桩顶面沉降与桩底沉降相差甚微，表明桩身的压缩变形很小。灰土桩介于二者之间，桩身压缩变形的深度略大于 $6d$。

(2) 长度超过 $(6\sim10)d$ 的灰土桩，在竖向荷载作用时发生破坏的部位多数在桩顶下 $(1.0\sim1.5)d$ 范围内，裂缝呈竖向拉裂或斜向剪切，属脆性破坏。现场试验表明，当局部桩顶压裂后，它仍具有由灰土块体间咬合力和摩擦力构成的剩余强度，因而仍可与桩间挤密土协同工作，同时由于桩顶破损的深度有限，复合地基仍可维持整体稳定性。由此可见，灰土桩的实际工作应力相对于其极限强度是比较高的，介于屈服强度与极限强度之间，灰土桩体及灰土桩挤密地基的承载力主要取决于桩身灰土的强度。

(3) 灰土桩的荷载传递规律。图 8-1 为灰土桩在竖向荷载作用下，桩身分段荷载与桩周摩阻力的测试结果。由图可看出，由于灰土桩受荷时的变形特性，桩身的荷载压力急剧衰减，$3d$ 深度处的荷载仅为桩顶荷载的 1/6 左右，$(6\sim10)d$ 深度以下桩身荷载已逐渐趋于零，桩身应力与桩间土的应力接近一致。桩周摩阻力主要产生于上部 $6d$ 的范围内，最大摩阻力位于 $(2\sim3)d$ 桩段，其值高于一般混凝土桩。灰土桩在 $(6\sim10)d$ 深度内桩侧的平均摩阻力亦略高于混凝土桩。试验结果表明，灰土桩传递荷载的深度是有限的，其传递荷载的有效深度约为 $(6\sim10)d$。有效荷载传递的深度与桩径及灰土的强度成正比，而与桩周土的摩阻力成反比。在有效荷载传递深度以下，灰土桩的主要作用不再是分担较大的荷载，但对地基仍有加固作用，如提高下层土的强度和变形模量等。

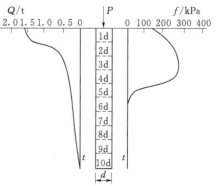

图 8-1 散粒体桩的分段荷载（Q）及桩周摩阻力（f）的分布

8.1.3 灰土桩在挤密地基中的作用

1. 分担荷载，降低上层土中应力

灰土桩的变形模量高于桩间土数倍至数十

倍，因此在刚性基础底面下灰土桩顶的应力分担比相应增大。

2. 桩对土的侧向约束作用

灰土桩具有一定的抗弯和抗剪刚度，即使浸水后也不会明显软化，因而它对桩间土具有较强的侧向约束作用，阻止土的侧向变形并提高其强度。载荷试验结果表明，桩间土在压力达到 300kPa 的情况下，通常 $p-s$ 曲线仍呈直线型，说明桩间土体仅产生竖向压缩变形，这在天然地基或土桩挤密地基中很少见到。

3. 提高地基的承载力和变形模量

现场试验和大量工程经验证明，灰土桩挤密地基的承载力标准值比天然地基可提高一倍左右；其变形模量高达 21～36MPa，约为天然地基的 3～5 倍，因而可大幅度减少建筑物的沉降量，并消除黄土地基的湿陷性。

综上所述，灰土桩具有分担荷载和减少桩间土应力的作用，但其荷载有效传递的深度也是有限的，在有效深度以下桩土应力趋于一致，两者不再产生相对位移，而灰土桩加固地基的其他作用仍然存在。但是约在 (6～10)d 深度以下，桩土应力已基本一致，其结果与一般垫层已无差异。因此，在确定灰土桩挤密地基的处理范围时，也可按垫层原理进行计算。

8.2 设计计算

8.2.1 设计依据和基本要求

设计土桩或灰土桩挤密地基时，应具有下列资料和条件：

(1) 建筑场地的工程地质勘察资料。重点了解土的含水量、孔隙比和干密度等物理性质指标及其变异性，掌握场地黄土湿陷的类型、等级和湿陷性土层分布的深度。对杂填土和素填土，应查明其分布范围、成分及均匀性，必要时需作补充勘察，以确定人工填土的承载力和湿陷性。

(2) 建筑结构的类型、用途及荷载。确定建筑物的等级及使用后地基浸水可能性的大小，以及基础的构造、尺寸和埋深，提供对地基承载力和沉降变形（包括压缩变形及湿陷量）的具体要求。

(3) 场地的条件与环境。了解建筑场地范围内地面上下的障碍物，分析挤密桩施工对相邻建筑物可能造成的影响。

(4) 当地的施工装备条件和工程经验。

依据上述资料及条件，即可确定地基处理的主要目的和基本要求，并可初步确定采用何种桩孔填料和施工工艺。通常，地基处理的目的可分下列几种情况。

(1) 一般湿陷性黄土场地。对单层或多层建筑物，以消除黄土地基的湿陷性为主要目的，基底压力一般不超过 200kPa，地基的承载力易于满足，宜采用土桩挤密法；对高层建筑、重型厂房以及地基浸水可能性较大的重要建筑物，处理地基不仅是消除湿陷性，同时还必须提高地基的承载力和变形模量，则宜采用灰土桩挤密法。

(2) 新近堆积黄土场地。除要求消除其湿陷性外，通常需以降低其压缩性和提高承载力为主要目的，可根据建筑类型及荷载大小选用土桩或灰土桩。

（3）杂填土或素填土场地。当填土厚度较大时，由于其均匀性差，压缩性较高，承载力偏低，通常仍具有湿陷性，处理时常以提高承载力和变形模量为主要目的，一般宜采用灰土桩挤密法。

桩孔直径宜为 300～600mm，沉管法的桩管直径多在 400mm 左右，设计桩径时应根据成孔设备条件或成孔方法确定。桩孔布置以等边三角形为好，如此桩孔呈等间距布置，可使桩间土的挤密效果趋于均匀。

土桩及灰土桩的设计计算内容包括：桩孔间距、处理范围和承载力确定等项，其设计计算方法分述如下。

8.2.2　桩孔间距

根据《湿陷性黄土地区建筑规范》（GB 50025—2004）的规定原则，为消除黄土的湿陷性，桩间土挤密后平均压实系数不应小于 0.93。如地基土挤密前的平均干密度为 $\overline{\rho_d}$，地基土的最大干密度为 $\rho_{d\max}$，设计桩径为 d，并按等边三角形布桩时，则桩间（中心）距 S 可按式（8-1）计算：

$$S = 0.95d \sqrt{\frac{\overline{\eta_c}\rho_{d\max}D^2 - \overline{\rho_{d0}}d^2}{\overline{\eta_c}\rho_{d\max} - \overline{\rho_{d0}}}} \qquad (8-1)$$

式中　S——孔心距，m；

$\qquad D$——挤密填料孔直径，m；

$\qquad d$——预钻孔直径，m；

$\qquad \rho_{d0}$——地基挤密前压缩层范围内各层土的平均干密度，g/cm^3；

$\qquad \rho_{d\max}$——击实试验确定的最大干密度，g/cm^3；

$\qquad \overline{\eta_c}$——挤密填孔（达到 D）后，3 个孔之间的土平均挤密系数不宜小于 0.93。

当挤密处理深度不超过 12m 时，不宜预钻孔，挤密孔直径宜为 0.35～0.45m；当挤密处理深度超过 12m 时，可预钻孔，其直径（d）宜为 0.25～0.30m，挤密填料孔直径（D）宜为 0.50～0.60m。

考虑到土体的干密度变化较大，可以用式（8-2）计算孔距：

$$s = 0.95d \sqrt{\frac{f_{pk} - f_{sk}}{f_{spk} - f_{sk}}} \qquad (8-2)$$

挤密填孔后，3 个孔之间土的最小挤密系数 $\eta_{d\min}$，可按下式计算：

$$\eta_{d\min} = \frac{\rho_{d0}}{\rho_{d\max}} \qquad (8-3)$$

式中　$\eta_{d\min}$——土的最小挤密系数：甲、乙类建筑不宜小于 0.88，丙类建筑不宜小于 0.84；

$\qquad \rho_{d0}$——挤密填孔后，3 个孔之间形心点部位土的干密度，g/cm^3。

孔底在填料前必须夯实。孔内填料宜用素土或灰土，必要时可用强度高的填料如水泥土等。当防（隔）水时，宜填素土；当提高承载力或减小处理宽度时，宜填灰土、水泥土等。填料时，宜分层回填夯实，其压实系数不宜小于 0.97。

成孔挤密，可选用沉管、冲击、夯扩、爆扩等方法。

8.2.3　处理范围

处理范围的设计包括处理的宽度及深度两个方面。土桩及灰土桩挤密地基的处理宽度应大于基础的宽度。自基础边缘起的外放宽度以 C 表示，具体要求如下：

（1）局部处理时（不考虑防渗隔水作用）。

对非自重湿陷性场地：$C \geq 0.5B$；$C \geq 0.5 \text{m}$。

对自重湿陷性场地：$C \geq 0.75B$；$C \geq 1.0 \text{m}$。

其中 B 为基础宽度。

（2）整片处理，适用于Ⅲ、Ⅳ级自重湿陷性场地，需考虑防渗隔水作用及外围场地自重湿陷时对地基的影响。

$$C \geq \frac{1}{2} \text{处理土层的厚度且} C \geq 2.0 \text{m}。$$

土桩及灰土桩挤密地基的处理深度，应根据土质情况、工程要求和施工条件等因素确定。对于湿陷性黄土地基，应按《湿陷性黄土地区建筑规范》（GB 50025—2004）的有关规定进行设计计算。

当以提高地基承载力为主要处理目的时，对基底以下持力层范围内的软弱土层应尽可能全部处理，并应验算下卧层土的承载力是否满足要求。对设计处理深度，要考虑施工后桩顶可能出现部分疏松及桩间土上部表层松动，因而在设计图中应注明挖去 0.25~0.50m 的松动层，并在其上设置 0.30~0.60m 厚的素土或灰土垫层。综合技术与经济两方面的因素，土桩及灰土桩的长度不宜小于 5.0m。

8.2.4 承载力

灰土（土）挤密桩复合地基承载力特征值，应通过现场单桩或多桩复合地基载荷试验确定。初步设计当无试验资料时，可按照当地经验确定，对于灰土挤密桩复合地基的承载力特征值，不宜大于处理前的 2.0 倍，并不宜大于 250MPa；对土挤密桩复合地基的承载力特征值，不宜大于处理前的 1.4 倍，并不宜大于 180MPa。

8.3 施工方法

8.3.1 施工程序与准备

1. 施工程序

土桩或灰土桩的施工方法与程序基本相同，主要工序包括施工准备、成孔挤密、桩孔夯填和质量检验等项，其中质量检验需在各项工序后分次进行，填料配制应在夯填施工中及时配用。

2. 施工准备

（1）施工装备进场前，应切实了解场地的工程地质条件和周围环境，如地基土的均匀性和含水量的变化情况，场地内外、地面上下有无影响施工的障碍物等。避免盲目进场后无法施工或施工难度很大。必要时，可先进行简易施工勘察，或向有关方面提出处理对策，为进场施工创造条件。

（2）编制好施工技术措施。主要内容包括绘制施工详图、编制施工进度、材料供应及其他必要的施工计划和技术措施。

（3）场地达到三通一平后，应首先进行成孔挤密试验，若场地内的土质与含水量变化较大时，在不同地段成孔挤密试验不宜少于2组，并根据试验结果修改设计或提出切实可行的施工技术措施。

（4）预浸水湿润地基，当土的含水量低于12%～14%时，土呈坚硬状态，成孔施工困难，挤密效果也差。对此可采用人工定量预浸水的方法，使地基土的含水量接近其最优含水量。人工定量预浸水宜采用浅层水畦和深层浸水孔相结合的方式进行，浸水深孔用φ8cm洛阳铲打孔，孔深为预计湿润土培底深的3/4左右，间距1.0～2.0m，孔内填小石子或砂砾；水畦深0.3～0.5m，底面铺2～3cm小石子，并与深孔口相通。预浸水用量可按式（8-4）估算：

$$W = k\,\overline{\gamma_d}\,\frac{\omega_{op} - \omega}{100}V \qquad (8-4)$$

式中　W——预浸水总量，t；

　　　　k——损耗系数，$k = 1.10 \sim 1.15$ 冬季取值低，夏季取值高；

　　　　$\overline{\gamma_d}$——土的天然干密度加权平均值，t/m^3；

　　　　ω_{op}——土的最优含水量，%；

　　　　ω——土的天然含水量加权平均值，%；

　　　　V——浸水范围内土的总体积，m^3。

8.3.2　成孔挤密

8.3.2.1　成孔方法与要求

成孔挤密施工方法分为沉管法、爆扩法和冲击法，使孔内土体向外围挤密，并在地基中形成稳定的桩孔。采用何种成孔施工方法，应根据土质情况、设计要求和施工条件等因素确定。国内常用的是锤击沉管法，本节主要介绍沉管法施工，对其他方法将通过工程实例予以简介，有的地区采用挖孔或钻孔等非挤土方法成孔，并夯填成灰土桩或二灰桩，由于其桩间土无挤密效果，故已不属于挤密地基的范畴。

成孔施工顺序宜间隔进行，对大型工程可采取分段施工，不必强求由外向内施工，以免造成内排施工时成孔及拔管困难的情况。成孔挤密地基施工时，土的含水量宜接近其最优含水量，当含水量低于12%～14%时，可预先浸水增湿。

成孔施工质量应符合下列要求：

（1）桩孔中心点的偏差不应超过桩距设计值的5%。

（2）桩孔垂直度偏差不应大于1.5%。

（3）桩孔的直径和深度。对沉管法，其直径与深度应与设计值相同；对爆扩法及冲击法，桩孔直径的误差不得超过设计值的±70mm，孔深不应小于设计深度0.5m。

对已成的桩孔应防止灌水或土块、杂物落入其中，所有桩孔均应尽快夯填。

8.3.2.2　沉管法成孔

沉管法成孔是利用振动沉桩机，将带有通气桩尖的钢制桩管沉入土中的设计深度，然后缓慢拔出桩管，在土中形成桩孔。桩管用无缝钢管制成，壁厚约10mm，外径与桩孔设计直径相同。桩尖有活瓣式或锥形活动桩尖，以便拔管时通气消除负压。有的在桩管底部加箍，可扩大成孔直径及减少拔管时的阻力，沉桩机的导向架安装在履带式起重机上，由起重机起吊、行走和定位。沉管法成孔挤密效果稳定，孔壁规整，施工技术和质量易于掌握，是国内广泛应用的一种成孔施工方法。沉管法成孔时，由于受到桩架高度和锤击力的限制，孔深一般不超过 10m。最近几年，为了处理大厚度的湿陷性黄土地基，有的单位已将桩架改进增高，使成孔深度达到 15m 左右。比较而言，冲击法和爆扩法成孔不受机械高度的限制，成孔深度可以达到 20m 以上。

沉管法成孔施工的主要工序为①桩机就位；②沉管挤土；③拔管成孔；④桩孔夯填。一般每机组每台班可成桩 30～50 个，每日施工 1.5～2.0 个台班，可成桩 100 个左右，一台沉桩机应配备 2～3 台夯填机，以便及时将桩孔夯填成桩。

沉管法成孔施工时，应注意下列几点：

（1）桩机就位要求平稳准确，桩管与桩孔中心相互对中，在施工过程中桩架不应发生移位或倾斜。

（2）桩管上需设置显著牢靠的尺度标志，每 0.5m 一点。沉管过程中应注意观察桩管的贯入速度和垂直度变化。如出现反常情况，应及时分析原因并进行处理。

（3）桩管沉至设计深度后，应及时拔出，不宜在土中搁置过久，以免拔管时阻力增大。拔管困难时，可沿管周灌水润土，也可设法将桩管转动后再拔。

（4）拔管成孔后，应由专人检查桩孔的质量，观测孔径、孔深及垂直度是否符合要求。如发现缩径、回淤及塌孔等情况时，应做好记录并及时进行处理。

8.3.3　桩孔夯填

8.3.3.1　填料配制

桩孔填料的选择与配制应按设计进行，同时应符合下列要求。

1. 素土

土料应选用纯净的黄土或一般黏性土或粉土，有机质含量不得超 5％，同时不得含有杂土、砖瓦和石块，冬季应剔除冻土块。土料粒径不宜大于 50mm。当用于拌制灰土时，土块粒径不得大于 15mm。土料最好选用就近挖出的土方，以降低费用。

2. 石灰

应选用新鲜的消石灰粉，其颗粒直径不得大于 5mm。石灰的质量标准不应低于 Ⅲ 级，活性 $C_aO + M_gO$ 含量（按干重计）不低于 50％，在市区施工，也可采用袋装生石灰粉。

3. 灰土

灰土的配合比应符合设计要求，常用的体积配合比为 2∶8 或 3∶7。配制灰土时应充分搅拌至颜色均匀，在拌和过程中通常均需洒水，使其含水量接近最优含水量。

用作填料的素土及灰土，事前均应通过室内击实试验求得其最大干密度 $\rho_{d\max}$ 和最优含水量 ω_{op}。填料夯实后要求达到的干密度 $\rho_d = \lambda_o \rho_{d\max}$，式中 λ_o 即设计要求填料夯实后应达到的压实系数，$\lambda_o = 0.95～0.97$。

8.3.3.2　填料夯实

目前，夯实机械尚无定型产品，多由施工单位自行加工而成。常用的夯实机有：①偏心轮夹杆式夯实机，锤重 0.1t 左右，落距 0.6～1.0m，夯击功能偏低；②卷扬机提升式夯实机，锥重 0.15～0.30t，落距 1.0～2.0m，夯击功能较高，夯实效果较易保证，但使用不如前者普及。

现有夯填施工均由人工配合填料，机械连续夯击。填与夯的协调配合至关重要，填进过快过多，则夯实不足，这是产生夯填质量事故的主要原因。夯填施工前应进行工艺试验，确定出合理的分次填料量和夯击次数。夯填施工应按下列要求进行。

（1）夯实机就位应平正稳固，夯锤与桩孔相互对中，使夯锤能自由下落孔底。

（2）夯填前应查看桩孔内有无落土、杂物或积水，待清理后再开始孔底夯实，然后在最优含水量状态下，定量分层填料夯实。

（3）人工填料应按规定数量均匀填进，不得盲目乱填，更不允许用送料车直接倒料入孔。

（4）桩孔填料夯实高度宜超出设计桩顶设计标高 20～30cm。在其以上孔段可用其他土料回填，并轻夯至施工地面，待作垫层时，将超出设计桩顶的桩头及土层挖掉。

（5）为保证夯填质量，应严格控制并记录每一桩孔的填料数量和夯实时间。夯实施工应有专人监督和检测。

8.3.4 施工中可能出现的问题以及处理方法

（1）夯填时，桩孔内有渗水、积水现象。此时可将孔内水排出，或将地下水部分改为混凝土桩或碎石桩，水上部分仍为土（灰土）挤密桩。

（2）回填夯实时造成缩颈、堵塞、挤密成孔困难、孔壁坍塌等情况。如含水量过大，可向孔内填干砂、生石灰块、粉煤灰、干水泥；如含水量过小，可预先浸水，使之达到或接近最优含水量。遵守打孔顺序，由外向里间隔进行（硬土由里向外）。

8.4 质量检验

土桩及灰土桩质量检验的内容包括桩孔质检、夯填质检、挤密效果和综合检验等项，其中前两项在施工过程中应及时进行，挤密效果检验宜在施工前或初期尽早进行。对于重要的及大型的工程项目以及对施工质量疑点较多的工程，在施工结束后，可进行处理效果的综合检验。综合检验的方法有：载荷或浸水载荷试验、有据可依的原位测试、开剖取样测试桩及桩间土的物理力学性质指标等。在各项检验中，夯填质量与挤密效果的检验最为重要。现将各项检验的内容与方法分述如下。

8.4.1 桩孔质量检验

成孔施工后，应及时进行桩孔质量检验，检验内容包括：桩孔间距、孔径、孔深及垂直度，以上各项均以不超过容许偏差为合格，检查时如发现桩孔有缩径、回淤、塌土或渗水等情况，也认真记录并进行必要的处理。

8.4.2 挤密效果检验

桩间土的挤密效果，主要决定于桩间距设计的大小，同时也与桩孔施工质量有一定关系。检验应在由 3 个桩构成的挤密单元内，依天然土层或每 1.0～1.5m 分为一层，在边长 10～15cm 的小方格内分别用小环刀取出土样，测试各点土的干密度并计算其压实系数 λ_{ci}，然后按式（8-5）计算该层桩间土的平均压实系数 $\overline{\lambda_c}$：

$$\overline{\lambda_c} = \frac{\sum_1^n \lambda_{ci}}{n} \qquad (8-5)$$

式中　　n——测点（方格）数；

　　　　λ_{ci}——桩间土同层各测点的压实系数。

挤密效果检验宜在正式施工前进行，设计单位可根据检验结果及时调整桩距设计。若施工已经结束，可在开剖时采取 $\phi100mm$ 左右的土样，送室内进行桩间土的湿陷性和压缩性等指标的试验。综合判定桩间土的挤密效果与工程性质。

8.4.3　夯填质量检验

桩孔的夯填质量是保证地基处理效果的重要因素，同时夯填质量检验也是施工质检的重点和难点。抽检的数量不应少于桩孔总数的 2%，并应按随机取样法抽检。检验的项目包括压实系数、强度及其他物理力学性质指标。

思　考　题

1. 灰土桩的加固原理是什么？
2. 为什么不能靠一味增加灰土桩桩长来提高地基承载力？
3. 灰土桩施工中可能出现哪些问题？

第9章 预压（排水固结）

　　我国沿海地区和内陆谷地分布着大量的软基，其特点为含水量大、压缩性高、透水性差和强度低。为确保工程的安全和正常使用，必须进行地基处理。预压法是一种有效的软基处理方法。该法的实质为，在建筑物或构筑物建造前，先在拟建场地上施加或分级施加与其相当的荷载，使土体中孔隙水排出，孔隙体积变小，土体密实，以增加土体的抗剪强度，提高软基的承载力和稳定性；同时可减小土体的压缩性，消除沉降量，以便在使用期不致产生有害的沉降和沉降差。预压法分堆载预压和真空预压两类。

　　堆载预压法是指在饱和软土地基上施加荷载后，孔隙水被缓慢排出，孔隙体积随之缩小，地基发生固结变形，同时随着超静水压力逐渐消散，有效应力逐渐提高，地基土强度逐渐增长，达到预定标准后再卸载，使地基土压实、沉降、固结的方法。堆载预压法最早用于处理美国加利福尼亚州的海湾公路，该公路有约 3.2km 长的一段通过沼泽地，每当涨潮时，公路的下部淹没而浸泡在水中，使土层粗糙和恶化，维护费用很高。1934 年 11 月和 12 月在该路段选取三个试验断面，打设了直径 72cm、平均深度 12.8m、间距 3～3.7m 的砂井。实测结果表明，采用砂井后，减小了孔隙水压力，增加了路段的稳定性，防止了土体的侧位移，消除了面层的不均匀沉降，保证了公路的顺利修建。我国于 1953 年首次将砂井堆载预压用于加固船台地基，1959 年将其应用于宁波铁路路堤实验和舟山、宁波冷库工程，以后推广至水工建筑、工业与民用建筑、铁路路基、港湾工程与油罐的软基工程中，都获得较好的效果。该法适用于淤泥质土、淤泥、素填土、杂填土、粉土和冲填土等软基。当软基较厚时，必须在软基中插入垂直排水通道，即所谓的砂井-堆载预压法。由于砂井用砂量大，兼之打入设备笨重，为此，在 1979 年成功研制袋装砂井，1981 年成功开发塑料排水带（图 9-1）。塑料排水带具有重量轻、运输方便、施工设备简单、工效高、劳动强度低、费用省、产品质量稳定、对土层的扰动小、适用地基变形的性能好等优点，故塑料排水带-堆载预压发展很快，将堆载预压法推向新的高潮。根据土质情况，该法分为单级加荷和多级加荷。根据堆载材料，该法分为自重预压、加荷预压和加水

图 9-1 塑料排水带

预压。

真空预压法是在软黏土中设置竖向塑料排水带或砂井，上铺砂层，再覆盖薄膜封闭，抽气使膜内排水带、砂层等处于部分真空状态，排除土中的水分，使土预先固结以减少地基后期沉降的一种地基处理方法。真空预压法最早是瑞典皇家地质学院杰尔曼教授（W. Kjellman）于1952年提出的。随后有关国家相继进行了探索和研究，但因密封问题未能很好解决，又未研究出合适的抽真空装置，故不易获得和保持所需的真空度。因此未能很好地用于实际工程，同时在加固机理方面也进展甚少。我国于20世纪50年代末至60年代初对该法进行过研究，也因同样的原因未能解决实际工程问题。该法最早于1958年用于美国费城国际机场跑道扩建工程中，该工程建于淤填的沼泽边缘地带，表层为1.5～3m厚的疏浚河道时吹填的黏土和淤泥，下面为1.6～6m厚的黏质粉土和粉质黏土，中间夹有薄的细砂透镜体，加固面积为762m×183m，共打设595根 ϕ5cm的砂井和15口 ϕ76.2cm的深水井（深21.3m），采用真空深井降水和砂井联合作用，抽真空40天，其中18天真空度达到381mmHg（相当于50kPa等效荷载）。根据我国港口发展规划，沿海的大量软基必须在近期内得到加固，为此我们于1980年起开展了真空预压法的研究，从改进工艺、更新设备、弄清机理、提高加固效果和推广使用等方面进行了研究。其膜下真空度达610～730mmHg，相当于80～95kPa的等效荷载，历时40～70天，固结度达80%，承载力提高到3倍，单块膜面积已达30000m^2，已在300多万 m^{2}工程中使用，得到了满意效果。为了满足某些使用荷载，承载力要求高的建筑物的需要，1983年起开展了真空-堆载联合预压法的研究，开发了一套先进的工艺和优良的设备，并从理论和实践方面论证了真空和堆载的加固效果是可以叠加的，已在50多万 m^{2}软基上应用，均取得满意结果。该法已多次在国际会议上介绍，外国同行给予很高的评价，认为中国在这方面创造了奇迹。该法适用于能在加固区形成（包括采取措施后能形成）稳定负压边界条件的软土地基，如淤泥质土、淤泥、素填土和冲填土等。实际工程表明，对于砂层和粉煤灰，采取措施后也能获得所需的真空度。

为了使预压法能够更好地适应现场工程地质情况，以发挥其最大的加固效果，需进行以下的工作。

9.1 勘察要求

对需处理的地基，应先通过工程勘察，查明土层结构在水平和竖直方向的分布和变化、透水层的位置和厚度、颗粒级配及水源补给条件以及土的物理力学性质，以便对其作出工程地质评价，并为地基处理提供工程地质资料。对于软土尚应查明其成因类型，成层条件，分布规律，薄层理与夹砂特征，水平与垂直方向的均匀性，地表硬壳层的分布与厚度，地下硬土层或基岩的埋深与起伏、固结历史及应力水平、结构破坏和开挖、回填、打桩等施工对强度和变形的影响，微地貌形态，地表水的分布关系和暗埋的塘、浜、沟、坑穴等的分布、埋深及填土性质，并应通过土工试验，确定土的固结系数（对真空预压法如有条件应测定负压下的固结系数）、孔隙比和固结压力关系曲线、三轴抗剪强度和现场十字板抗剪强度等指标，必要时应测定先期固结压力和通过现场测定固结系数。勘探孔间距一般为 15～25m，遇有特殊情况则需加密。勘探孔深度一般按地基压缩层的计算深度确定，但每个加固区必需有两个以上的深孔。

9.2 设计计算

预压法的设计，实际上在于合理安排排水系统和加压系统的关系，使地基在受压过程中排水固结，增加一部分强度，以满足逐渐加荷条件下地基的稳定性，并加速地基的沉降，以满足建筑物对沉降的要求。

设计时首先根据工程要求和地质条件决定竖向排水体的取舍。当软土层大于 5m 时，需设置竖向排水体。常用的排水体有直径不小于 200mm 的普通砂井；直径不小于 70mm 的袋装砂井；宽度不小于 100mm，厚度不小于 3.5mm，当量直径为 50～65mm 的塑料排水带。砂井的深度应根据建筑物对地基的稳定和变形的要求确定。以地基稳定性控制的工程，砂井深度应超过潜在滑动面至少 2m。以沉降控制的工程，如压缩土层较薄，砂井宜贯穿压缩土层；对压缩土层较深，砂井的深度根据限定时间内应消除的沉降量确定。其次确定预压荷载的大小和施加方式。预压荷载的大小通常与建筑物基底压力相同，预压的顶面范围应大于建筑物基础外缘所包围的范围。当天然地基的强度满足预压荷载下地基的稳定性时可一次加载，否则应分级施加，第一级荷载根据土的天然强度确定，以后各级荷载根据前期荷载下增长的强度，通过稳定性分析确定。真空预压时，有效应力的增量等于孔隙水压力的消散量，土体是在等向固结压力下固结，土体内剪应力保持不变，故不会发生剪切现象，地基不会失稳，等效荷载可一次加上。

9.2.1 强度与孔矩计算

预压荷载下，软土地基中某点任意时间的抗剪强度可按式（9-1）计算：

$$\tau_{ft} = \eta(\tau_{f0} + \Delta\tau_{fc}) \tag{9-1}$$

式中　τ_{ft}——在 t 时刻，在该点土的抗剪强度，kPa；

　　　τ_{f0}——地基土的天然抗剪强度，由十字板剪切试验测定，kPa；

　　　$\Delta\tau_{fc}$——该点土由于固结而增长的强度，kPa；

　　　η——土体由于剪切蠕动等因素而引起强度衰减的折减系数；可取 0.75～0.90，剪应力大取小值，反之取大值；因真空预压属于等向固结状态，$\Delta\sigma_1 = \Delta\sigma_2 = \Delta\sigma_3$，抽真空时，孔隙水压力降低，水平方向增加了一个负向压源的压力，即 $\Delta\sigma_3 = \mu$，使土体向着预压区移动，故抽真空时，剪应力不变，无剪切蠕动现象，不会引起强度衰减，故 $\eta = 1.0$；

　　　$\Delta\sigma_2$——预压荷载引起该点的附加竖向压力，kPa；

　$\Delta\sigma_1$、$\Delta\sigma_3$——预压荷载引起该点的附加最大和最小主应力，kPa。

对于欠固结土，因在自重下土体未完全固结，存在孔隙水压力，随着土体固结，值将转化为有效应力，故增长的强度按式（9-2）计算：

$$\Delta\tau_{i0} = (\Delta\sigma_z + u_0)U_t\tan\varphi_{cu} \tag{9-2}$$

式中　U_t——该点土的固结度；

　　　φ_{cu}——三轴固结不排水剪切试验求得的土内摩擦角，（°）；

u_0——自重下该点的孔隙水压力，kPa。

$$u_0 = \sigma_s - p_c \tag{9-3}$$

σ_s——现有自重压力，kPa；

p_c——先期固结压力，kPa。

对于正常固结土，因在自重下土体已经完全固结，故增长的强度按式（9-4）计算

$$\Delta\tau_{fc} = \Delta\sigma_z U_t \tan\varphi_{cu} \tag{9-4}$$

式中符号同上。

对于超固结土，因土体已在大于现有自重压力的先期固结压力下固结，故只有当应力大于 p_c 时，抗剪强度才在正常固结线上发展，故增长的强度按式（9-5）计算：

$$\Delta\tau_{i0} = (\Delta\sigma_i + \sigma_c) U_t \tan\varphi_{cu} \tag{9-5}$$

式中 σ_c——该点的超固结压力，kPa，$\sigma_c = p_c - \sigma_s$；

其他符号同上。

对沉降有严格限制的建筑，应采用超载预压法处理地基，经超载预压后，如受压土层各点的有效竖向应力于建筑物荷载引起的相应点的附加总应力时，则今后在建筑物荷载下地基土将不会再发生主固结变形，而且将减少次固结变形的发生，并推迟次固结变形的发生。超载的大小应根据限定的预压时间和要求消除的变形量通过计算确定。

最后计算固结度、砂井、袋装砂井或塑料排水带的孔位可采用等边三角形或正方形布置。一根砂井等效影响圆的直径 d 和砂井间距 S 的关系，可按式（9-5）计算：

等边三角形布置 $\qquad d_e = 1.05S \tag{9-6a}$

正方形布置 $\qquad d_e = 1.13S \tag{9-6b}$

塑料排水带的当量直径可按式（9-6）计算：

$$D_p = \alpha \frac{2(b+\delta)}{\pi} \tag{9-7}$$

式中 D_p——塑料排水带当量直径，mm；

α——换算系数，无试验资料时可取 0.75～1.00；

b——塑料排水带宽度，mm；

δ——塑料排水带厚度，mm。

塑料排水带的当量直径的计算式中的 α 值，应通过实验求得。根据近几年国内外的工程实践和实验研究结果，建议 α 取 1 是合适的。

竖向排水体深度的选择与土层分布、建筑物对地基变形和稳定的要求以及工期等因素有关。

当软土层不厚、底部有透水层时，排水体应尽可能穿透软土层；当深厚的高压缩性土层间有砂层或砂透镜体时，排水体应尽可能打至砂层或砂透镜体。而采用真空预压时应尽量避免排水体与砂层相连接，以免影响真空效果；对于无砂层的深厚地基则可根据其稳定性及建筑物在地基中造成的附加应力与自重应力之比值确定（一般为 0.1～0.2）；按稳定性控制的工程，如路堤、土坝、岸坡、堆料等，排水体深度应通过稳定分析确定，排水体长度应大于最危险滑动面的深度；按沉降控制的工程，排水体长度可从压载后的沉降量满足上部建筑物容许的沉降量来确定。竖向排水体长度一般为 10～25m。

制作砂井的砂宜用中粗砂，砂的粒径必须能保证砂井具有良好的透水性。砂井粒度要

不被黏土颗粒堵塞。砂应是洁净的，不应有草根等杂物，其含泥量不能超过 3%。

为了使砂井排水有良好的通道，砂井顶部应铺设砂垫层，以连通各砂井将水排到工程场地以外。砂垫层采用中粗砂，含泥量应小于 3%。砂垫层应形成一个连续的、有一定厚度的排水层，以免地基沉降时被切断而使排水通道堵塞。陆上施工时，砂垫层厚度一般取 0.5m 左右；水下施工时，一般为 1m 左右。砂垫层的宽度应大于堆载宽度或建筑物的底宽，并伸出砂井区外边线 2 倍砂井直径。在砂料贫乏地区，可采用连通砂井的纵横砂沟代替整片砂垫层。

堆载预压法现场监测项目一般包括地面沉降观测、水平位移观测和孔隙水压力观测，如有条件可径向向地基中深层沉降和水平位移观测。根据工程经验，提出如下控制要求：对竖井地基，最大竖向变形量每天不应超过 15mm，对天然地基，最大竖向变形量每天不应超过 10mm；边桩水平位移每天不应超过 5mm；地基中孔压不得超过预压荷载的 50%～60%，并且应根据上述观察资料综合分析、判断地基的稳定性。预压荷载的卸荷时间一般控制在固结度为 85% 左右。

9.2.2 预压固结度计算与影响因素

9.2.2.1 预压固结度计算

现有的固结度理论计算公式都是假设荷载是一次瞬间施加的；对逐渐加荷条件下地基的固结度计算则需经过修正。修正方法有多种，现今都采用改进的高木俊介法，其理由是该法在理论上是精确解，适合于多种排水条件，具有通用性，可一次算出修正后的平均固结度。比较简便，具体计算见式（9-8）。

$$\overline{U}_t = \sum_{i=1}^{n} \frac{\dot{q}_i}{\sum \Delta p} \Big[(T_i - T_{i-1}) - \frac{\alpha}{\beta} e^{-\beta \cdot t} (e^{\beta T_i} - e^{\beta T_{i-1}}) \Big] \tag{9-8}$$

式中 $\overline{U}_t$——t 时多级荷载等速加荷修正后的平均固结度，%；

$\sum \Delta p$——各级荷载的累计值；

$\dot{q}_i$——第 i 级荷载的平均加速度率，kPa/d；

T_{i-1}、T_i——各级等速加荷的起点和终点时间（从零点起算）；

α、β——参数，选择按照相关规定进行。

9.2.2.2 影响固结度的因素

1. 初始孔隙水压力

上述砂井固结度的计算公式，都是假设初始孔隙水压力等于地面荷载强度，而且假设在整个砂井地基中应力分布是相同的，一般认为只有在荷载面的宽度和砂井的长度相同时，这些假设产生的误差才忽略不计。

2. 涂抹和井阻作用

涂抹作用——因对地基土扰动引起透水性降低的作用。

井阻——塑料排水带或砂井的导水能力需要在一定的水头差作用下才能起作用，砂井导水能力的有限性可称为井阻。

对长径比较大和井料渗透系数小的袋装砂井或塑料排水带，应考虑井阻作用，当采用挤土方式施工时，尚应考虑土的涂抹和扰动影响。考虑的方法是将理想条件下计算得到的平均固结度乘以 0.80～0.95 的折减系数。

3. 关于砂料的阻力

砂井中砂料对渗流也有阻力，产生水头损失。当井径比为 7～15 时，井的有效影响直径小于砂井深度时，阻力影响很小。

9.3 施工方法

预压法的施工顺序为先在预压区地面铺设排水砂垫层，然后打入竖向排水体，包括砂井、袋装砂井和塑料排水带，最后施加荷载。具体要求如下。

9.3.1 排水砂垫层的施工

预压处理地基必须在地表铺设排水砂垫层，砂垫层厚度宜大于 0.5m，处于水下时宜大于 0.8m。砂垫层砂料宜用中、粗砂、含泥量宜小于 5%，砂料中可混有少量粒径小于 50mm 的砾石。砂垫层的干密度应大于 1.5t/m³，砂料的渗透系数不小于 10^{-3}cm/s，并能起到反滤作用。

在预压区内宜设置与砂垫层连接的排水盲沟，并把地基排出的水引出预压区。

根据原地基的情况，可采用机械分堆摊铺法和顺序推进摊铺法；当地基表面很软时，先在表面铺放土工网等土工合成材料后再摊铺砂垫层。

9.3.2 砂井的施工

砂井的砂料宜用中砂或粗砂，含泥量应小于 3%，砂井的灌砂量，应按井孔的体积和砂在中密时的干密度计算，其实际灌砂量不得小于计算值的 95%。为保证砂井连续、密实和均匀，采用套管法、水冲成孔法和螺旋钻成孔法将砂井打入土中。常用的为套管法，即将带有活瓣管尖或套有混凝土端靴的套管沉到预定深度，然后向管内灌砂，拔出套管，形成砂井。

9.3.3 塑料排水带的施工

塑料排水带应有良好的进水性和强度，塑料排水带插入土中较短时用小值，较长时用大值。整个排水带应反复对折 5 次不断裂才认为合格。

塑料排水带通过插带机插入土中，要求插带机械具有较低的接地压力，较高的稳定性，移动迅速，对位容易，插入快，对土的扰动小，使用方便，易于操作。插带机械可用挖掘机、起重机、打桩机改装，也可制作专用机械。按其类型一般可分为：门架式、步履式、履带式、插带船。为使塑料带能顺利打入，需在套管端部配上混凝土制成的管尖，或用薄金属板或塑料制成的管靴。

塑料排水带施工时（图 9-2），平面井距偏差应不大于井径，垂直度偏差宜小于 1.5%，拔管后带上的长度不宜超过 500mm。塑料排水带放入孔内应高出砂垫层 100mm。塑料带接长时，应采用滤膜内芯板平搭接的连接方式，搭接长度宜大于 200mm。

图 9-2 塑料排水带施工

9.3.4 袋装砂井的施工

该法将合适的砂料充填于直径为 70mm 的聚丙烯编织袋内［砂井实物可参图 9-3（a）］，可大大地减少用砂量，并保证了砂井的质量。对砂料的要求与砂井同。宜用干砂，井应灌注密实。所用的施工设备与施工时的要求与塑料排水带同，袋装砂井施工所用钢管内径宜略大于砂井直径，以减小施工过程中对地基土的扰动。施工顺序如图 9-3（b）所示。

（a）袋装矿井实物

①开始打入　②打入后将袋插入　③将砂装入袋内　④拔套管时　⑤打完砂井

（b）袋装砂井施工顺序

图 9-3　袋装砂井及施工顺序

9.3.5 加载的施工

根据工程的类型和要求，可分四类：①利用建筑物自重加压，该法可用于堤坝、油罐、房屋等；②加水预压，该法可用于油罐、水池等；③加荷预压，一般用石料、砂、砖等散料作为荷载材料，大面积施工时通常用自卸汽车与推土机联合作业；④真空预压。前三类统称堆载预压法。

9.3.5.1 堆载预压

对堆载预压工程，当荷载较大时，应严格控制堆载速率，防止地基发生剪切破坏或产生过大塑性变形。为此，在堆载放压过程中应每天进行沉降、边桩位移及孔隙水压力等项的观测，沉降每天控制在 10～15mm，边桩水平位移每天控制在 4～7mm，孔隙水压力系数 $u/p \leqslant 0.6$，再对其进行综合分析，以确定堆载速率。

9.3.5.2 真空预压

对真空预压工程，因土体是在等向固结压力下固结，土体内剪应力不变，不会剪切破坏，故真空度可一次抽至最大。整个施工流程如图 9-4 所示。

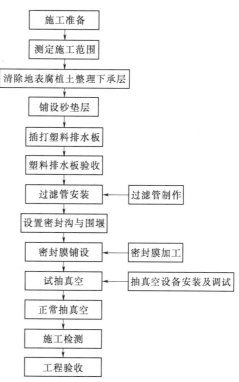

施工准备

测定施工范围

清除地表腐植土整理下承层

铺设砂垫层

插打塑料排水板

塑料排水板验收

过滤管安装　←　过滤管制作

设置密封沟与围堰

密封膜铺设　←　密封膜加工

试抽真空　←　抽真空设备安装及调试

正常抽真空

施工检测

工程验收

图 9-4　真空预压法施工流程图

真空预压时根据场地大小、形状及施工能力,将加固场地分成若干区,各区之间根据加固要求可搭接成有一定间距,每个加固区必须用整块密封薄膜覆盖。密封膜应采用抗老化性能好、韧性好、抗穿刺能力强的不透气材料。密封膜热合黏结时宜用两条膜的热合黏结缝平搭接。搭接宽度应大于 15mm。根据密封膜材料的厚度,可铺设二层或三层,覆盖膜周边可采用挖沟折铺、平铺并用黏土压边、围埝沟内覆水以及膜上全面覆水等方法进行密封。真空预压的抽气设备宜采用射流真空泵,空抽时必须达到 95kPa 以上的真空吸力,其数量应根据加固面积确定,每个加固场地至少应设置两台真空泵。真空管路的连接点应严格进行密封,为避免膜的真空度在停泵后很快降低,在真空管路中设置止回阀和闸阀。真空预压区在铺密封膜前,要认真清理平整砂垫层,拣除贝壳和带尖角石子,填平打设袋装砂井或塑料排水带时留下的孔洞。每层膜铺好后,要认真检查及时补洞。待其符合要求后,再铺下一层。真空-堆载联合加固时,先按真空加固的要求进行抽气,当真空度稳定后再将所需的堆载加上,并继续抽气,堆载时需在膜上铺放编织布等保护材料。当连续 5 天实测沉降速率≤2mm/d 时,可停止抽气。

9.4 质量检验

为使处理后的地基满足设计要求,必须把住质量检验关,为此需进行以下的检验:

(1) 对以稳定性控制的重要工程,应在预压区内选择有代表性地点预留孔位,在堆载不同阶段和真空预压法抽真空结束后,进行不同深度的十字板抗剪强度试验,静力触探和取土进行室内试验,其位置与数量应与加固前相对应,以验算地基的稳定性,并检验地基的加固效果。

对一般重要工程,应在预压结束后进行十字板抗剪强度实验,静力触探或钻孔取土进行室内试验。

十字板抗剪强度实验、静力触探和钻孔取土孔的数量应能说明工程情况,同时应满足每个加压区在每个阶段或某种时间不应少于两个的要求。

对真空预压法还应测量膜下真空度,真空度应满足设计要求。

(2) 在预压期间应及时整理沉降与时间、孔隙水压力与时间、位移与时间等关系曲线,推算地基的最终变形量、不同时间的固结度和相应的变形量,以分析处理效果,并确定卸载时间。

(3) 对有特殊要求的重要工程,应做现场载荷试验以检验预压加固工程。

思 考 题

1. 什么是预压? 预压的分类有哪些?
2. 预压的加固机理是什么?
3. 真空预压的施工步骤是什么?
4. 预压施工时都可以使用什么排水方式?

第 10 章 灌 浆

10.1 分类和定义

10.1.1 灌浆分类

按照流动浆液体与土体的相互作用方式，一般可将灌浆方法分为渗透灌浆、压密灌浆和劈裂灌浆三大类。在实际灌浆中，灌浆体往往是以多种运动方式作用于土体的，现场开挖试验证明，几乎找不到仅仅以某种单一运动方式加固土体的浆液凝固体。因此，所谓渗透灌浆、压密灌浆或劈裂灌浆都只不过是指在灌浆过程中，浆液或以渗透形式为主，或以压密型式为主，或以劈裂灌浆形式为主的灌浆型式。

10.1.2 灌浆定义

所谓灌浆就是用压送设备将具有充填和胶结性能的浆液材料注入地层中土颗粒的间隙、土层的界面和岩层的裂隙内，使其扩散、胶凝或固化，以增加地层强度，降低地层渗透性，防止地层变形和进行托换技术的地基处理技术。

10.1.2.1 渗透灌浆

所谓渗透灌浆是指在灌浆压力作用下，浆液克服各种阻力而渗入土体的孔隙和裂隙中，在灌浆过程中，地层结构不受扰动和破坏的灌浆型式。

10.1.2.2 压密灌浆

根据美国土木工程师协会灌浆委员会所讲的定义，压密灌浆就是浆液坍落度小于25mm 的灌浆。国内所谓的压密灌浆，与上述定义有较大差别，亦即浆液在土体上的流动特征，凡是能对土体产生压密效应的灌浆皆可称为压密灌浆。事实上，国内的压密灌浆浆液体多为速凝型浆液或水泥稠浆。一般而言，压密灌浆固结体在土体中呈似球体和块体状分布。理想的压密浆液体如图 10-1 所示。

10.1.2.3 劈裂灌浆

浆液由灌浆泵加压后，通过联管进入灌浆管内，再通过灌浆管聚集在灌浆孔口附近的地层中，当压力大到一定程度时（启裂压力值），加压就沿地层的结构面而产生初始劈裂流动，此时，由于泵的供浆量小于该时的吃浆量，因此压力自动降落到供浆量与吃浆量平衡。续后的灌浆使裂缝不断向外伸展，浆液在土层中形

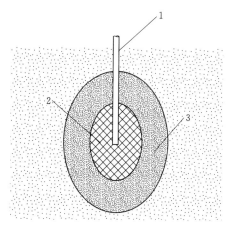

图 10-1 压密灌浆
1—注浆管；2—球状浆泡；3—压密带

成条、脉、片状固结体，从而达到增加地层强度，降低地层渗透性的目的。

10.2　概念演变和灌浆工艺

10.2.1　概念演变

在 19 世纪灌浆技术发展初期，人们用黏土、石灰和水泥等悬浮型材料，对土层进行脉状灌浆。从 20 世纪初开始，人们为了谋求灌浆材料能充分将土颗粒黏合并不扰动土体颗粒结构，产生了渗透灌浆的概念。毫无疑问，具有黏合效果的灌浆材料如果能够全部充填土颗粒间的孔隙，并能不扰动土体颗粒结构，则是理想的情况。该时期的灌浆工程师基于"渗透"的概念，致力于寻找能渗入细颗粒土体的溶液型灌浆材料。20 世纪 50 年代发明了诸如 AM9 的能渗入到渗透系数只有 10^{-6} cm/s 数量级土层中的灌浆材料。尽管如此，对于渗透系数小于 10^{-5} cm/s 数量级的黏土，渗透灌浆还是不可能。为了能将灌浆技术应用于黏土地层，灌浆工程师提出了这样一个问题，即使浆液体对原状土体有一些扰动，其加固效应是否仍然远远大于扰动的副作用，使得灌浆加固仍然能达到预期的目的，答案是肯定的。正是如此，才产生了压密灌浆和劈裂灌浆（图 10 - 2）。压密灌浆和劈裂灌浆的出现，不仅使得灌浆技术能用于黏土地层，而且也使一些价格便宜的悬浮型材料，如水泥和粉煤灰等再一次运用到灌浆技术中，实现了一次螺旋式的进步，即从悬浮型到溶液型，再到悬浮型的进步。

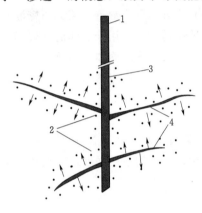

图 10 - 2　劈裂灌浆示意图
1—浆液；2—渗透的浆液；3—灌浆孔；
4—灌浆劈裂面

10.2.2　灌浆工艺

10.2.2.1　单管灌浆

（1）单管灌浆法施工的场地事先应予平整，并沿钻孔位置开挖沟槽与集水坑，以保持场地的整洁干燥。

（2）单管灌浆工程系隐藏工程，对其施工情况必须如实和准确的记录，尚应对资料及时进行整理分析，以便于指导工程的顺利进行，并为验收工作做好准备。记录的内容如下：

1）钻孔记录。

2）灌浆记录。

3）浆液试块测试报告。

4）浆液性能现场测试报告。

（3）单管灌浆法施工可按下列步骤进行：

1）钻机与灌浆设备就位。

2）钻孔。

3）插入灌浆花管进行灌浆。

4）灌浆完毕后，应用清水冲洗花管中的残留浆液，以利于下次再行重复灌浆。

（4）灌浆孔的钻孔宜用旋转式机械，孔径一般为 70～110mm。垂直偏差应小于 1%，灌浆孔有设计角度时应预先调节钻杆角度，此时机械必须用足够的锚栓等特别牢固的固定。

（5）灌浆开始前应充分做好准备工作，包括机械器具、仪表、管路、灌浆材料、水和电等的检查及必要的试验，灌浆一经开始即应连续进行，力求避免中断。

（6）灌浆的流量一般为 7～10L/s，对充填型灌浆，流量可适当加快，但也不宜大于 20L/s。

（7）灌浆用水应是可饮用的河水、井水及其他清洁水，不宜采用 pH 值小于 4 的酸性水和工业废水。

（8）灌浆所用的水泥宜采用普通硅酸盐水泥，一般不得超过出厂日期三个月，受潮结块者不得使用，水泥的各项技术指标应符合现行国家标准，并应附有出厂试验单。不宜采用矿渣硅酸盐水泥（简称矿渣水泥）或火山灰质硅酸盐水泥（简称火山灰水泥）进行灌浆。

（9）在满足强度要求的前提下，可用磨细粉煤灰和粗灰部分替代水泥，掺入量应通过试验确定。

（10）灌浆使用的原材料及制成的浆体应符合下列要求：

1）制成浆体应能在适宜的时间内凝聚成具有一定强度的结石，其本身的防渗性和耐久性应能满足设计要求。

2）浆体在硬结时其体积不应有较大的收缩。

3）所制成的浆体短时间内不应发生离析现象。

（11）为了改善浆液性能，应在浆液拌制时加入如下外加剂：

1）加速浆体凝固的水玻璃，其模数应为 3.0～3.3，当为 3.0 时，密度应大于 1.41g/cm^3。不溶于水的杂质含量应不超过 2%，水玻璃掺量应通过试验确定。

2）提高浆液扩散能力和可泵性的表面活性剂（或减水剂），其掺量为水泥用量的 0.3%～0.5%。

3）提高浆液均匀性和稳定性，防止固体颗粒离析和沉淀而掺加的膨润土，其掺加量不宜大于水泥用量的 5%。

（12）浆体必须经过高速搅拌机搅拌均匀后，才能开始压住，并应在灌浆过程中不停顿的缓慢搅拌，浆体在泵送前应经过筛网过滤。

（13）在冬季，当日平均温度低于 5℃或最低温度低于 -3℃的条件下灌浆时，应在施工现场采取适当措施，以保证不使浆体冻结。

（14）在夏季炎热条件下灌浆时，用水温度不得超过 30～35℃，并应避免将盛浆桶和灌浆管路在灌浆体静止状态下暴露于阳光下，以免浆体凝固。

10.2.2.2　套管灌浆

（1）套管灌浆法施工的场地事先应予平整，并沿钻孔位置开挖沟槽与集水坑，以保持场地的整洁干燥。

（2）套管灌浆工程系隐蔽工程，对其施工情况必须如实、准确的记录，并对资料及时进行整理分析，以便于指导工程的顺利进行，并为验收工作做好准备。

记录的内容有：①钻孔记录；②灌浆记录；③浆液试块测试报告；④浆液性能现场测试报告。

（3）套管灌浆法施工可按下列步骤进行。

①钻机与灌浆设备就位；②钻孔；③当钻孔到设计深度后，从钻杆内灌入封闭泥浆；④插入塑料单向阀管到设计深度，当灌浆孔较深时，阀管中应加入水，以减少阀管插入土层时的弯曲；⑤在封闭泥浆凝固后，在塑料阀管中插入双向密封灌浆芯管再进行灌浆；⑥灌浆完毕后，应用清水冲洗塑料阀管中的残留浆液，以利于下次再行重复灌浆。对于不宜用清水冲洗的场地，可考虑用纯水玻璃浆或陶土浆灌满阀管内。

（4）灌浆孔的钻孔宜用旋转式机械，孔径一般为 70～110mm，垂直偏差应小于 1%，灌浆孔有设计角度时应预先调节钻杆角度，此时机械必须用足够的锚栓等特别牢固的固定。

（5）为了保证浆液分层效果，当钻到设计深度后，必须通过钻杆注入封闭泥浆，直到孔口溢出泥浆方可提杆，当提杆至中间深度时，应再次注入封闭泥浆，最后完全提出钻杆。

（6）封闭泥浆的 7 天无侧限抗压强度宜为 $q=0.3～0.5MPa$，浆液黏度 $80''～90''$。

（7）塑料单向阀管每一节均应检查，要求管口平整无收缩，内壁光滑。事先将每六节塑料阀管对接成 2m 长度做备用。准备插入钻孔时应再复查一遍，必须旋紧每一节螺纹。

（8）灌浆芯管的聚氨酯密封圈使用前要进行检查，应无残缺和大量气泡现象。上部密封圈裙边向下，下部密封圈裙边向上，且都抹上黄油。所有灌浆管接头螺纹均应保持有充分的油脂，这样既可保证丝牙寿命，又可避免浆液凝固在丝牙上，造成拆卸困难。

（9）灌浆开始前应充分做好准备工作，包括机械器具、仪表、管路、灌浆材料、水和电等的检查及必要的试验，灌浆一经开始即应连续进行，力求避免中断。

（10）灌浆的流量一般为 7～10L/s，对充填型灌浆，流量可适当加快，但也不宜大于 20L/s。

（11）灌浆用水应是可以用的河水、井水及其他清洁水，不宜采用 pH 值小于 4 的酸性水和工业废水。

（12）灌浆所用的水泥宜采用普通硅酸盐水泥，一般不得超过出厂日期 3 个月，受潮结块者不得使用，水泥的各项技术指标应符合现行国家标准，并应附有出厂试验单。不宜采用矿渣硅酸盐水泥（简称矿渣水泥）和火山灰质硅酸盐水泥（简称火山灰水泥）进行灌浆。

（13）在满足强度要求的前提下，可用磨细粉煤灰或粗灰部分替代水泥，掺入量应通过试验确定。

（14）灌浆使用的原材料及制成的浆体应符合下列要求：

1）制成浆体应能在适宜的时间内凝固成具有一定强度的结石，其本身的防渗性和耐久性应能满足设计要求。

2）浆体在硬结时其体积不应有较大的收缩。

3）所制成的浆体短时间内不应发生离析现象。

（15）为了改善浆液性能，应在浆液拌制时加入如下外加剂：

1）加速浆体凝固的水玻璃，其模数应为 3.0～3.3，当为 3.0 时，密度应大于 1.41 g/cm^3。不溶于水的杂质含量应不超过 2%，水玻璃掺量应通过试验确定。

2）提高浆液扩散能力和可泵性的表面活性剂（或减水剂），其掺量为水泥用量的 0.3%～0.5%。

3）提高浆液均匀性和稳定性，防止固体颗粒离析和沉淀而掺加的膨润土，其掺加量不宜大于水泥用量的 5%。

（16）浆体必须经过高速搅拌机搅拌均匀后，才能开始压住，并应在灌浆过程中不停顿的缓慢搅拌，浆体在泵送前应经过筛网过滤。

（17）在冬季，当日平均温度低于 5℃ 或最低温度低于 -3℃ 的条件下灌浆时，应在施工现场采取适当措施，以保证不使浆体冻结。

（18）在夏季炎热条件下灌浆时，用水温度不得超过 30～35℃，并应避免将盛浆桶和灌浆管路在灌浆体静止状态下暴露于阳光下，以免浆体凝固。

10.2.2.3 布袋灌浆

1. 一般规定

（1）布袋灌浆应本着精心设计、精心施工的原则，根据工程地质资料制订切实可行、行之有效的技术方案及施工组织设计，以确保工程质量及地下工程与邻近建筑物的安全使用。

（2）布袋灌浆可作为地下工程基坑围护结构中防水挡土处理工艺中的辅助方法，也可用于地下工程堵漏的场合；在地下土体漏洞较大的情况下显得尤为有效，试验研究表明，布袋灌浆也可作为承载桩。

（3）布袋灌浆不论是作为地下工程基础处理的辅助工艺或独立工业，都必须具备下列条件方能施工：

1）施工区域的工程地质及水文地质资料，包括地质勘查报告及平、剖面图。

2）施工区域及其影响范围内的各类地下管线布置图。

3）施工技术方案及施工组织设计，钻孔平面布置图和剖面图。

（4）开钻前期准备工作：

1）施工场地必须做到三通一平。

2）必须对钻孔布置点进行复核，确定钻孔位置和底部无地下管线后方能开钻。

3）现场必须设有泥浆排放沟槽及必要的临时设施。

4）开钻前应将布袋灌浆的必用材料置于现场准备齐全，以利成孔后即投放孔内。

2. 材料准备

（1）根据设计孔深，配备一定量的塑料单向管和阀头。

（2）根据单孔深度配备大于塑料单向管的尼龙纤维袋（需乘以孔数）。

（3）尼龙纤维袋一般选用 ϕ300mm 卷筒型，尼龙袋应密集、紧凑，无明显漏洞，以保证注入的浆液能膨胀尼龙袋。

（4）选用牛筋或细铅丝作为绑扎尼龙纤维袋的扎绳。

（5）灌浆用的水泥各项测试技术指标应符合现行国家标准，并附有质量保证书及出场验收报告单。

（6）灌浆用水泥应保持新鲜，受潮结块、颗粒大约 0.5mm 者不得使用。

（7）对水泥品种不明，无出厂日期及质保书者不得使用。

（8）水泥出厂期超过三个月，使用前应进行各项技术指标的复查试验，达到国标后方可使用。

（9）磨细粉煤灰是布袋灌浆体的主要材料，与水泥配比量应根据工程技术方案而定。

（10）磨细粉煤灰受潮，结块后颗粒大于 5mm 以上者不宜使用。

（11）为保证浆液的均匀性和稳定性，防止浆体过早分离及沉淀，应在拌浆时加入适量膨润土，其加入量一般不宜大于主料（即水泥＋粉煤灰）的 5％。

（12）为加速浆液在布袋内的凝固，应在拌浆时加入适量 KA－1，其模数应为 2.5～3.0，加入量应由小样试验确定。

（13）主料与外加剂的配比是保证浆液质量的关键，拌浆操作人员应严格按配方配料，发现失误，应立即采取措施。

（14）浆液应经过充分搅拌经筛网过滤后，并且必须在不断搅拌中予以灌浆。

（15）灌浆用水应是可饮用的河水、井水及其他清洁水，不应采用含有油脂、糖类、酸性大的沼泽水、海水和工业生活废水。

3. 钻孔施工

（1）根据施工组组织设计对所要施工的钻孔位置进行放样，并予以复合、定位。

（2）对施工钻孔应统一编号，并熟悉施工顺序，以免发生混乱及重复。

（3）施工中由于不属于人为造成的原因需要移动设计孔位时，必须征得现场设计人员的同意和认可后方能实施。

（4）钻孔一般采用旋转式钻机，开孔直径一般选用 110mm，以利于塑料灌浆管及布袋顺利送入孔内。

（5）开钻前必须用水准尺校平，保证机身水平，钻孔垂直偏差应小于 1％。

（6）钻进时应保持中速，遇硬层时应减速慢慢钻，以防卡钻。

（7）钻进时一般用清水循环，但遇易塌方地层时，应改用泥浆循环，以保证成孔。

（8）为保证成孔后的孔壁，必须在成孔后灌入护壁泥浆，护壁泥浆灌入量应以溢至孔口为标准。

（9）钻孔必须严格按照操作规程进行，并遵循施工组织设计的要求进行。

（10）将塑料灌浆管放入尼龙布袋内，管底用闷头旋紧，尼龙纤维袋应自底部上翻 30cm，用铅丝扎紧三道，以免泄浆，同时每隔 50cm 扎一道牛筋或细铅丝，以保证布袋顺利进入孔内。为防止窜浆，上口也必须绑扎二道以上铅丝，直接扎紧于塑料灌浆管上后方可灌浆。

4. 灌浆施工

（1）灌浆前，应全面检查灌浆设备与材料，包括灌浆泵、拌浆储浆、高压灌浆管、压力表、水、电及其他机械零件，并用清水试泵。

（2）正式灌浆后切忌随意中断，力求连续作业，以保证成桩质量。

（3）插入灌浆芯管应检查密封圈是否符合要求，发现过大或过小应及时更换，以保证浆液体能按要求进入布袋。

（4）灌浆压力一般为 0.3～0.5MPa，一旦超过设计压力，应及时上拔灌浆芯管。

（5）灌浆时应严格将灌浆流量控制在 10～12L/min，切忌过大。

（6）布袋灌浆浆液一般为水泥-粉煤灰浆液，其配方，可由水、膨润土、粉煤灰水泥、KA-1、KA-2 等组成。

（7）浆液基本性能应达到如下标准：

1）黏度为 $30''$～$35''$。

2）相对密度为 1.4～1.5。

3）析水率＜3％。

4）浆液单轴抗压强度为 2.4～2.84MPa。

（8）在气温较高时进行灌浆施工，应少放 KA-1，具体用量必须征得现场技术负责人同意。

（9）布袋在向外膨胀过程中形成桩体，故灌浆可紧跟钻孔依次进行，亦可根据地下土体流失情况做必要的调整。

（10）灌浆灌浆应遵循自下而上、逐节压浆的原则。提管高度一般为每节塑料灌浆管高度（即 33.3cm）。拆卸灌浆管前应打开回流阀，以释放管内压力。

5. 施工监控及质量检查

（1）钻孔应达到设计深度，其误差一般小于 100mm，可根据灌浆塑料管投放节数判断孔深。

（2）尼龙纤维的绑扎方法应以上下二头不泄露浆液，并使中间成葫芦状为佳。

（3）每孔压入 CB 浆液应为 $0.07m^3/m$×孔深。

（4）认真记录钻孔及灌浆情况，并及时予以统计。

（5）每班对现拌浆液必须有三次以上随机抽样，并交有关试验部门测试各项指标。

（6）固结的布袋灌浆体应以塑料灌浆管为轴心，形成圆筒和葫芦状桩体。

（7）抽水试验测定桩体两侧的水位变化及土的渗透系数。

（8）原始记录应做到全面、准确、及时、如实地反映实际情况。

10.2.2.4 埋管灌浆

1. 一般说明

（1）埋管灌浆法是指利用灌浆泵，通过埋设密封管和特制灌浆芯管，将浆液注入地层，以达到地基加固的目的。

（2）埋管灌浆法除具备分层灌浆法所特有的技术特点外，还具有以下特点：

1）能在地面建筑物和地下挡土结构施工的同时及竣工以后，控制受其影响的各类建筑物和挡土结构本身的沉降。

2）预埋管跟踪灌浆技术，能进行快速基础托换。亦可在既有建筑物基础附近因开挖基坑工程而威胁到既有建筑物的安全时，对其进行灌浆处理，减少既有建筑物所受的影响。

3）埋管灌浆通常用于地下连续墙和钻孔灌注桩形式的挡土结构墙趾加固中。

4）施工见效快，具体表现在沉降尚未稳定的建筑物，一经埋管灌浆处理，建筑物会立刻产生回升效果。

2. 施工准备

(1) 埋管灌浆法实施前，需对实施对象进行搜集资料和技术设计。其内容包括：

1) 搜集被实施该法的建筑物所处地区的地质资料。

2) 调查被实施该法的建筑物周围环境以及地下埋设物结构和位置。

3) 根据施工要求，进行室内浆液配方试验，确定配比。

4) 根据灌浆范围，确定灌浆压力，计算加固后的土性指标和浆液扩散半径。

5) 对建筑物纠偏施工，还需进行力学机理的分析和受力计算。

6) 为了提高浆液的早期强度，减少加固过程中的附加下沉，在进行建筑物的上抬施工时，应采用双液管灌浆。

(2) 每次灌浆前，需对浆液进行现场测试，随时掌握浆液质量。双液灌浆中所用到的水玻璃材料，需适当调整浓度，必要时浆液中可掺入适量黄沙，掺入量应不大于水泥用量的三倍为宜。浆液配置顺序为：水—膨润土—粉煤灰—水泥。

(3) 地面建筑的基础底板灌浆顺序为：首先，沿底板外圈灌浆形成帷幕，然后，由两边向中间对称灌浆。

3. 工艺流程

(1) 密封管埋设如下：

1) 钻孔埋管过程：

a. 首先利用钻机在设计孔位钻孔，此时钻头直径为密封管外径的 1.5～1.8 倍。在钻穿钢筋混凝土基础底板或钢筋混凝土衬砌前，退出钻头。安装密封管套管时，应在钢筋混凝土基础底板或钢筋混凝土衬砌与密封管套管间隙中灌入"特速硬水泥"，以密实缝隙。

b. 待密封管套管安装完毕后，改用同钻杆等直径的小钻头，打穿钢筋混凝土底板或钢筋混凝土衬砌。随后，退出钻头，并拧上闷盖，待灌浆时再开盖使用。

2) 预埋密封管。如果在各类地面或地下建筑物施工以前已设计采用埋管灌浆工法，则可考虑将密封管作为预埋件，直接浇筑在钢筋混凝土中，并应注意下列事宜：

a. 密封管套管上应设有丙纶薄膜。

b. 密封管闷盖前需设置泡沫板，可方便以后使用。

(2) 埋管灌浆的顺序如下：

1) 卸下闷盖，进行灌浆管和双功能灌浆头安装就位。

2) 在密封管内绕上盘根，装上衬套，并拧上密封管压盖。

3) 利用钻机将灌浆管压至设计极限深度，然后，根据需要可由下向上或由外向内进行分层灌浆，也可根据要求进行固定点压密灌浆。

4) 正式灌浆前，应按配方要求用高速拌浆机拌和浆液，并送入灌浆筒，待浆液贮满后方可开始灌浆。

5) 灌浆时，首先启动液压灌浆泵，即刻浆液便从泵中压出，经过流量仪进入灌浆管，最后，由双功能灌浆头注入被加固土体。

6) 灌浆结束前，应在孔内注入少量膨润土，并用清水冲洗灌浆管和双功能灌浆头中残留浆液，以便今后反复灌浆。

（3）埋管灌浆的机具设备如下：

1）密封管装置。密封管是埋管灌浆法中的一个重要装置，它包括套管、衬套、压盖、闷盖等零件。其作用是防止灌浆时冒浆和钻孔时喷水、泛砂等情况的发生。另外，对钻孔定位也起到一定的导向作用。

2）灌浆头。灌浆头由钻头、输浆管和反束节等组成，它担负着土层中钻孔和灌浆的双重作用。使用时，插入端头，待灌浆端头到达设计深度后，将灌浆管向内倒拔 50cm，端头便自动脱落。

（4）埋管灌浆的泵送搅拌系统完全同分层灌浆技术。埋管灌浆的质量检测按以下要求进行。

施工过程中的质量标准：

1）钻孔垂直偏差：小于 1%。

2）灌浆流量：8～15L/min。

3）浆液相对密度：大于 1.5。

4）浆液黏度：大于 40″。

10.2.2.5　其他灌浆形式

这里所指的其他灌浆形式主要指的是工程中常用的一些灌浆形式，包括如下几种：

（1）接缝灌浆：封堵堵头较长时，采用分段浇筑混凝土，后期对段与段之间的混凝土接缝面进行接缝灌浆，例如坝体纵缝之间的灌浆。

（2）回填灌浆：在混凝土衬砌的背面或回填混凝土周边，对混凝土浇筑未能浇实而留有空隙的部位的灌浆，隧洞顶回填灌浆在衬砌混凝土达到 70% 设计强度后进行。

（3）帷幕灌浆：用于在坝基和地下厂房的上游面建立防渗帷幕。

（4）固结灌浆：为改善节理裂隙发育或有破碎带的岩石的物理力学性能而进行的灌浆工程。其主要作用是：①提高岩石的整体性与均质性；②提高岩石的抗压强度与弹性模量；③减少岩石的变形与不均匀沉陷。

10.3　勘察和设计

10.3.1　勘察

（1）灌浆法适用于加固砂土、淤泥质黏土、粉质黏土、黏土和一般填土层。

（2）灌浆法具有防渗堵漏、提高地基土强度和变形模量的作用。

（3）工程地质勘查应查明加固土层的分布范围，含水量和孔隙率等土体的物理力学性质指标。

（4）对重要工程，灌浆设计前必须进行室内配比试验。针对工程要求和现场的基础土的性质，选择合适的配比，以满足地基加固的特殊要求。

10.3.2　设计

10.3.2.1　方案设计

在决定采用灌浆法对地基进行加固前，必须对各种地基处理方案进行评选，以确保所选择的方案是最优的选择。选择合理的地基处理方案是一项系统工程，必须综合考虑土质状况、施工条件、环保影响、设计方法、费用和工期等因素。本文所介绍的评分优化法为岩土工程师在选择方案时，提供了一个有效的工具。

10.3.2.2 工艺设计

（1）灌浆工艺设计前必须调查研究，工艺设计应包括下述内容：

1）灌浆有效范围。

2）灌浆材料的选择（包括外掺剂）。

3）凝胶时间。

4）灌浆量。

5）灌浆压力。

6）灌浆孔布置。

7）灌浆顺序。

8）灌浆浆液流量。

（2）灌浆工艺和有效范围应根据工程的不同要求，必须充分满足防渗堵漏、提高土体强度和刚度、充填空隙等目的加以确定。灌浆点的覆盖土一般厚约 5m。

（3）选定浆液及其配比的设计，必须考虑灌浆目的、地质情况、地基土的孔隙大小、地下水的状态等，在满足所需目的范围内选定最佳配比。

（4）灌浆法处理软土的浆液材料，可选用以水泥为主剂的悬浊液，也可选用水泥和水玻璃的双液型混合液。化学浆液中的丙凝具有凝结时间短的特点，聚氨酯有吸水膨胀的特性，但价格昂贵，易污染环境，选用时应慎重考虑。

（5）用作挡土结构接缝防渗的灌浆孔应尽可能紧贴接缝，灌浆液应选用水玻璃和水玻璃与水泥的混合液，灌浆孔间距取决于接缝位置。堵漏灌浆宜采用柱状布袋灌浆或双液灌浆或凝胶时间短的速凝配方。

（6）用作提高土体强度和充填空隙的灌浆液可选用水泥为主剂的悬浊液，灌浆孔间距可按 1～2m 范围设计。

（7）胶凝时间必须根据地基条件和灌浆目的决定。在砂土地基灌浆中，一般使用的浆液胶凝时间为 2～3min；在含粉土的地基中，使用浆液胶凝时间为 5～6min；在黏土中劈裂灌浆时，浆液凝固时间一般为 1～2h。

（8）灌浆量受灌浆对象的地基土性质、浆液渗透性的影响，故必须在充分掌握地基条件的基础上才能决定。进行大量灌浆施工时，宜进行试验性灌浆以决定灌浆量。一般情况下，黏性土地基中的浆液充填率为 15%～20% 左右。

（9）在浆液灌浆的范围内应尽量减少灌浆压力，灌浆压力的选用应根据土层的性质和其埋深确定。在砂性土中的经验数值是 0.2～0.5MPa；在粉土中的经验数值一般要比砂土大；在软黏土中的经验数值 0.2～0.3MPa。灌浆压力因地基条件、环境影响、施工目的等不同而不能确定时，可参考类似条件下成功的工程实例来决定。

（10）灌浆孔的布置原则，应能使被加固土体在平面和深度范围内连成一个整体。

（11）灌浆顺序必须采用适合于地基条件、现场环境及灌浆目的的方法进行，一般不宜采用自灌浆地带一端开始单向推进压注方式的施工工艺，应隔孔灌浆，以防止窜浆，提高灌浆孔与时俱增的约束性。

（12）灌浆时应采用先外围、后内部的灌浆施工方式，以防止浆液流失。如灌浆范围外，有边界约束条件时，也可采用自内测开始顺次往外侧灌浆的方法。

10.4 质量检验

灌浆结束后 28 天方可进行灌浆效果检验，检验方法如下：

（1）统计计算灌浆量。

（2）利用静力触探测试加固前后土体力学指标的变化，用以了解加固效果。

（3）在现场进行抽水试验，测定加固土体的渗透系数。

（4）采用现场静载荷试验，测定加固土体的承载力和变形模量。

（5）采用钻孔弹性波试验，测定加固土体的动弹性模量和剪切模量。

（6）采用标准贯入试验或轻便触探等动力触探方法，测定加固土体的力学性能。

（7）进行室内试验。

（8）采用 γ 射线密度计法。

（9）试验电阻率法。

思 考 题

1. 什么是灌浆？

2. 灌浆的分类有哪些？

3. 灌浆的工艺分类有哪些？

4. 灌浆对材料的要求有哪些？

第11章 高压喷射灌浆

高压喷射灌浆（Jet Grouting）。20世纪60年代末出现在日本，20世纪70年代以来在我国的岩土工程领域得到了应用与发展，高压喷射灌浆法是在有百余年历史的灌浆法的基础上发展，引入高压水射流技术，所产生的一种新型灌浆法。它具有加固体强度高、加固质量均匀、加固体形状可控的特点，已成为被国内工程界普遍接受的多用、高效的地基处理方法。

高压旋喷灌浆法适用于处理淤泥、淤泥质黏土、黏性土、粉土、黄土、砂土、人工填土和碎石土等地基。当土中含有较多的大颗粒块石、坚硬黏性土、大量植物根茎或有过多的有机质时，应根据现场试验结果确定其适用程度。

高压喷射灌浆法可用于既有建筑和新建建筑的地基处理，也可用于截水、防渗、抗液化和土锚固定等高压喷射法的加固体，可用作挡土结构、基坑底部加固、护坡结构、隧道棚拱、抗渗帷幕、桩基础、地下水库结构、竖井斜井等地下围护和基础。高压喷射灌浆法的应用领域广泛，铁道、煤炭、采矿、冶金、水利、市政建设等部门都有旋喷法的应用。

高压喷射灌浆，先利用钻机把带有喷嘴的灌浆管，钻入土层的预定位置，然后将浆液或水以高压流的形式从喷嘴里射出，冲击破坏土体，高压流切割搅碎的土层呈颗粒状分散，一部分被浆液和水带出钻孔，另一部分则与浆液搅拌混合，随着浆液的凝固，组成具有一定强度和抗渗能力的固结体，固结体的形状取决于喷射流的方向。当喷射流以360°回转，且喷射流由下而上地提升时，固结体的截面形状为圆形，称为旋喷；而当喷射流的方向固定不变时，固结体的形状如板状或壁状，称为定喷（图11-1）。当喷射流在一定的角度范围内来回摆动时，就会形成扇形或楔形的固结体，称为摆喷。定喷和摆喷两种方法通常用于建造帷幕状抗渗固结体，而旋喷形成的圆柱状固结体，多用作垂直承载或加固复合地基。

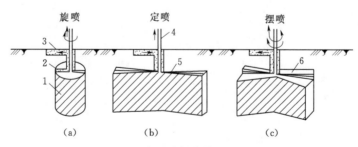

图11-1 高压喷射灌浆的三种形式

1—桩；2—射流；3—冒浆；4—喷射灌浆；5—板；6—墙

11.1 高压喷射流

高压喷射流是指从直径很小的孔（喷嘴）中喷射出来的水流。喷射流的压力大时，水流将具有很大的威力。一般对密闭中的水加以压力 P_0，使水从小孔中喷出时，喷流速度 v 和 P 的关系可用下式表示：

$$P=\frac{1}{2}\rho v^2 \qquad v=\sqrt{\frac{2P}{\rho}} \tag{11-1}$$

出口的压力为 p_0，喷嘴流速系数 φ 可用于描述喷口的压力损失。

$$\varphi^2=\frac{p_0}{p}$$

在高压高速的条件下，喷射流具有很大的功率，即在单位时间内从喷嘴中喷出的喷射流，具有很大的能量。喷射流的功率可用下式表示：

$$N=pQ=3p^{\frac{3}{2}}d_0^2\times10^{-9} \tag{11-2}$$

式中　　Q——流量，$\mathrm{m^3/s}$；

$\quad\quad\quad N$——喷射流的功率，kW；

$\quad\quad\quad d_0$——喷嘴直径，cm；

$\quad\quad\quad p$——泵压力，Pa。

由于高压喷射流的压力衰减很快，即使喷射压力很高也不能达到高效率地破坏土体的目的。然而当在高压喷射流外部喷射高速、高压气流后，有效喷射距离则明显增加。因此根据不同工程的使用要求，高压喷射灌浆一般有如下几种形式。

单管喷射流（图 11-2）——利用钻机等设备，把安装在灌浆管底部侧面的特殊喷嘴，置入土层预定的深度，用高压泥浆泵以大于 25MPa 的压力，把浆液从喷嘴射出，破坏土体并使浆液和土搅拌混合。喷浆管不断旋转提升，在土中形成柱状固结体。简称为 CCP 工法（Chamical Churning Pile）。

二重管喷射流（图 11-3）——在高压浆液喷射流的外部，环绕压缩空气喷射流，复

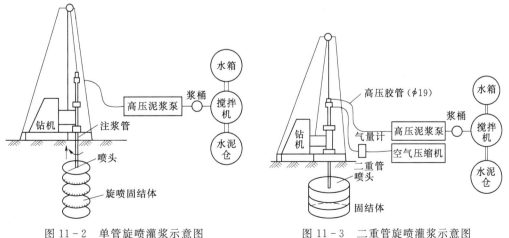

图 11-2　单管旋喷灌浆示意图　　　　图 11-3　二重管旋喷灌浆示意图

合式高压喷射，可使破坏土体的能量增大，固结体直径增加。简称为 JSG 工法（Jumbo Special Pile）。

三重管喷射流（图 11-4）——由高压水和外部环绕的压缩空气、一定压力的浆液组成喷射流，破坏土体的能量较上两者都大。简称为 CJP 工法（Column Jet Pile）。

在二重和三重管喷射中，高压水射流和水、气同轴喷射的特点如下。

1. 高压喷射流

高压喷射流的构造可用图 11-5 来表示。喷射流根据喷嘴的距离不同可分为三个区域：初期区、主要区和终期区。初期区包括射流核和迁移区，初期区仍能保持喷嘴出口压力，不含空气，透明且致密。迁移区内的动压有所减低，扩散范围有所增加，水射流开始分离并从周围导入空气。初期区的长度可用于判断土的切割和破碎的情况，这是喷射流的一个重要参数。主要区内的压力迅速减弱，喷射速度进一步降低，在土中喷射时喷射流与土在本区域内搅拌混合。终期区内的喷射流处于能量衰竭状态，喷射流宽度大，雾化度高，水滴呈雾状，与空气混合在一起。

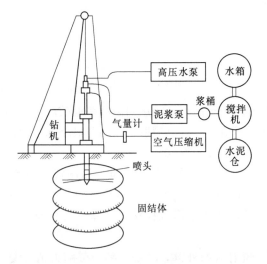

图 11-4　三重管旋喷灌浆示意图

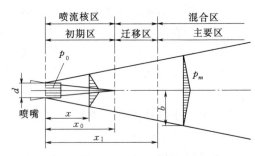

图 11-5　高压喷射流构造

2. 水、气同轴喷射流

水、气同轴喷射流分为初期区、迁移区和主要区三个部分。

在初期区内高压水射流的速度保持喷嘴出口的速度，但由于喷射水和空气相冲撞以及喷嘴内部表面不够光滑，致使从喷嘴喷射出的水流比较紊乱，再加上空气和水流的相互作用，在高压喷射水流中形成气泡，喷射流受到干扰，在初期区的末端，气泡与水喷流的宽度一样。

在迁移区内，高压水喷射流开始与空气混合，出现较多的气泡。

在主要区内，高压水喷射流开始衰减，内部含有大量气泡，气泡逐渐分裂破坏后成为不连续的细水滴，同轴喷射流的宽度迅速扩大。

在水气同轴喷射中，空气喷射流帷幕的作用是保护水射流，使其衰减的速度得到有效的减缓。实践证明空气流的速度和流量越大，水射流的喷射长度就越长。

11.2 旋喷加固机理

11.2.1 高压喷水破坏土体

高压喷射破坏土体的机理可以主要归纳为以下几类：

（1）流动压——高压喷射流冲击土体时，由于能量高度集中地作用于一个很小的区域，这个区域内的土体结构受到很大的压力作用，当这些外力超过土的临界破坏压力时，土体便发生破坏。破坏力与流量和流速的积成正比，或和流速的平方、喷嘴的面积成正比。压力越大、流量越大则破坏力也越大。

（2）喷射流的脉动负荷——当喷射流不停地脉冲式冲击土体时，土粒表面受到脉动负荷的影响，逐渐积累起残余变形，使土粒失去平衡而发生破坏。

（3）水块的冲击力——由于喷射流继续锤击土体产生冲击力，促进破坏的进一步发展。

（4）空穴现象——当土体没有被射出孔洞时，喷射流冲击土体以冲击面的大气压为基础，产生压力变动，在压力差大的部位产生空洞，呈现出类似空穴的现象，在冲击面上的土体被气泡的破坏力所腐蚀，使冲击面破坏。此外，空穴中由于喷射流的激烈紊流，也会把较软的土体掏空，造成空穴破坏，使更多的土粒发生破坏。

（5）水楔效应——当喷射流充满土层，由于喷射流的反作用力，产生水楔，楔入土体裂隙或薄弱部分，这时喷射流的动压变为静压，使土体发生剥落裂隙加宽。

（6）挤压力——喷射流在终期区域能量衰减很大，不能直接破坏土体，但能对有效射程的边界土产生挤压力，对四周土有压密作用，并使部分浆液进入土粒之间的空隙里，使固结体与四周土紧密相依，不产生脱离现象。

（7）气流搅动——空气流具有将已被水或浆液的高压喷射流破坏了的土体，从土的表面迅速吹散的作用，使喷射流的作用得以保持，能量消耗得以减少，因而增大了高压喷射流的破坏能力。单管喷射灌浆使浆液作为喷射流；二重管喷射灌浆也使浆液作为喷射流，但在其四周又包裹了一层空气，成为复合喷射流；三重管以水气为复合喷射流并灌浆填空；三者使用的浆液都随时间凝固硬化。其加固的范围就是喷射距离加上渗透部分或挤压部分。加固过程中一部分细小的土颗粒被浆液所置换，随着浆液被带到地面上（即冒浆），其余的土粒与浆液混合。在喷射动压、离心力和重力的作用下，在横断面上按土粒质量的大小，有规律的排列起来，小颗粒在中部居多，大颗粒在外侧或边缘部分，形成了浆液主体、搅拌混合、压缩和渗透等部分，经过一定时间便凝固成强度较高、渗透系数较小的固结体。通常中心部分强度低，边缘部分强度高。

对大砾石和腐殖土的旋喷固结机理有别于砂土和黏土。在大砾石中，喷射流因砾石的体大量重，不能将其切削和使其重新排列，喷射流只能通过空隙，使空隙被浆液充填。由于喷射压力可使浆液向四周挤压，其加固的机理类似于渗透灌浆。对于腐殖土层，旋喷固结体的形状和性质受植物纤维粗细长短、含水量及土颗粒多少的影响很大，对纤维细短的腐殖土旋喷时，和在黏土中的旋喷机理相同，而对于纤维粗长量多的腐殖土，由于纤维具有弹性，切削是困难的，但由于空隙多，喷射流仍能穿过纤维体，形成圆柱形固结体，只是纤维多而密的部分浆液少，固结体的均匀性较差。

11.2.2 水泥与土的固化机理

高压喷射所采用的硬化剂主要是水泥，并增添防止沉淀或加速凝固的外加剂。旋喷固结体是一种特殊的水泥——土网络结构，水泥土的水化反应要比纯水泥浆复杂得多。

由于水泥土是一种空间不均匀材料，在高压旋喷搅拌过程中，水泥和土被混合在一起，土颗粒间被水泥浆所填满。水泥水化后在土颗粒的周围形成了各种水化物的结晶。它们不断地生长，特别是钙矾石的针状结晶，很快地生长交织在一起，形成空间的网络结构，土体被分隔包围在这些水泥的骨架中，随着土体的不断被挤密，自由水也不断减少、消失，形成了一种特殊的水泥土骨架结构。

水泥的各种成分所生成的胶质膜逐渐发展连接为胶质体，即表现为水泥的初凝状态。随着水化过程的不断发展，凝胶体吸收水分并不断扩大，产生结晶体。结晶体与胶质体相互包围渗透，并达到一种稳定状态，这就是硬化的开始。水泥的水化过程是一个长久的过程，水化作用不断地深入到水泥的微粒中，直到水分完全被吸收，胶质凝固结晶充满为止。在这个过程中，固结体的强度将不断提高。

固结体抗冻和抗干湿循环，在一般 $-20℃$ 条件下，凝固后的固结体是稳定的，因此在冻结温度不低于 $-20℃$ 条件下，固结体可用于永久性工程。

11.3 加固土性状

1. 直径

旋喷加固体的直径与土的种类和密实程度有着密切的关系，表 11-1 为旋喷加固体直径的经验值。

表 11-1   旋 喷 加 固 体 直 径   单位：m

土类	土质	单重管	双重管	三重管
砂性土	$N<10$	1.2±0.2	1.6±0.3	2.2±0.3
	$10<N<20$	0.8±0.2	1.2±0.3	1.8±0.3
	$20<N<30$	0.6±0.2	0.8±0.3	1.2±0.3
黏性土	$N<10$	1.0±0.2	1.4±0.3	2.0±0.3
	$10<N<20$	0.8±0.2	1.2±0.3	1.6±0.3
	$20<N<30$	0.6±0.2	0.8±0.3	1.2±0.3
砾石	$20<N<30$	0.6±0.3	1.0±0.3	0.2±0.3

2. 固结体形状

在均质土中旋喷的圆柱体比较匀称。在非均质土或裂隙土中，圆柱体的表面可能长出翼片。由于旋喷的脉动和提升速度不均匀，固结体外表很粗糙。三重管旋喷的固结体受气流影响，在黏土中外表格外粗糙。固结体的形状可以通过喷射参数来加以控制。在深度大的土中如果不采用其他的措施，旋喷固结体可能出现上粗下细的形状。

3. 固结体密度

固结体内部的土粒少并含有一定量的气泡，所以固结体的重量较轻，和原状土的密度接近。黏性土固结体比原状土轻约10%；但砂类土固结体也可能比原状土重10%左右。

4. 固结体强度

固结体的强度决于土体的性质和旋喷的材料。软黏土的固结体强度成倍小于砂类土固结体强度。旋喷固结体的强度在横断面中心较低，外侧较高。与土交界的边缘处有一圈坚硬的外壳。

固结体的抗拉强度一般是抗压强度的1/10～1/5。

水泥浆中加速凝剂，快凝早强效果明显。固结体强度是不均匀的，不均匀性主要来自以下原因：结实土的干重量和水泥重量之比称为土灰比。首先是旋喷桩体不同部位的结石体内的土灰比不同，一般桩的顶部1～3m的范围内土灰比较大，可达2～3，向下土灰比趋于稳定，约为0.5～0.8。从桩中心到桩边缘，土灰比的值也是由大变小；施工方法、土层内的含水量均可影响到总水灰比值。水泥浆液的泌水沉降对水灰比影响很大，泌水会使桩顶部的水灰比大大高于桩下部；在冬季施工时，还可能存在因环境温度影响导致桩顶部的区域的温度较低，造成桩身强度的不均匀。

5. 旋喷浆液的凝结时间

影响制品浆液凝结时间的主要因素有：水泥品种、环境温度、水灰比及外加剂。不同种类水泥的凝结时间差别很大，它和水泥的化学组成有关，如高铝水泥和硫铝酸盐水泥是速凝性的，而矿渣水泥比一般的硅酸盐水泥凝结要慢，不同厂家生产的水泥凝结时间相差也很大。

6. 透气透水性

固结体的透气透水性差，其渗透系数可达10^{-6}～10^{-7}cm/s。

旋喷作业后所形成的凝结体性状如图11-6所示。

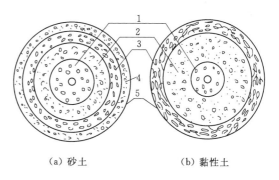

（a）砂土　　　　（b）黏性土

图11-6　旋喷固结体横断面示意图
1—浆液主体部分；2—搅拌混合部分；3—压缩部分；
4—渗透部分；5—硬壳

11.4　地质勘察

旋喷法加固方案设计前需进行以下的调查准备工作。

1. 工程地质勘探和土质调查

其中包括所在区域的工程地质概况，基岩形态、埋深和物理力学性质，各土层层面状态、土的种类和颗粒组成、化学成分、有机质和腐殖酸含量、天然含水量、液限、塑限、c值、φ值、N值、抗压强度、裂隙通道和洞穴情况等。资料中要附有各钻孔的柱状图和地质剖面图。钻孔间距按一般建筑物详细勘查时的要求进行，但当水平方向变化较大时，宜适当加密孔距。用旋喷体作端承桩时，应注意持力层顶面的起伏变化情况。用作摩擦桩时，应注意土层的不均匀性，有无软弱夹层。作端承桩时应钻至持力层下 2～3m，在此范围内有软弱下卧层，应予钻穿，并达到厚度不小于 3m 的密实土层。如需计算沉降，应至少钻至压缩层下限。作摩擦桩时，钻孔不应小于设计深度。

2. 水文地质情况

水文地质情况包括地下水位高程；各层土的渗透系数；近地沟、暗河的分布和连通情况；地下水特性；硫酸根和其他腐蚀性物质的含量；地下水的流量和流向等。

3. 环境调查

环境调查包括地形地貌，施工场地的空间大小和地下结构、地下管线、地下障碍物的情况，材料和机具的运输道路，排污条件和周围重要的结构物、保护性结构物、民居等的情况。

4. 室内试验和现场试验

为了解喷射灌浆后固结体可能具有的强度，决定浆液合理的配合比，必须取现场的各层土样，按不同的含水量和浆液配合比进行室内配方试验，优选出最合理的浆液配方。

对规模较大及较重要的工程，设计完成后，要在现场进行成桩试验，查明旋喷固结体的强度和直径，验证设计的可靠性和安全度。

11.5 设计计算

土体经高压喷射灌浆后，由原来的松散状变成固结体，具有良好的耐久性，可用于下列工程领域（图 11-7）：

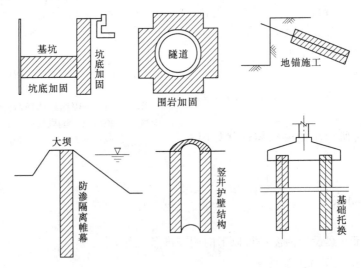

图 11-7 高压喷射灌浆的适用领域

（1）提高地基强度和水平、垂直承载力。

（2）挡土结构、围堰以及抗地基隆起。

（3）地下暗挖工程。

（4）固化流沙和防止砂土液化。

（5）锚杆工程。

（6）水库和坝基的防渗帷幕。

（7）竖、斜井壁加固工程。

（8）桥渡结构基础防洪工程。

（9）建筑物不均匀沉降的防治和基础托换。

工程应用时，应根据旋喷加固体不同的工程目的，并且在对地质、环境、场地、当地同类工程经验等较全面的掌握的基础上，进行相应的试验设计和结构、工艺设计。

11.5.1 喷射直径的估计

喷射直径估计的正确与否，不但关系到工程的经济效益，而且还可能关系到整个工程的成败。对于地基加固和堵水防渗工程，如果估计直径偏小，就会增加旋喷孔数；如果估计偏大，就会出现地基强度不足，造成工程失败。因此对于大型或重要工程，桩体直径应根据现场试验确定。对于小型或不很重要的工程，在没有现成的经验资料的情况下，可以参考表 11-1 中的值进行设计。

11.5.2 单桩承载力

单桩承载力必须经过现场试验来确定，在无条件进行单桩承载力试验的场合，可按《建筑地基处理技术规范》（JGJ 79—2012）中规定的式（11-3）和式（11-4）计算。

规范中规定，单桩竖向承载力标准值 R_k^d 可取下二式中的较小值：

$$R_k^d = \eta f_{cu,k} A_p \tag{11-3}$$

$$R_k^d = \pi \bar{d} \sum_{i=1}^{n} h_i q_i + A_p q_p \tag{11-4}$$

式中　R_k^d——单桩竖向承载力力标准值；

　　　η——强度折减系数，可取 0.35～0.50；

　　$f_{cu,k}$——桩身试块的无侧限抗压强度平均值（边长为 70.7mm 的立方体）；

　　　A_p——桩的平均截面积；

　　　$\bar{d}$——桩的平均直径；

　　　n——桩长范围内所划分的土层数；

　　　h_i——桩周第 i 层土的厚度；

　　　q_i——桩周第 i 层土摩擦力标准值，可采用钻孔灌注桩侧壁摩擦力标准值；

　　　q_p——桩端天然地基土的承载力标准值。

11.5.3 复合地基承载力

旋喷桩复合地基的承载力标准值，应通过现场复合地基承载力试验确定。当对旋喷加固体的性质有较全面的把握时，也可以通过规范《建筑地基处理技术规范》（JGJ 79—2012）提供的式（11-5）计算确定。

$$f_{sp,k} = \frac{1}{A_e}\left[R_k^d + \beta f_{\partial,k}(A_e - A_P) \right] \tag{11-5}$$

式中　$f_{sp,k}$——桩间天然地基土承载力标准值；

　　　A_e——1 根桩承担的处理面积；

　　　$f_{\partial,k}$——桩间天然地基承载力标准值；

β——桩间天然地基土承载力折减系数，可根据试验确定，在无试验资料确定时，可取 $0.2\sim0.6$，当不考虑桩间软土作用时，可取零。

11.5.4　固结土强度的设计

根据设计直径和总桩数来确定固结土的强度。一般情况下黏性土的固结强度为 $1\sim4\mathrm{MPa}$，砂类土的固结强度为 $\pm10\mathrm{MPa}$ 左右。通过选用商标号的硅酸盐水泥和添加适当的外加剂，可以提高固结体的强度。

11.5.5　变形计算

桩长范围内复合土层以及下卧层地基变形值应按国家标准《建筑地基基础设计规范》（GB 50007—2011）的有关规定计算。其中复合土层的压缩模量可按下式确定：

$$E_{pq}=\frac{E_e(A_e-A_p)+E_pA_p}{A_e} \tag{11-6}$$

式中　E_{pq}——旋喷桩复合土层压缩模量；

$\quad\quad E_e$——桩间土的压缩模量，可用天然地基的压缩模量代替；

$\quad\quad E_p$——桩体的压缩模量，可采用测定桩体割线弹性模量的方法确定。

11.5.6　布孔形式和孔距

对于防渗堵水的工程宜按等边三角形布置孔位，旋喷桩应形成连续的帷幕，间距应为 $0.866R_0$（其中 R_0 为旋喷桩的设计直径），排距为 $0.75R_0$ 最为经济，如图 11-8 所示。

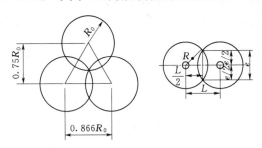

图 11-8　孔位布置和旋喷固结体交联图

若想增加每一排旋喷桩的交圈厚度，可适当缩小孔间距，交圈厚度 e 可用下式计算：

$$e=2\sqrt{R_0^2-\left(\frac{L}{2}\right)^2} \tag{11-7}$$

式中　e——旋喷桩的交圈厚度，m；

$\quad\quad R_0$——旋喷桩的直径，m；

$\quad\quad L$——旋喷桩孔位的间距，m。

对于地基加固工程中的旋喷桩设计，应根据工程的目的和要求进行，考虑将桩作为垂直承载的复合地基时，桩间距可取桩身直径的 $2\sim3$ 倍。

11.5.7　浆液材料及配方

旋喷浆液的主要材料是水泥。水泥价格便宜，材料来源容易保证，是旋喷浆液最常用的固化材料。旋喷浆液根据其不同的工程目的可分以下几类：

（1）普通型。对普通强度和抗渗要求的工程，均可采用本类浆液。普通沕浆液无任何外加剂，浆液材料为纯水泥浆，水灰比为 $1:1\sim1.5:1$。浆液的水灰比越大，凝固时间也就越长。普通型浆液一般采用 425 号或 525 号普通硅酸盐水泥。

（2）速凝早强型。在地下水丰富的地层，旋喷浆液要求速凝早强，因纯水泥浆的凝固时间长，浆液易被地下水冲蚀。另外对旋喷体早期强度要求高的工程，也可使用速凝早强型的浆液。速凝早强浆液中可用氯化钙、水玻璃及三乙醇胺为早强剂，其用量一般为水泥用量的 $2\%\sim4\%$。加入速凝早强剂的浆液的早期强度可比普通型浆液提高 2 倍以上。

（3）高强型。高强型浆液凝固体的平均抗压强度可达 20MPa 以上，高强型浆液可使用高标号水泥；也可使用高效能的扩散剂，如 NNO、NR_3、Na_2SiO_3 等。

（4）充填型。当对旋喷固结体的强度要求很低，旋喷浆只起充填地层或岩层空隙的作用时，可采用充填型的浆液。在浆液中用粉煤灰作为填充料，可以有效地降低工程造价。

（5）抗冻型。土体中的自由水在达到其冰点时就会冻结固化，并引起土体体积膨胀，土体结构发生变化；地温回升时又会发生融降，使地基下沉，承载力降低。

表 11 - 2   国内较常用的添有外加剂的旋喷射浆液配方表

序号	外加剂成分及百分比 /%	浆 液 特 性
1	氯化钙 2～4	促凝、早强、可灌性好
2	铝酸钠 2	促凝、强度增长慢，稠度大
3	水玻璃 2	初凝快、终凝时间长、成本低
4	三乙醇胺 0.03～0.05 食盐 1	有早强作用
5	三乙醇胺 0.03～0.05 食盐 1 钙 2～4	促凝、早强、可喷性好
6	氯化钠（或水玻璃）2 "NNO" 0.5	促凝、早强、强度高、浆液稳定性好
7	氯化钠 1 亚硝酸钠 0.5 三乙醇胺 0.03～0.05	防腐蚀、早强、后期强度高
8	粉煤灰 25	调节强度、节约水泥
9	粉煤灰 25 氯化钙 2	促凝、节约水泥
10	粉煤灰 25 硫酸钠 1 三乙醇胺 0.03	促凝、早强、节约水泥
11	粉煤灰 25 硫酸钠 1 三乙醇胺 0.03	有早强、抗冻性好
12	矿渣 25	提高固结体强度、节约水泥
13	矿渣 25 氯化钙 2	促凝、早强、节约水泥

11.6   施工方法

11.6.1   施工流程

高压喷射灌浆在施工前必须作好以下的准备工作：

（1）熟悉旋喷设计图纸及有关资料、要求，并编写施工组织设计。

（2）复查施工现场的地下埋设物，做好危险标志，定出桩位和标高。根据施工平面图的要求开挖施工槽、排水沟、集水并或泥浆沉淀池。检查进场设备完好情况。

（3）正式施工前必须试喷，通过试喷检查桩位，核对地质资料，确定正式施工的技术参数。

高压喷射灌浆的施工工艺流程如图 11 - 9 所示，无论是单管还是二重管或三重管施工，操作的流程都大致相同。其具体流程如下。

（1）钻机就位。根据设计的平面坐标位置进行钻机就位，要求将钻头对准孔位中心，同时钻机平面应放平稳、水平，钻杆角度和设计要求的角度之间偏差应不大于

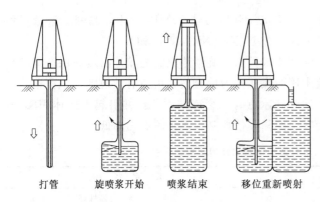

打管　　　旋喷浆开始　　喷浆结束　　移位重新喷射

图 11-9　高压喷射灌浆工艺

1%～1.5%。

（2）钻孔。在预定的旋喷桩位钻孔，以便旋喷杆可以放置到设计要求的地层中。钻孔的设备，可以用普通的地质钻机或旋喷钻机。

（3）插管。当采用旋喷灌浆管进行钻孔作业时，钻孔和插管二道工序可合而为一，钻孔到达设计深度时即可开始旋喷；而采用其他钻机钻孔时，应拔出钻杆，再插入旋喷管。在插管过程中，为防止泥沙堵塞喷嘴，可以用较小的压力边下管边射水。

（4）喷射和复喷。自下而上地进行旋喷作业，旋喷头部边旋转或在一定的角度范围内来回摆动边上升，此时旋喷作业系统的各项工艺参数，都必须严格按照预先设定的要求加以控制，并随时做好关于旋喷时间、用浆量、冒浆情况、压力变化等的记录。

根据设计的桩径成喷射范围的要求，还可以采用复喷的方法扩大加固范围，在第一次喷射完成后，重新将旋喷管插入设计要求复喷位置，进行第二次喷射。

（5）冲洗。旋喷管被提到设计标高顶部时，该孔的喷射即告完成，将卸下的旋喷管逐节拆下，进行冲洗，以防浆液在管内凝结堵塞。一次下沉的旋喷管可以不必拆卸，直接在喷浆的管路中泵送清水即可达到清洗的目的。

（6）移动设备。钻机移动到下一孔位。

11.6.2　施工机械设备

高压喷射灌浆的设备由造孔系统、供水、供气、制浆、供浆系统和喷射系统组成（图11-10）。因喷射种类不同，所使用的设备种类和数量均不同。

1. 造孔系统

造孔系统由钻机、泥浆泵组成。钻机一般采用回转式钻机，钻孔直径一般为 130～150mm，根据不同的土质和地下障碍物的情况，也可用其他钻机，单独进行钻孔作业。当旋喷固结范围内有大体积孤石时，可先用地质钻机造孔。

泥浆泵是用于输送水泥系浆液的主要设备，由于水泥系浆液是颗粒状的，对设备的密封系统和缸体有一定的磨损，磨损后吸入和排出的浆液不稳定，容易造成流量的下降。在单管法中，必须使用高压泵作为送浆设备，双管法和三重管喷射施工则允许使用一般灌浆施工中常用的泥浆泵。

2. 供水系统

供水系统由高压水泵、压力表、

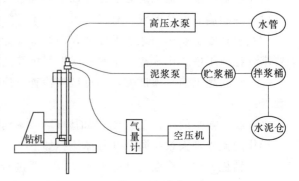

图 11-10　高压喷射灌浆设备流程图

122

高压截止阀、高压管和供水泵等组成。高压水泵是旋喷灌浆中的关键设备，要求压力和流量稳定并能在一定的范围内调节。高压旋喷一般要求喷射口的压力达到 15～25MPa 以上，出口流量为 50～100L/min。

高压截止阀用于调节工作压力，排泄高压水。高压胶管的工作压力为 60～80MPa。供水泵采用潜水泵或离心泵，其流量一般为 15m³/min，扬程为 25m。高压管采用六层钢丝缠绕胶管。

3. 供气系统

供气系统由空压机、流量计、输气管组成。空压机通常使用可移式 YV6/8 型压缩机，排气量通过转子流量计测量和调控。输气胶管采用 ϕ19 多层夹布胶管。

4. 制浆系统

制浆系统主要设备是上料机和浆液搅拌机、浆液贮浆桶。泥浆搅拌机可选用普通灌浆工程用的造浆系统。

5. 喷射系统

喷射系统是高压旋喷灌浆设备的中心工作系统，由垂直支架、卷扬机、旋摆机、喷射管、导流器、旋喷喷嘴组成。垂直支架安装在可移动的或步履式的台车上，而旋喷杆的上下移动则是通过卷扬机或动力带实现。旋摆机使旋喷管以旋、定、摆三种喷射形式工作。进行喷射作业时，水、气、浆通过导流器。由静止的胶管进入旋转的旋喷钻杆。

11.7 质量检验

11.7.1 检验点布置

（1）建筑物荷载大的部位。

（2）防渗帷幕中心线上。

（3）施工中出现异常情况的部位。

（4）地质情况复杂，可能出现对高压喷射注浆质量产生影响的部位。

11.7.2 检验内容

（1）固结体的整体性和均匀性。

（2）固结体的有效直径。

（3）固结体的垂直度。

（4）固结体的强度特性（包括桩的轴向压力、水平力、抗酸碱性、抗冻性和抗渗性等）。

（5）固结体的溶蚀和耐久性能。

（6）喷射质量的检验：

1）施工前后，主要通过现场旋喷试验，了解设计采用的旋喷参数、浆液配方和外加剂材料是否合适，固结体质量能否达到设计要求。

2）施工后，对喷射施工质量的鉴定，一般在喷射施工过程中或施工告一段落时进行：检查数量应为施工总数的 2%～5%，少于 20 孔的工程，至少要检验 2 个点。喷射注浆处理地基的强度较低，28 天的强度在 1～10MPa 间，强度增长速度较慢，检验时间应在喷射注浆后四周进行。

11.7.3 检验方法

高压喷射灌浆的检验方法为：开挖检验；钻孔取芯；标准贯入试验；动测法；载荷试验。

11.7.3.1 开挖检验

在开挖基槽和凿除桩头时，应对桩数、桩位、桩径及桩头强度进行检查，如发现漏桩、桩位和桩径偏差过大、桩头强度偏低等质量事故，必须采取补救措施。挖桩检查法一般要求按桩总数 2% 的取样频率挖桩检查桩的成型情况，然后分别在桩顶以下 50cm、150cm 等部位砍取足尺桩头，进行无侧限抗压强度试验。

11.7.3.2 钻孔取芯

在已旋喷好的固结体中钻取岩芯，并将岩芯做成标准试件进行室内物理和力学性能的试验。根据工程的要求亦可在现场进行钻孔，做压力注水和抽水两种渗透试验，测定其抗渗能力。钻孔取芯法采用地质钻机进行全程钻孔取芯样（一般龄期 28 天），这是目前旋喷桩质量检测中常用方法，测定效果较好。但检测时间长、钻孔费用高，取样少。

11.7.3.3 标准贯入试验

在旋喷固结体的中部可进行标准贯入试验。通过标准贯入击数 $N_{63.5}$ 来评定桩身水泥土强度。在标准贯入试验的同时，进行取芯，通过芯样观察、描述，可以了解水泥土搅拌均匀性，同时必要时芯样可送回实验室，进行抗压试验，确定其强度。

11.7.3.4 动测法

动测法主要是指小应变动测法，它是基于一维波动理论，利用弹性波的传播规律来分析桩身完整性。显然动测法检测速度快，测试简单。因旋喷注浆体强度较高，在有经验的地区可以用动测法评价桩身质量，同时在采用动测法测试时要充分注意旋喷桩成桩直径变化较大的特点。

11.7.3.5 载荷试验

静载荷试验分垂直和水平载荷试验两种。垂直载荷试验时，需在顶部 0.5～1.0m 范围内浇筑 0.2～0.3m 厚的钢筋混凝土桩帽。水平推力载荷试验时，在固结体的加载受力部位，浇筑 0.2～0.3m 厚的钢筋混凝土加荷截面，混凝土的标号不低于 C20。载荷试验是检验建筑地基处理质量的良好方法，有条件的地方应尽量采用。

思 考 题

1. 高压喷射灌浆破坏土体的机理是什么？
2. 高压喷射灌浆的用途是什么？
3. 高压喷射灌浆加固土块的性质是什么？
4. 高压喷射灌浆施工时的注意事项是什么？

第 12 章　深层搅拌与粉体喷射搅拌

深层搅拌法是用于加固饱和黏性土地基的一种新方法。它是利用水泥材料作为固化剂，通过特制的搅拌机械，在地基深处就地将软土和固化剂（浆液）强制搅拌，由固化剂和软土间所产生的一系列物理-化学反应，使软土硬结成具有整体性、水稳定性和一定强度的水泥加固土，从而提高地基强度和增大变形模量。依据不同的固化剂类型可以将深层搅拌法分成以下几类（表 12-1）。

表 12-1　　　　　　　　　　　　　深 层 搅 拌 分 类

分类依据	类　　别	主 要 特 点
固化剂材料种类	水泥土深层搅拌法	喷射水泥浆或雾状粉体
	石灰粉体深层搅拌法（石灰桩法）	喷射雾状石灰粉体
固化剂材料形态	浆液喷射深层搅拌法	喷射水泥浆
	粉体喷射深层搅拌法	喷射雾状石灰粉或水泥粉体、石灰水泥混合粉体

深层搅拌法是美国在第二次世界大战后研制成功的，称之为就地搅拌桩（MIP）。这种方法是从不断回转的中空轴的端部向周围已被搅松的土中喷出水泥浆，经叶片搅拌而形成桩径为 0.3~0.4m，长度为 10~12m 的水泥土桩。1953 年日本清水建设株式会社从美国引进此法，1967 年日本港湾技术研究所土工部开始研制石灰搅拌施工机械。1974 年日本港湾技术研究所等单位又合作，成功开发研制出水泥搅拌固化法（CMC），用于加固钢铁厂矿石堆场地基，加固深度达 32m。接着日本各大施工企业接连开发研制出加固原理、机械规格和施工效率各异的深层搅拌机械，例如 DIM 法、DMIC 法、DCCM 法。这些机械一般具有偶数个搅拌轴，每个搅拌叶片的直径可达 1.25m，一次加固的最大面积达 9.5m²，常在港口工程中的防波堤、码头岸壁及高速公路高填方下的深厚层软土地基加固工程中应用，也可以做一些等级比较低的大坝的防渗帷幕，也可做一些基坑中的水泥土挡墙。

粉体喷射搅拌法是在软土地基中输入粉粒体加固材料（水泥粉或石灰粉），通过搅拌机械和原位地基土强制性地搅拌混合，使地基土和加固材料发生化学反应，在稳定地基土的同时提高其强度的方法。

深层搅拌法加固软土技术，其独特的优点如下：

（1）深层搅拌法由于将固化剂和原地基软土就地搅拌混合，因而最大限度地利用了原土。

（2）搅拌时较少使地基侧向挤出，所以对周围原有建筑物的影响较小。

采用粉体喷射搅拌时，使用的固化材料（干燥状态）可更多地吸收软土地基中的水分，对加固含水量高的软土、极软土地基，效果尤为显著。固化材料全面地被喷射到靠搅拌叶片旋转过程中产生的空隙中，同时又靠土的水分把它黏附到空隙内部，随着搅拌叶片的搅拌，使固化剂均匀地分布在土中，不会产生不均匀的散乱现象，有利于提高地基土的加固强度。

（3）按照不同地基土的性质及工程设计要求，合理选择固化剂及其配方，设计比较灵活。

（4）施工时无振动、无噪声、无污染，可在市区内和密集建筑群中进行施工。

（5）土体加固后重度基本不变，对软弱下卧层不致产生附加沉降。

（6）与钢筋混凝土桩基相比，节省了大量的钢材，并降低了造价。

（7）根据上部结构的需要，可灵活地做成群桩，或采用柱状、壁状、格栅状和块状等加固型式。

国外使用深层搅拌法加固的土质有新吹填的超软土、泥炭土和淤泥质土等饱和软土。加固场所从陆地软土到海底软土，加固深度达 60m。国内目前采用深层搅拌法加固的土质有淤泥、淤泥质土、地基承载力标准值不大于 120kPa 的黏性土和粉性土等地基（限于当前搅拌机械搅拌能力的限制）。当用于处理泥炭土或地下水具有侵蚀性的土时，应通过试验确定其适用性。加固场所已从陆上发展到海底软土，加固深度可达 18m。

有机质含量较高会阻碍水泥水化反应，影响水泥土的强度增长。对有机质含量较高的明、暗浜填土及冲填土，在考虑采用深层搅拌法进行加固时，应予特别慎重对待。许多设计单位往往采用在浜域内加大桩长的设计方案，但仍得不到理想的效果。应从提高置换率和增加水泥掺入量角度，来保证浜域内的水泥土达到一定的桩身强度。

从加固效果看，浅部存在硬壳层时，其复合地基效果一般较好，处理后建筑物变形较小，一般可控制在 100mm 以内；而对于有些地区，由于浅部均存在较厚的吹填土，经深层搅拌法加固后，其复合地基效果相对较差，处理后建筑物变形一般较大。因此，设计中应尽量利用浅部的硬壳层，或采取一定措施后使浅部形成一硬壳层，以提高深层搅拌桩复合地基的效果。

水泥加固土的室内试验表明，有些软土的加固效果较好，而有的不够理想。一般认为含有高岭石（硅铝酸盐矿物）、多水高岭石、蒙脱石（硅铝酸盐亲水矿物）等黏土矿物的软土加固效果较好，而含有伊利石、氯化物和水铝英石等矿物的黏性土，以及有机质含量高、酸碱度（pH）值较低的黏性土的加固效果较差。

深层搅拌法可用于增加软土地基的承载能力，减少沉降量，提高边坡的稳定性，多数适用于以下情况：

（1）作为建筑物或构筑物的地基、厂房内具有地面荷载的地坪、高填方路堤下基层等。

（2）进行大面积地基加固，以防止码头岸壁的滑动，以及防止深基坑开挖时坍塌、坑底隆起和减少软土中地下构筑物的沉降。

（3）对深基坑开挖中的桩侧背后的软土加固，作为地下防渗墙，以阻止地下渗透水流。

12.1　勘察要求

除了一般常规勘察要求外，对下述各点应予以特别重视：

（1）填土层的组成。填土层的组成，特别是大块物质（石块和树根等）的尺寸和含量。含大块石对搅拌法施工速度有很大的影响，所以必须清除大块石等再予施工。

（2）土的含水量。当水泥土配方相同时，其强度随土样的天然含水量的降低而增大。试验表明，当土的含水量在 50%～85% 范围内变化时，含水量每降低 10%，水泥土强度可提高 30%。

（3）有机质含量。有机质含量较高会阻碍水泥水化反应，影响水泥土的强度增长。故对有机质含量较高的明、暗浜填土及冲填土应给予重考虑。对生活垃圾的填土，不应采用深层搅拌法加固。

（4）土质分析。可溶盐含量及总烧失量分析。

（5）水质分析。地下水的酸碱度（pH 值）及硫酸盐含量。

12.2 水泥土加固机理

12.2.1 水泥加固土的原理

水泥加固土的物理化学反应过程与混凝土的硬化机理不同，混凝土的硬化主要是在粗填充料（比表面不大、活性很弱的介质）中进行水解和水化作用，所以凝结速度较快。而在水泥加固土中，由于水泥掺量很小，水泥的水解和水化反应完全是在具有一定活性的土的围绕下进行，所以水泥加固土的强度增长过程比混凝土较为缓慢。

12.2.1.1 水泥的水解和水化反应

普通硅酸盐水泥主要是氧化钙、二氧化硅、三氧化二铝、三氧化二铁及三氧化硫等，由这些不同的氧化物分别组成了不同的水泥矿物，如硅酸三钙、硅酸二钙、铝酸三钙、铁铝酸四钙、硫酸钙等。用水泥加固软土时，水泥颗粒表面的矿物很快与软土中的水发生水解和水化反应，生成氢氧化钙、含水硅酸钙、含水铝酸钙、含水铁酸钙及水泥杆菌等化合物。

所生成的氢氧化钙、含水硅酸钙能迅速溶于水中，使水泥颗粒表面重新暴露出来，再与水发生反应，这样周围的水溶液就逐渐达到饱和。当溶液达到饱和后，水分子虽继续深入颗粒内部，但新生成物已不能再溶解，只能以细分散状态的胶体析出，悬浮于溶液中，形成胶体。

根据电子显微镜的观察，水泥杆菌（又称为钙矾石，三方晶系，晶体呈假六方针状，密度为 $1.73g/cm^3$，当钙矾石在水泥石中以局部反应形成时，其结晶压力可使水泥石或混凝土全部崩解，故称之为水泥杆菌。显微镜下呈针状，溶解度极小。）最初以针状结晶形式在比较短的时间里析出，其生成量随着水泥掺入的多寡和龄期的长短而异。由 X 射线衍射分析，这种反应迅速，最后把大量的自由水以结晶水的形式固定下来，这对于含水量高的软土的强度增长有特殊意义，使土中自由水的减少量约为水泥杆菌生成重量的 46%。当然，硫酸钙的掺量不能过多，否则这种水泥杆菌针状结晶会使水泥发生膨胀而遭到破坏。所以，如使用得合适，在某种特定条件下可利用这种膨胀势来增加地基加固效果。

12.2.1.2 黏土颗粒与水泥水化物的作用

当水泥的各种水化物生成后，有的自身继续硬化，形成水泥石骨架。有的则与其周围具有一定活性的黏土颗粒发生反应。

1. 离子交换和团粒化作用

黏土和水结合时就表现出一种胶体特征，如土中含量最多的二氧化硅遇水后，形成硅酸胶体微粒，其表面带有 Na^+ 或 K^+、它们能和水泥水化生成的 $Ca(OH)_2$ 中 Ca^{2+} 进行当量吸附交换，使较小的土颗粒形成较大的土团粒，从而使土体强度提高。

水泥水化生成的凝胶粒子的比表面积约比原水泥颗粒大 1000 倍，因而产生很大的表面能，有强烈的吸附活性，能使较大的土团粒进一步结合起来，形成水泥土的团粒结构，并封闭各土团的空隙，形成坚固的联结，从宏观上看也就使水泥土的强度大大提高。

2. 硬凝反应

随着水泥水化反应的深入，溶液中析出大量的钙离子，当其数量超过离子交换的需要量后，在碱性环境中，能使组成黏土矿物的二氧化硅及三氧化二铝的一部分或大部分与钙离子进行化学反应，逐渐生成不溶于水的稳定结晶化合物，增大了水泥土的强度。

从扫描电子显微镜中观察可见，拌入水泥 7 天时，土颗粒周围充满了水泥凝胶体，并有少量水泥水化物结晶的萌芽。一个月后水泥土中生成大量纤维状结晶，并不断延伸充填到颗粒间的孔间中，形成网状构造。到 5 个月时，纤维状结晶辐射向外伸展，产生分叉，并相互连结形成空间网状结构，水泥的形状和土颗粒的形状已不能分辨出来。

12.2.1.3　碳酸化作用

水泥水化物中游离的氢氧化钙能吸收水中和空气中的二氧化碳，发生碳酸化反应，生成不溶于水的碳酸钙，这种反应也能使水泥土增加强度，但增长的速度较慢，幅度也较小。

从水泥土的加固机理分析，由于搅拌机械的切削搅拌作用，实际上不可避免地会留下一些未被粉碎的大小土团。在拌入水泥后将出现水泥浆包裹土团的现象，而土团间的大孔隙基本上已被水泥颗粒填满。所以，加固后的水泥土中形成一些水泥较多的微区，而在大小土团内部则没有水泥。只有经过较长的时间，土团内的土颗粒在水泥水解产物的渗透作用下，才逐渐改变其性质。因此在水泥土中不可避免地会产生强度较大和水稳性较好的水泥石区和强度较低的土块区。两者在空间相互交替，从而形成一种独特的水泥土结构。可见，搅拌越充分，土块被粉碎得越小，水泥分布到土中越均匀，则水泥土结构强度的离散性越小，其宏观的总体强度也越高。

12.2.2　水泥土的室内配合比试验

为了经济、合理地确定深层搅拌法加固地基土的技术方案，确定与地基土加固相适应的水泥品种、标号和水泥掺入比，应预先进行水泥土室内配比试验，目的在于探索用水泥加固各种成因软土的适宜性，了解加固水泥的品种、掺入量、水灰比、最佳外掺剂对水泥土强度的影响，求得龄期与强度的关系，从而为设计计算和施工工艺提供可靠的参数。

1. 试验设备和规程

当前还是利用现有土工试验仪器及砂浆混凝土试验仪器，按照土工或砂浆混凝土的试验规程进行试验。

2. 土样

土料应是工程现场所要加工的土，一般可使用风干土样或原状土样。

3. 水泥掺入比

可根据要求选用 7%、10%、12%、14%、15%、18%、20%等。

4. 外掺剂

为改善水泥土的性能和提高强度，可用木质素磺酸钙、石膏、三乙醇胺、氯化钠、氯化钙和硫酸钠等外掺剂。结合工业废料处理，还可掺入不同比例的粉煤灰。

12.2.3 水泥土的物理、力学性质

12.2.3.1 水泥土的物理性质

1. 含水量

水泥土的含水量略低于原土样的含水量，且随水泥掺入比的增加而减小。

2. 重度

由于拌入软土中的水泥浆的重度与软土的重度相近，所以水泥土的重度与天然软土的重度相差不大。根据研究表明，水泥土的重度仅比天然软土重度增加 0.5%～3.0%。

3. 相对密度

由于水泥的相对密度（即比重）为 3.1，比一般软土的相对密度（2.65～2.75）大，故水泥土的相对密度比天然软土的相对密度稍大。

4. 渗透系数

水泥土的渗透系数随水泥掺入比的增大和养护龄期的增长而减小，一般可达 10^{-5}～10^{-8} cm/s 数量级。水泥加固淤泥质黏土能减少原天然土层的水平向渗透系数，而对垂直向渗透性的改善，效果不显著，水泥土减少了天然软土的水平向渗透性，这对深基坑施工是有利的，可利用它作为防渗帷幕。

12.2.3.2 水泥土的力学性质

1. 无侧限抗压强度及其影响因素

水泥土的无侧限抗压强度一般为 500～4000kPa，即比天然软土大几十倍至数百倍。影响水泥土的无侧限抗压强度的因素有：水泥掺入比、水泥标号、龄期、含水量、有机质含量、外掺剂、养护条件及土性等。下面根据试验结果来分析影响水泥土抗压强度的一些主要因素。

（1）水泥掺入比 a_w 对强度的影响。水泥土的强度随着水泥掺入比的增加而增大，当 $a_w < 5\%$ 时，由于水泥与土的反应过弱，水泥土固化程度低，强度离散性也较大，故在水泥土搅拌法的实际施工中，选用的水泥掺入比必须大于 7%。

根据试验和作者搜集到的水泥加固饱和软黏土的无侧限抗压强度试验结果分析发现，当其他条件相同时，某水泥掺入比 a_w 的强度 f_{cuc} 和水泥掺入比 $a_w = 12\%$ 的强度 f_{cu12} 的比值 f_{cuc}/f_{cu12} 与水泥掺入比 a_w 的关系有较好的归一化性质。

在其他条件相同的前提下，两个不同水泥掺入比的水泥土的无侧限抗压强度之比值随水泥掺入比之比值的增大而增大。

（2）龄期对强度的影响。水泥土的强度随着龄期的增长而提高，一般在龄期超过 28 天后仍有明显增长，根据试验得到的水泥加固饱和软黏土的无侧限抗压强度试验结果的回归分析，在其他条件相同时，不同龄期的水泥土无侧限抗压强度间关系大致呈线性变化。

当龄期超过 3 个月后，水泥土的强度增长才减缓。同样，据电子显微镜观察，水泥和

土的硬凝反应约需 3 个月才能充分完成。因此水泥土选用 3 个月龄期强度作为水泥土的标准强度较为适宜。

经分析还发现在其他条件相同时，某个龄期 T 的无侧限抗压强度 f_{aT} 与 28 天龄期的无侧限抗压强度 f_{au28} 的比值 f_{aT}/f_{au28} 与龄期 T 的关系具有较好的归一化性质。

其他条件相同的前提下，两个不同龄期水泥土的无侧限抗压强度之比随龄期之比的增大而增大

（3）水泥标号对强度的影响。水泥土的强度随水泥标号的提高而增加。水泥标号提高 100 号，水泥土的强度 f_{cu} 约增大 50%～90%。如要求达到相同的强度，水泥标号提高 100 号，可降低水泥掺入比 2%～3%。

（4）土样含水量对强度的影响。水泥土的无侧限抗压强度 f_{cu} 随土样含水量的降低而增大，一般情况下，土样含水量每降低 10%，则强度可增加 10%～50%。

（5）土样中有机质含量对强度的影响。有机质含量少的水泥土强度比有机质含量高的水泥土强度要大。由于有机质使土体具有较大的水溶性和塑性，较大的膨胀性和低渗透性，并使土具有酸性，这些因素都阻碍水泥水化反应的进行。因此，有机质含量高的软土，单纯用水泥加固，其效果是较差的。

（6）外掺剂对强度的影响。不同的外掺剂对水泥土强度有着不同的影响。如木质素磺酸钙对水泥土强度的增长影响不大，主要起减水作用。石膏、三乙醇胺对水泥土强度有增强作用，而其增强效果对不同土样和不同水泥掺入比又有所不同，所以选择合适的外掺剂，可提高水泥土强度和节约水泥的用量。

不同的外掺剂对水泥土强度有不同的影响，如：当水泥掺入比为 10% 时，掺入 2% 石膏，28 天龄期强度可增加 20% 左右，60 天龄期可增加 10% 左右，90 天龄期已不增加强度；掺入 2% 氯化钙，28 天龄期强度可增加 20% 左右，90 天龄期强度反而减少 7%；掺入 0.05% 三乙醇胺，28 天龄期强度可增加 45% 左右，60 天龄期可增加 18% 左右，90 天龄期可增加强度 14%。以上三种外掺剂都能提高水泥土的早期强度，但强度增加的百分数随龄期的增长而减小。在 90 天龄期时，石膏和氯化钙已经失去增强作用甚至强度有所降低，而三乙醇胺仍能提高强度。一般的早强剂可选用三乙醇胺、氯化钙、碳酸钠或水玻璃等材料，其掺入量宜分别取水泥重量的 0.05%、0.2%、0.5% 和 2%；减水剂可选用木质素磺酸钙，其掺入量宜取水泥重量的 0.2%；石膏兼有缓凝和早强的双重作用，其掺入量宜取水泥重量的 2%。

掺加粉煤灰的水泥土，其强度一般都比不掺粉煤灰的有所增长，不同水泥掺入比的水泥土，当掺入与水泥等量的粉煤灰后，强度均比不掺粉煤灰的提高 10%，故在加固软土时掺入粉煤灰，不仅可消耗工业废料，还可稍微提高水泥土的强度。

（7）水泥土的养护。国内外试验资料都说明，养护方法对短龄期水泥土强度的影响很大，随着时间的增长，不同养护方法下的水泥土无侧限抗压强度趋于一致，说明养护方法对水泥土后期强度的影响较小。

2. 抗拉强度

水泥土的抗拉强度随无侧限抗压强度的增长而提高。当水泥土的抗压强度 $f_{cu}=0.50～4.00\text{MPa}$ 时，其抗拉强度 $\sigma_t=0.05～0.70\text{MPa}$，即 $\sigma_t=(0.06～0.30)f_{cu}$。

3. 抗剪强度

水泥土的抗剪强度随抗压强度的增加而提高。当 $f_{cu}=30\sim4.0MPa$ 时，其黏聚力 $c=0.10\sim1.01MPa$，一般约为 f_{cu} 的 $20\%\sim30\%$，其内摩擦角变化在 $20°\sim30°$ 之间。

根据试验结果的分析，得到水泥土的内聚力与其无侧限抗压强度大致呈幂函数关系。

4. 变形模量

当垂直应力达 50% 无侧限抗压强度时，水泥土的应力与应变的比值，称为水泥土的变形模量 E_{50}。当 $f_{cu}=0.1\sim3.5MPa$ 时，其变形模量 $E_{50}=10\sim550MPa$，即 $E_{50}=(80\sim150)f_{cu}$。根据对试验结果的分析，得到 E_{50} 与 f_{cu} 大致呈正比关系。

5. 压缩系数和压缩模量

水泥土的压缩系数约为 $(2.0\sim3.5)\times10^{-5}$，其相应的压缩模量 $E_s=60\sim100MPa$。

12.2.3.3 水泥土抗冻性能

水泥土试件在自然负温下进行抗冻试验表明，其外观无显著变化，仅少数试块表面出现裂缝，并有局部微膨胀或出现片状剥落及边角脱落，但深度及面积均不大，可见自然冰冻不会造成水泥土深部的结构破坏。

水泥土试块经长期冰冻后的强度与冰冻前的强度相比，几乎没有增长。但恢复正温后其强度能继续提高，冻后正常养护 90 天的强度与标准强度非常接近，抗冻系数达 0.9 以上。

在自然温度不低于 −15℃ 的条件下，冰冻对水泥土结构损害甚微。在负温时，由于水泥与黏土间的反应减弱，水泥土强度增长缓慢，正温后随着水泥水化等反应的继续深入，水泥土的强度接近标准强度。因此，只要地温不低于 −10℃，就可以进行水泥土搅拌法的冬季施工。

12.3 设计计算

12.3.1 加固型式选择和加固范围确定

1. 加固型式选择

搅拌桩可布置成柱状、壁状和块状三种型式。

（1）柱状。每隔一定的距离打设一根搅拌桩，即成为柱状加固型式，适合于单层工此厂房独立柱基础和多层房屋条形基础下的地基加固。

（2）壁状。将相邻搅拌桩部分重叠搭接成为壁状加固型式，适用于深基坑开挖时的边坡加固，以及建筑物长高比较大、刚度较小、对不均匀沉降比较敏感的多层砖混结构房屋条形基础下的地基加固。

（3）块状。对上部结构单位面积荷载大，不均匀下沉控制严格的构筑物地基进行加固时，可采用这种布桩型式。它是纵横两个方向的相邻桩格连接而形成的，如在软土地区开挖深基坑时，为防止坑底隆起，也可采用块状加固型式。

2. 加固范围的确定

搅拌桩按其强度和刚度是介于刚性桩和柔性桩间的一种桩型，但其承载性能又与刚性桩相近，因此在设计搅拌桩时，可仅在上部结构基础范围内布桩，不必像柔性桩一样在基础以外设置保护桩。

12.3.2　搅拌桩的计算

12.3.2.1　柱状加固地基

搅拌桩中桩竖向承载力设计计算如下：单桩竖向承载力标准值应通过现场单桩载荷试验确定，也可按式（12-1）和式（12-2）进行计算，取其中较小值。

$$R_k^d = \eta f_{cu,k} A_p \tag{12-1}$$

或

$$R_k^d = \bar{q}_s U_p L + \alpha A_p q_p \tag{12-2}$$

式中　R_k^d——单桩竖向承载力标准值，kN；

$f_{cu,k}$——与搅拌桩桩身加固土配比相同的室内加固土试块（边长 70.7mm 的立方体）的 90 天龄期的无侧限抗压强度平均值，kPa；

A_p——桩的截面积，m^2；

η——强度折减系数，可取 0.35～0.5；

$\bar{q}_s$——桩间土的平均摩擦力，对淤泥可取 5～8kPa；对淤泥质土可取 8～12kPa；对黏性土可取 12～15kPa；

U_p——桩周长，m；

q_p——桩端天然地基土的承载力标准值，kPa，可按国家标准《建筑地基基础设计规范》（GB 50007—2011）取值；

α——桩端天然土的折减系数，可取 0.4～0.6。

（1）桩身强度折减系数 η 是一个与工程经验以及拟建工程的性质密切相关的参数，工程经验包括对施工队伍素质、施工质量，室内强度试验与实际加固强度比值，以及实际工量加固效果等情况的掌握。拟建工程性质包括工程地质条件、上部结构对地基的要求，以及工程的重要性等。目前在设计中一般取 0.3～0.4。

（2）式（12-2）中桩端地基承载力折减系数 α 取值与施工时桩端施工质量及桩端土质等条件有关。当桩较短且桩端为较硬土层时取高值。如果桩底施工质量不好，水泥土桩没能真正支承在硬土层上，桩端地基承载力不能发挥作用，且由于机械搅拌破坏了桩端土的天然结构，这时 $\alpha = 0$。反之，当桩底质量可靠时，则通常取 $\alpha = 0.5$。

（3）对上式进行分析可看出，当桩身强度大于式（12-1）所提出的强度值时，相同桩长的承载力相近，而不同桩的承载力明显不同。此时桩的承载力由地基土支承力控制，增加桩长可提高桩的承载力。当桩身强度低于式（12-15）所给值时，承载力受桩身强度控制。一般来说，搅拌桩的桩身强度是有一定限制的，也就是说，搅拌桩从承载力角度存在有效桩长，单桩承载力在一定程度上并不随桩长的增加而增大。

在单桩设计时，承受垂直荷载的搅拌桩一般应使土对桩的支承力与桩身强度所确定的承载力相近，并使后者稍大于前者较为经济。因此，搅拌桩的设计主要是确定桩长和选择水泥掺入比。

12.3.2.2　搅拌桩复合地基的设计计算

加固后搅拌桩复合地基承载力标准值应通过现场复合地基载荷试验确定，也可按下式进行计算：

$$f_{sp,k} = m \frac{R_k^d}{A_p} + \beta(1-m)f_{a,k} \tag{12-3}$$

式中　$f_{sp,k}$——复合地基承载力，kPa；

　　　　m——面积置换率；

　　　　A_p——桩的截面积，m^2；

　　　　$f_{a,k}$——桩间天然地基土承载力标准值，kPa；

　　　　β——桩间土承载力折减系数，当桩间土为软土时，可取 0.5～1.0；当桩端土为硬土时，可取 0.1～0.4；当不考虑桩间软土的作用时可取 0；

　　　　R_k^d——单桩竖向承载力标准值，kN。

　　根据设计要求的单桩竖向承载力 R_k^d 和复合地基承载力标准值 $f_{sp,R}$，计算搅拌桩的面积置换率 m 和总桩数 n：

$$m = \frac{f_{sp,k} - \beta f_{a,k}}{\dfrac{R_k^d}{A_p} - \beta f_{a,k}} \tag{12-4}$$

$$n = \frac{mA}{A_p} \tag{12-5}$$

式中　A——地基加固的面积，m^2。

　　根据求得的总桩数 n 进行搅拌桩的平面布置。桩的平面布置可为上述的柱状、壁状和块状三种布置形式。布置时要以考虑充分发挥桩的摩阻力和便于施工为原则，当所设计的搅拌桩为摩擦型，桩的置换率较大（一般 $m>20\%$）且不是单行竖向排列时，由于每根搅拌桩不能充分发挥单桩的承载力的作用，故应按群桩作用原理进行下卧层地基验算，即将搅拌桩和桩间土视为一个假想的实体基础，考虑假想实体基础侧面与土的摩擦力，验算假想基础底面（下卧层地基）的承载力用式（12-6）计算：

$$f' = \frac{f_{sp,k}A + G - \overline{q_a}A_s - f_{a,k}(A - A_1)}{A_1} < f \tag{12-6}$$

式中　f'——假想实体基础底面压力，kPa；

　　　　A_1——假想实体基础底面积，m^2；

　　　　G——假想实体基础自重，kN；

　　　　A_s——假想实体基础侧表面积，m^2；

　　　　$\overline{q_a}$——作用在假想实体基础侧壁上的平均容许摩阻力，kPa；

　　　　$f_{a,k}$——假想实体基础边缘软土的承载力，kPa；

　　　　f——假想实体基础底面经修正后的地基土承载力，kPa。

　　当验算不满足要求时，须重新设计单桩，直至满足要求为止。

　　桩间土承载力折减系数 β 是反映桩土共同作用的一个参数。如 $\beta=1$ 时，则表示桩与土共同承受荷载，由此得出与柔性桩复合地基相同的计算公式；如 $\beta=0$ 时，则表示桩间土不承受荷载，由此得出与一般刚性桩基相似的计算公式。

　　对比水泥土和天然土的应力-应变关系曲线及复合地基和天然地基的 $p-s$ 曲线，可以发现，在发生与水泥土极限应力值相对应的应变值时，或在发生与复合地基承载力设计值相对应的沉降值时，天然地基所提供的应力或承载力小于其极限应力或承载力值。考虑水泥土桩复合地基的变形协调，引入折减系数 β；它的取值与桩间土和桩端土的性质、搅拌桩的桩身强度和承载力、养护龄期等因素有关。桩间土较好、桩端土较弱、桩身强度较低、养护龄期较短，则 β 取高值。反之，则 β 值取低值。

确定 β 还应根据建筑物对沉降的要求而有所不同，当建筑物对沉降要求控制较严格时，即使桩端是软土，β 值也应取小值，这样较为安全；当建筑物对沉降要求控制较低时，即使桩端为硬土，β 值也可取大值，这样较为经济。

12.3.2.3　搅拌桩复合地基沉降验算

搅拌桩复合地基变形 s 的计算，包括搅拌桩群体的压缩变形 S_1 和桩端下未加固土层的压缩变形 S_2 之和。

$$s = s_1 + s_2 \tag{12-7}$$

目前 s_1 的计算方法一般有以下三种：

（1）复合模量法。复合模量法请参考本书前文内容。

（2）应力修正法。根据桩土模量比求出桩土各自分担的荷载，忽略增强体的存在，用弹性理论求土中应力，用分层总和法求出加固区土体的变形作为 S_1。

（3）桩身压缩量法。假定桩体不会产生刺入变形，通过模量比求出桩承担的荷载，再假定桩侧摩阻力的分布形式，则可通过材料力学中求压杆变形的积分方法求出桩体的压缩量，并以此作为 S_1。

目前 S_2 的计算方法一般有以下几种：

（1）应力扩散法。此法实际上是地基规范中验算下卧层承载力的应用，即将复合地基视为双层地基，通过应力扩散角简单地求得未加固区顶面应力的数值，再按弹性理论法求得整个下卧层的应力分布，用分层总和法求 S_2。

（2）等效实体法。即地基规范中群桩（刚性桩）沉降计算方法，假设加固体四周受均布摩阻力，上部压力扣除摩阻力后得到未加固区顶部应力的数值，即可按弹性理论法求得整个下卧层的应力分布，用分层总和法求 S_2。

（3）Mindlin-Geddes 方法。按模量比将上部荷载分配给桩土，假定桩侧摩阻力的分布形式按 Mindlin 基本解积分求出桩对未加固区形成的应力分布；按弹性理论法求得土分担的荷载对未加固区的应力，再与前面积分求得的未加固区应力叠如，以此应力按分层总和法求 S_2。

12.3.2.4　复合地基设计思想

搅拌桩的布桩型式非常灵活，可以根据上部结构要求及地质条件，采用柱状、壁状、格栅状及块状加固型式，如上部结构刚度较大，土质又比较均匀，可以采用柱状加固型式，即按上部结构荷载分布，均匀地布桩；建筑物长高比大，刚度较小，场地土质又不均匀，可以采用壁状加固型式，即使长方向轴线上的搅拌桩连接成壁，以增加地基抵抗不均匀变形的刚度；当场地土质不均匀，且表面土质很差，建筑物刚度又很小，对沉降要求很高，则可以采用格栅状加面形式，即将纵横主要轴线上的桩连接成封闭的整体，这样不仅能增加地基能力，同时可限制格栅中软土的侧向挤出，减少总沉降量。

软土地区的建筑物，都是以沉降进行控制的，可采用以下设计思路：

（1）根据地层结构采用适当的方法进行沉降计算，由建筑物对变形的要求确定加固深度，即选择施工桩长。

（2）根据土质条件、固化剂掺量、室内配比试验资料和现场工程经验，选择桩身强度和水泥掺入量及有关施工参数。

（3）根据桩身强度的大小及桩的断面尺寸，由式（12-1）计算单桩承载力。

（4）根据单桩承载力及土质条件，由式（12-2）计算有效桩长。

（5）根据单桩承载力、有效桩长和上部结构要求达到的复合地基承载力，由式（12-3）计算桩土面积置换率。

（6）根据桩土面积置换率和基础型式进行布桩，桩可只在基础平面范围内布置。

12.4 深层搅拌施工

12.4.1 施工注意事项

（1）深层搅拌法施工的场地应事先平整，清除桩位处地上、地下一切障碍物（包括大块石、树根和生活垃圾等）。场地低洼时应回填黏性土料，不得回填杂填土。基础底面以上宜预留500mm厚的土层，搅拌桩施工到地面，开挖基坑时，应将上部质量较差的桩段挖去。

（2）深层搅拌施工可按下列步骤进行：

1）深层搅拌机械就位。

2）预搅下沉。

3）喷浆搅拌提升。

4）重复搅拌下沉。

5）重复搅拌提升直至孔口。

6）关闭搅拌机械。

（3）施工前应标定深层搅拌机械的灰浆泵输浆量、灰浆经输浆管到达搅拌机喷浆口的时间和起吊设备提升速度等施工参数，并根据设计要求通过成桩试验，确定搅拌桩的配比和施工工艺。

（4）施工使用的固化剂和外掺剂必须通过加固土室内试验方能使用。固化剂浆液应严格按预定的配比拌制。配备好的浆液不得离析，泵送必须连续，拌制浆液的罐数、固化剂与外掺剂的用量以及泵送浆液的时间等应有专人记录。

（5）应保证起吊设备的平整度和导向架的垂直度，搅拌桩的垂直度偏差不得超过1.5%，桩位偏差不得大于50mm。

（6）搅拌机预搅下沉时不宜冲水，当遇到较硬土层下沉太慢时，方可适量冲水，但应考虑冲水成桩对桩身强度的影响。

（7）搅拌机喷浆提升的速度和次数必须符合施工工艺的要求，应有专人记录搅拌机每米下沉或提升的时间，深度记录误差不得大于50mm，时间记录误差不得大于5s，施工中发现的问题及处理情况均应注明。

12.4.2 施工过程

12.4.2.1 材料准备

(1) 深层搅拌法加固软黏土，水泥掺量根据加固强度，一般为加固土重的 7%～15%，每一立方米掺加水泥量约为 110～160kg。量化表示为：掺入比（%）＝水泥重/被加固的软土重×100%。

(2) 改善水泥土性质和桩（墙）体强度，可选用木质素磺酸钙、石膏、氯化钠、氯化钙、硫酸钠等外加剂，还可掺入不同比例的粉煤灰。

(3) 深层搅拌以水泥作为固化剂，其配合比为水泥：砂＝1：1～1：2，为增加水泥砂浆和易性能，利于泵送，宜加入减水剂（木质素磺酸钙），掺入量为水泥用量的 0.2%～0.25%，并加入硫酸钠，掺入量为水泥用量的 1%，以及加入石膏，掺入量为水泥用量的 2%，水灰比为 0.41～0.50，水泥浆稠度为 11～14cm，能起到速凝早强作用。

12.4.2.2 作业条件

(1) 依据地质勘察资料进行室内配合比试验，结合设计要求，选择最佳水泥加固掺入比，确定搅拌工艺。

(2) 依据设计图纸，编制施工方案，做好现场平面布置，安排施工进度，布置水泥浆制备的灰浆池，有条件时将水泥浆制备系统安装在流动挂车上，便于流动供应，采用泵送浇筑时，泵送距离小于 50m 为宜。

(3) 清理现场地下、地面及空中障碍物，以利于施工安全。

(4) 测量放线，定出每一个桩位。

(5) 机械设备配置：深层搅拌机、起重机及导向、量测、固化剂制备等系统。

(6) 劳动组织：每台深层搅拌机械组由 12 人组成。

(7) 如施工现场表土坚硬，需要注水搅拌时，现场四周设排水沟及集水井。

12.4.2.3 操作工艺

(1) 深层搅拌法水泥土固化原理及操作工艺。

1) 利用水泥系作为固化剂通过特殊的深层搅拌机在地基深处就地将软黏土与水泥浆强制拌和后，首先发生水泥分解，水化反应生成水化物，然后水化物胶结与颗粒发生粒子交换，因粒化作用，以及硬凝反应，形成具有一定强度和稳定性水泥加固土，从而提高地基承载力及改变地基土物理力学性能，达到加固软土地基效果。

2) 深层搅拌两台电动机，分别通过减速器、搅拌轴使搅拌头切削软土，并经中心管向地基土中压入固化剂，强制拌和成水泥土。

(2) 深层搅拌法施工工艺特点：根据上部结构的要求，可布置成柱状、壁状和块状三种加固形式。柱（桩）状加固形式：每间隔一定的距离打设一根搅拌桩。壁状加固形式：将相邻搅拌桩部分重叠搭接而成。块状加固形式：纵横两个方向的相邻桩搭接而成。

(3) 深层搅拌桩施工工艺。

1) 定位对中。

2) 预搅下沉。

3) 制备固化剂浆液。

4）喷浆搅拌提升。

5）重复搅拌。

6）移位。

（4）壁状加固施工工艺流程：按柱状加固工艺，将相邻两桩纵向相垂搭接成行施工，相邻两桩搭距按设计需要确定。形状如"8"字形。

（5）块状加固施工工艺流程：按深层搅拌施工工艺将相邻的桩纵横搭接施工，即组成块状加固体，两行桩之间搭接距可按设计需要确定。

12.4.2.4 施工注意事项

1. 避免工程质量通病

（1）深层搅拌机应基本保持垂直，要注意平整度和导向架垂直度。

（2）深层搅拌叶下沉到一定深度后，即开始按设计配合比拌制水泥浆。

（3）水泥浆不能离析，水泥浆要严格按照设计的配合比配置，水泥要过筛，为防止水泥浆离析，可在灰浆机中不断搅动，待压浆前才将水泥浆倒入料斗中。

（4）要根据加固强度和均匀性预搅，软土应完全预搅切碎，以利于水泥浆均匀搅拌。

1）压浆阶段不允许发生断浆现象，输浆管不能发生堵塞。

2）严格按设计确定数据，控制喷浆、搅拌和提升速度。

3）控制重复搅拌时的下沉和提升速度，以保证加固范围每一深度内得到充分搅拌。

（5）在成桩过程中，凡是由于电压过低或其他原因造成停机，使成桩工艺中断的，为防止断桩，在搅拌机重新启动后，将深层搅拌叶下沉半米后再继续成桩。

（6）相邻两桩施工间隔时间不得超过12小时（桩状）。

（7）确保壁状加固体的连续性，按设计要求桩体要搭接一定长度时，原则上每一施工段要连续施工，相邻桩体施工间隔时间不得超过24小时（壁状）。

（8）考虑到搅拌桩与上部结构的基础或承台接触部分受力较大，因此通常还可以对桩顶板−1.5m范围内再增加一次输浆，以提高其强度。

（9）在搅拌桩施工中，根据摩擦型搅拌受力特点，可采用变掺量的施工工艺，即用不同的提升速度和注浆速度来满足水泥浆的掺入比要求。在定量泵条件下，在软土中掺入不同水泥浆量，只有改变提升速度。

2. 主要安全技术措施

（1）深层搅拌机冷却循环水在整个施工过程中不能中断，应经常检查进水和回水温度，回水温度不应过高。

（2）深层搅拌机的入土切削和提升搅拌，负载荷太大及电机工作电流超过额定值时，应减慢提升速度或补给清水，一旦发生卡钻或停钻现象，应切断电源，将搅拌机强制提起之后，才能重启动电机。

（3）深层搅拌机电网电压低于380V应暂停施工，以保护电机。

（4）灰浆泵及输浆管路。

1）泵送水泥浆前管路应保持湿润，以利输浆。

2）水泥浆内不得有硬结块，以免吸入泵内损坏缸体，每日完工后，需彻底清洗一次，喷浆搅拌施工过程中，如果发生故障停机超过半小时宜拆卸管路，排除灰浆，妥为清洗。

3）灰浆泵应定期拆开清洗，注意保持齿轮减速器内润滑油清洁。

（5）深层搅拌机械及起重设备，在地面土质松软环境下施工时，场地要铺填石块、碎石，平整压实，根据土层情况，铺垫枕木、钢板或特制路轨箱。

3．产品保护

深层搅拌桩施工完成后，不允许在其附近随意堆放重物，防止桩体变形。

12.5 质量检验

12.5.1 质量检验标准

1．保证项目

深层搅拌桩使用的水泥品种、标号、水泥浆的水灰比，水泥加固土的掺入比和外加剂的品种掺量，必须符合设计要求。

检验方法：检查出厂证明、合格证试验报告及施工记录。

2．基本项目

（1）深层搅拌桩的深度，断面尺寸，搭接情况整体稳定和墙体、桩身强度必须符合设计要求。

检验方法如下：

1）一般成桩后两周内用钻机取样检验，开挖检查断面尺寸，观察桩身搭接情况及搅拌均匀程度，桩身不能有渗水现象。

2）搅拌桩质量检验，使用轻便触探，根据触探击数判断各段水泥浆强度。

（2）现场载荷试验。用此法进行工程加固效果检验，因为搅拌桩的质量与成桩工艺、施工技术密切相关，用现场载荷试验所得到的承载力完全符合实际情况。

（3）定期进行沉降观测，对正式采用深层搅拌加固地基的工程，定期进行沉降观测、侧向位移观测，是直观检查加固效果的理想方法。

12.5.2 质量检验过程

（1）施工过程中应随时检查施工记录，并对每根桩进行质量评定。对于不合格的桩应根据其位置和数量等具体情况，分别采取补桩或加强邻桩等措施。

（2）搅拌桩应在成桩 7 天内，用轻便触探器钻取桩身加固土样，观察搅拌均匀程度，同时根据轻便触探击数用对比法判断桩身强度。检验桩的数量应不少于已完成桩数的 2%。

（3）在下列情况下尚应进行取样、单桩荷载试验或开挖检验：

1）经轻便触探对桩深强度有怀疑的桩应钻取桩身芯样，制成试块并测定桩身强度。

2）场地复杂或施工有问题的桩应进行单桩荷载试验，检验其承载力。

3）对相邻桩搭接要求严格的工程，应在桩养护到一定龄期时选取数根桩进行开挖，检查桩顶部分外观质量。

（4）基槽开挖后，应检验桩位、桩数与桩顶质量，如不符合规定要求，应采取有效补救措施。

思 考 题

1. 深层搅拌对软土地基的加固机理是什么？
2. 深层搅拌的用途是什么？
3. 深层搅拌和粉体喷射搅拌有哪些不同？
4. 深层搅拌的优点是什么？

第13章 锚杆静压桩

锚杆静压桩是锚杆和静力压桩两项技术巧妙结合而形成的一种桩基施工新工艺，是一项地基加固处理新技术。加固机理类同于打入桩及大型静力压桩，受力直接、清晰，但施工工艺既不同于打入桩，也不同于大型静力压桩，明显优越于打入桩及大型静力压桩。锚杆静压桩的施工工艺是先在新建的建筑物基础上预留压桩的桩位孔，并预埋好锚杆，或在已建的建筑物基础上开凿压桩孔和锚杆孔，用黏结剂埋好锚杆，然后安装压桩架，用锚杆作媒介，把压桩架与建筑物基础连为一体，并利用建筑物自重作反力（必要时可加配重），用千斤顶将预制桩段逐段压入土中，当压桩力及压入深度达到设计要求后，将桩与基础浇注在一起，桩即可受力，从而达到提高地基承载力和控制沉降的目的。

13.1 锚杆静压桩法的优点

工程实践表明，锚杆静压桩工法具有以下优点：

（1）施工设备轻便、简单，移动灵活，操作方便，可在狭小的空间 1.5m×2m×(2～4.5)m 进行压桩作业，特别适用于大型地基加固机械无法进入施工现场的地基加固工程。

（2）压桩施工过程中无振动、无噪声、无污染，对周围环境无影响，做到文明施工，适用于密集的居民区内的地基加固施工，尤其适用于老城区改造和在密集建筑群内新建多层建筑时，不允许污染环境的地基加固工程。

（3）对于新建工程施工时可采用逆作法，即与上部建筑同步施工，不另占用桩基施工工期，可缩短工程的总工期，具有良好的综合经济效益。

（4）可在车间不停产、居民不搬迁情况下进行基础托换加固，特别适用于老厂技术改造、建筑物加层、倾斜和开裂建筑物的托换加固、缺陷桩的补桩加固工程。

（5）锚杆静压桩配合掏土或冲水，可成功地应用于倾斜的建筑物的纠偏工程中。

（6）采用锚杆静压桩施工，传递荷载过程和受力性能非常明确，可直接测得每根桩的实际压桩力和桩的入土深度，对施工质量检验有可靠保证。

（7）设备投资少，能耗低，材料消耗少，所以加固费用低，具有明显的技术经济效果。

（8）锚杆静压桩无需施工工期，无污染环境，故具有良好的综合效益。

由于该方法质量的可靠性和技术的优越性，使该新技术在多省市（尤其沿海地区）上百项工程中应用，都获得了成功，特别在完成难度很大的已建和新建工程的地基加固任务中，显示出了无比的优越性。

13.2 锚杆静压桩使用的工程对象

大量工程实践已证实了锚杆静压桩可使用于下述工程对象:

(1) 当新建工程不能设计为天然地基时,采用锚杆静压桩逆作法施工工艺,往往可获得意想不到的技术经济效果。这是因为逆作法改变了常规先打桩后建房的施工顺序,而是先建房后压桩,且压桩时可与上部建筑同步施工成为立体交叉作业,因此桩基施工就可不占工期,这对加快投资效益的周转极为有利,时间就是金钱,经济效果也就可想而知。例如 20 世纪 90 年代上海某工程采用该项技术后,缩短工期近 50 天,创造效益近百万元。此外,在施工条件非常苛刻的情况下,锚杆静压桩可发挥其独特的优点,使难度很大的工程得以顺利实施。

(2) 当新建工程中采用了其他的桩基方案,如打入桩、灌注桩或水泥土搅拌桩、灌浆等加固技术,而在实施过程中经动测检测后,发现有缩颈、断桩、偏斜、桩段接头脱开等的缺陷桩或地基承载力不足,此时基坑已经暴露,围护变形增大,大型桩基施工机具已无法投入场地进行补桩,而采用锚杆静压桩可得以顺利补桩,根据要求补桩的单桩承载力大小可分别采用 $\phi406\times10$ 钢管桩(用于高层建筑补桩)或钢筋混凝土桩(用于一般建筑补桩)。由于锚杆静压桩可在地下室内施工,故不仅可解决补桩的难题,而且还可不影响上部结构的施工,类同于逆作法施工工艺,补桩可与上部结构施工同步进行。

(3) 当已建工程由于勘察不详、设计有误,造成建筑物不均匀沉降而发生严重的倾斜,但由于上部结构刚度大,整体性好,使之仅发生整体倾斜,上部结构没有或仅有少量裂缝,可采用锚杆静压桩辅以掏土、冲水,对建筑物进行纠偏加固,采用双排桩(一侧为止倾桩而另一侧为保护桩)可做到可控纠偏,这是一种既可靠安全,又有重大经济价值的纠偏方法。

(4) 当已建工程由于种种原因,例如建筑物周围进行深基坑开挖或施工降水,造成建筑物发生较大的不稳定沉降,甚至成为沉裂工程,则可采用锚杆静压桩进行基础托换加固。由于已建工程加固时往往施工条件非常苛刻,而此时锚杆静压桩却是非常理想的加固方法。

(5) 原有建筑物需进行改造、增大吊车荷重或在其上需加层,地基土上荷载必然增大而地基土承载能力又不适应时,锚杆静压桩也是最理想的托换加固方法,其优越性是其他任何地基加固方法所无可比拟的。例如上海莱福工程由六层加到八层,通过锚杆静压桩加固后效果相当显著。

13.3 工程地质、水文地质勘察

锚杆静压桩对工程地质、水文地质勘察,除常规要求外,静力触探是极为重要的手段。

锚杆静压桩在施工过程中的受力特点与勘察中的静力触探非常相似,锚杆静压桩压入施工受到设备能力、桩身强度的限制,对 $P_s \geqslant 7MPa$ 的砂性土层不易压入穿透,故静力触探配合常规勘察可提供适宜的持力层，同时还可提供沿探各土层摩阻力和持力层的承载力，从而可测算单桩垂直容许承载力，为锚杆静压桩桩基设计提供较为可靠的设计依据，这是锚杆静压桩技术设计和施工必不可少的勘察资料。

13.4 锚杆静压桩设计

设计应包括的内容为：单桩垂直容许承载力的确定、桩断面及桩数设计、桩位布置设计、桩身强度及桩段构造设计、锚杆构造与设计、下卧层强度及地基变形验算、承台设计等。

13.4.1 单桩垂直容许承载力的确定

单桩垂直容许承载力一般可由现场桩的荷载试验确定，也可根据静力触探资料确定，或参照当地的经验或已形成的地方规范，如《锚杆静压桩技术规范》（YBJ 277—1991）、《钢筋混凝土锚杆静压桩》（DBJT 08-112—2009）来确定。

13.4.2 桩断面及桩数设计

桩断面根据上部荷载、地质条件、压桩设备加以初选，一般的断面为 220mm×220mm、250mm×250mm、280mm×280mm、300mm×300mm。初步选定断面尺寸后，就可按 13.4.1 节确定单桩垂直容许承载力。大量试验表明，带桩承台的承载力比单桩的承载力要大得多，桩土共同工作是客观存在的事实。故计算桩数时可以考虑桩土共同工作。桩土共同工作是一个比较复杂的问题，与诸多可变因素有关，为了既合理又方便地考虑桩土共同工作，建议在新建工程的逆作法施工中，平衡压桩反力的三层建筑物自重可由桩间土承受（不宜超过40kPa）；加层托换工程中原有建筑物荷载可考虑由桩间土承受；一般桩土共同作用可取 3：7，即 30％荷载由土承受，70％荷载由桩承受，扣除桩间土承载后的荷载值除以单桩垂直容许承载力，就为桩数。若确定的桩数过多，使桩距过小，宜在初选断面基础上重选大一级断面，重新计算桩数，直到合理为止。一般控制桩距为 $3b$（b 为桩边长）为宜。

13.4.3 桩位布置设计

桩位布置应遵守的准则如下：

（1）基础托换加固时，桩位孔尽量靠近受力点两侧布置，使之在刚性角范围内，以减小底板弯矩。

（2）条形基础应布置在靠近（墙体）的两侧。

（3）独立柱基可围着柱子对称布置。

（4）板基、筏基、箱基应首先布置在靠近荷载大（如柱子四周）的部位，以及基础边缘，尤其角部的部位（刚性基础边缘、角部部位基底接触应力大，呈马鞍形）。余下的可均布。

（5）桩与桩的间距不宜小于三倍桩的边长。

13.4.4 桩身强度及桩段构造设计

桩身材料可采用钢筋混凝土、钢材。除补大吨位缺陷桩选用钢管桩外，一般都采用钢筋混凝土方桩。桩身强度可根据压桩过程中的最大压桩力并按钢筋混凝土受压构件设计，其桩身结构强度应略高于地基土对桩的承载能力，桩段混凝土的强度等级一般为 C30，保护层厚度为5cm，按桩身结构强度计算时，由于桩身受到周围土的约束，可不考虑失稳及长细比对强度的折减。

桩段长度由施工条件（如压桩处的净空高、运输及起重能力等）决定。从经济及施工速度出发，宜尽量采用较长的桩段，这样可减少桩的接头。此外，尚需考虑桩段长度组合，尽量与总桩长（单根桩）吻合，避免过多截桩造成浪费。为此，适当制作一些较短的标准桩段，以便匹配组合使用。

桩段连接一般有两种，一种是焊接接头，一种是硫磺胶泥接头。前者用于承受水平推力、侧向挤压力和拔力；后者用于承受垂直力。采用硫磺胶泥连接的钢筋混凝土桩段，两端必须设置2～3层焊接钢筋网，在桩的一端必须预埋插筋，另一端必须预留插筋孔和吊装孔，（以300mm×300mm×2500mm为例）。采用焊接接头的钢筋混凝土桩段，在桩段的两端应设置钢板套。为了满足抗震需要，对承受垂直荷载的桩，桩上部三节应为焊接桩，下部均可为胶泥接桩。

13.4.5 锚杆构造与设计

锚杆直径可根据压桩力大小选定，一般当压桩力小于400kN时可采用M24锚杆，压桩力400～500kN时采用M27锚杆，再大的压桩力可采用M30锚杆。锚杆数量可根据压桩力除以单根锚杆抗拉强度确定。

锚杆螺栓按其埋设形式可分预埋和后成孔埋设两种。新建工程采用预埋式较多，预埋式螺栓为爪式或锚板等形式，如图13-1所示，并在基础混凝土整浇施工时定位；已建工程的基础托换只有采用后成孔埋设法，可采用镦粗锚杆螺栓或焊箍锚杆螺栓等形式，如图13-2所示，并在孔内采用硫磺胶泥黏结剂黏结施工定位。

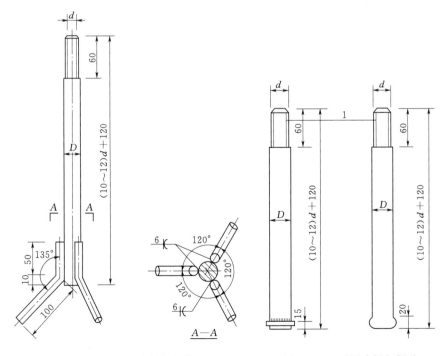

图13-1 预埋式锚杆螺栓　　　　图13-2 后埋式锚杆螺栓

锚杆的有效埋设深度，通过现场抗拔试验和轴对称问题的有限元计算，都表明了锚杆的埋设深度为（10～12）d（d 为螺栓直径）便能满足使用要求，锚杆埋设构造如图 13-3 所示。

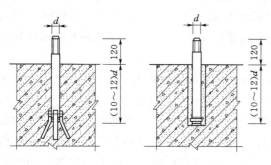

图 13-3　锚杆埋设构造图

13.4.6　下卧层强度及地基变形验算

大量工程实测表明：凡采用锚杆静压桩的工程，其桩尖进入持力层者，建筑物沉降量是比较小的，不会超过 8cm，故一般情况下不需要进行这部分内容的验算。只有当持力层下不太深处还存在较厚的软土层时，才需验算下卧层强度及进行地基变形计算。下卧层强度验算及地基变形计算可参照国家标准《建筑桩基技术规范》（JGJ 94—2008）中有关条款进行。当验算强度不能满足或当地基变形计算值超过规范规定的容许值时，则需适当改变原定的方案重新设计。

13.4.7　承台设计

桩基承台设计可按现行的《钢筋混凝土结构设计规范》（GB 50010—2010）进行抗冲切、抗剪切以及抗弯强度的验算，当不能满足要求时，适当加厚承台和增加配筋；在基础下部受力钢筋被压桩孔切断时，应在孔口边缘增加等量的加强筋；若压桩孔在基础边缘转角处，压桩力较大时，应设置受拉构造钢筋。

对已有建筑物基础进行托换加固时，如果基础底板厚度小于 350mm，应设置桩帽梁，桩帽梁通过抗冲切、抗剪计算确定。桩帽梁主要利用压桩用的抗拔锚杆，加焊交叉钢筋，并与外露锚杆焊牢，然后围上模板，浇灌混凝土，便形成桩帽梁。

桩头与基础承台连接必须可靠，桩头伸入承台的长度一般为 100mm。当压桩孔较深时，在满足抗冲切要求后，桩头伸入承台长度可适当放宽到 300～500mm。若有特殊要求，桩头应有 4 根长为 350mm 的主筋伸入压桩孔内，桩与基础连接，采用浇筑 C35 微膨胀早强混凝土。

13.5　锚杆静压桩施工

13.5.1　压桩设备及锚杆直径确定

对触变性土，压桩力可取 1.3～1.5 倍的单桩容许承载力，对非触变性土，压桩力可取 2 倍的单桩容许承载力；压桩力 p_p 与比贯入阻力 p_s 还存在如下关系：$p_p = (0.06～0.07)p_s$。压桩力应取上述两种压桩力取值中的大值。据此来选压桩设备及锚杆直径的大小。

13.5.2　编制施工组织设计

施工组织设计应包括的内容如下：

（1）针对设计压桩力所采用的施工机具与相应的技术组织与劳动组织。

（2）在设计桩位平面图上标清桩号及分批压桩、封桩的标记。对大吨位的工程，由于锚杆数量增多，尚需标明锚杆与压桩孔的相对位置，以便遇障碍物或标高差异，可调整压桩孔与锚杆的位置，同时在图中也标出沉降观测点，加强施工期间观测，必要时便于调整压桩和封桩的次序。

（3）施工中的安全防范措施。

（4）针对工程拟定压桩施工流程。

（5）针对工程的压桩施工，应该遵守的技术操作规定。

（6）为工程验收所需必备的资料与记录。

13.5.3 一般应遵守的技术操作规定

（1）压桩架要保持竖直，应均衡拧紧锚固螺栓的辗帽，在压桩施工过程中，应随时拧紧松动的螺帽。

（2）桩段就位必须保持垂直，使千斤顶与桩段轴线保持在同一垂直线上，不得偏压。压桩时，桩顶应垫 3～4cm 厚的麻袋，其上垫钢板再进行压桩。

（3）压桩施工时不宜数台压桩机同时在一个独立柱基上施工。施工期间，压桩力总和不得超过该基础及上部结构的自重，以防止基础上抬造成结构破坏。

（4）压桩施工不得中途停顿，应一次到位。如不得已必须中途停顿时，桩尖应停留在软土层中，且停歇时间不宜超过 24h。

（5）采用硫磺胶泥接桩时，上节桩就位后应将插筋插入插筋孔，检查重合无误、间隙均匀后，将上节桩吊起 10cm，装上硫磺胶泥夹箍，浇注硫磺胶泥，并立即将上节桩保持垂直放下，接头侧面应平整光滑，上下桩面应充分黏结，待接桩中的硫磺胶泥固化（一般气温下，经 5mm 硫磺胶泥即可固化）后，才能开始继续压桩施工。当环境温度低于 5℃时，应对插筋和插筋孔作表面加温处理。

（6）熬制硫磺胶泥的温度应严格控制在 140～145℃ 范围内，浇注时温度不得低于 140℃。

（7）采用焊接接桩时，应清除表面铁锈，进行满焊，确保质量。

（8）桩顶未压到设计标高（已满足压桩力要求）时，对于外露桩头必须进行切除（经设计单位同意）。切割桩头前应先用楔块把桩固定住，然后用凿子凿除外露混凝土，严禁在悬臂情况下乱砍桩头，切除桩头的深度（离基础顶面以下的深度）一般为 60cm。

（9）桩与基础的连接（封桩）是整个压桩施工中的关键工序之一，必须认真进行。

13.6 质量检验

压桩工程验收时，施工单位应提供竣工报告，竣工报告中的资料通常如下：

（1）桩位平面图与桩位编号图。

（2）桩材试块强度报告，封桩混凝土试块强度报告，硫磺胶泥出厂检验合格证及抗压、抗拉试块强度报告。

（3）压桩记录汇总表。

（4）压桩曲线（p_p-Z 曲线）。

（5）沉降观测资料汇总图表。

（6）隐蔽工程自检记录。

（7）根据设计要求，提供单桩荷载试验资料。

对每道工序必须进行质量检验：

（1）桩段规格、尺寸、强度等级需完全符合设计要求，桩段应按强度等级的设计配合比制作，制作的同时需做试块，检验其强度。

（2）压桩孔孔位需与设计位置一致，其平面位置偏差不得超过 20mm，压桩孔分预留孔与后凿孔两种，其断面尺寸需与设计图一致。一般情况下，预留孔的形状为上小下大的截头锥形，上口边长为桩边长加 50mm，下口边长为桩边长加 100mm，如图 13 - 4 所示。后凿孔的形状为上下尺寸都为桩边长加 50mm 的正方柱直孔。

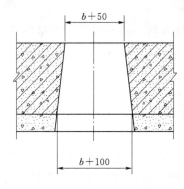

图 13 - 4　预留桩位孔尺寸

（3）锚杆尺寸、构造、埋深与压桩孔的相对平面位置必须符合设计及施工组织设计要求。

（4）桩段连接接头及后埋螺栓所用的硫磺胶泥须按重量配合比配制，其配比一般为硫磺：水泥：砂：聚硫橡胶＝44：11：44：1；若用钢板或角钢连接接头，则需除锈。焊接尺寸、质量需按设计要求及有关施工规程进行检验。

（5）压桩时桩段的垂直偏差不得超过 1.5% 的桩段长。

（6）压桩力必须根据设计要求进行检验，桩入土深度可根据设计要求进行商榷检验。

（7）封桩前，压桩孔内必须干净、无水，检查交叉钢筋及焊接质量；微膨胀早强混凝土必须按强度等级的配比设计进行配制。配制混凝土的坍落度应为 2～4cm。封桩混凝土需振捣密实，最后进行渗漏水检验。

思 考 题

1. 锚板静压桩的原理与特点是什么？

2. 锚板静压桩的工程使用对象是什么？

3. 锚板静压桩的构造是什么？

第 14 章 加 筋 土

加筋土（reinforced earth）是由多层水平加筋构件与填土文箐铺设而成的一种复合体，如图 14-1 所示。

加筋土中的加筋构件主要承受土体产生的侧向压力。填土材料则有助于加筋构件的约束而保持稳定。

路基工程中，在我国采用柴排筑路法已有上千年的历史，它可谓是加筋技术的雏形。17 世纪在欧洲曾利用梢捆加固软弱地基，利用树枝和泥土围海造田；巴比伦的美索不达米亚高大的朝圣塔下部基座，曾把芦苇帘子水平向铺放与填土一起填筑；20 世纪初，美国有座土堤用金属丝网与土分层填筑，以加固下游坝坡，于是加筋材料便由天然植物纤维材料范畴转向工业加工材料的范畴。

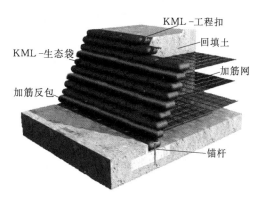

图 14-1 加筋土

现代土工加筋技术于 20 世纪 60 年代开始实践与应用，并获得迅速发展。首先在法国，在法意高速公路尼斯至茫通段，大量土工构造物由加筋土替代了传统的支挡结构，其中有一座挡墙的高度达 23m。由此对加筋土的评价像钢筋混凝土一样称之为"造福于人类的复合材料"，从此震动了欧、亚和拉美等地区。该项工程是在分层填筑的回填料中布置狭带状拉筋材料，并用钢片与直立的墙面板牢固连接建成加筋挡土墙。日本于 1967 年起，便对加筋土技术取名为"补强土工法"。西班牙 1971 年起修筑第一座加筋土挡墙后，发展速度很快，建成的数量仅次于法国；美国第一座加筋土挡墙于 1972 年修建在加利福尼亚州 39 号公路 San Gariel 山区的斜坡上；同年 12 月英国爱丁堡市北部的山路上，用黏性土填料建成长 107m，高 1.8～7.2m 不等的加筋土挡墙。我国首批加筋土工程建于 70 年代末 80 年代初，如云南省田堤矿区储煤场的第一座加筋土挡墙高 2～4m（1977）；接着又建成长 57m、离 8.3m 的加筋土挡墙试验研究工程（1980）；公路部门建成的加筋土墙有：山西省陵川挡墙高 12m（1980）；浙江省天台县清溪河护岸加筋土墙高 5.2m、长 70m（1980）。1993 年 10 月沪嘉高速公路东延伸段工程，又大规模推广应用加筋粉煤灰挡墙技术，高路堤长度 300 余 m，高度 4～8m；1996 年 4 月在亭大一级公路光线通道又造了加筋土桥台，路中高度达 7m。

从实际应用的情况看，加筋土技术绝大多数用在公路工程中，另外水利坝堤、铁路、桥梁、驳岸、码头、储煤仓和堆料场也使用较多。

加筋土挡墙具有以下特点：

（1）可做成很高的垂直填土，从而可减少占地面积，对城市道路以及节约珍贵土地，有着巨大的经济意义。

（2）面板、筋带可在工厂中定制和加工，保证了质量，而且降低了原材料消耗。

（3）只需配备压实机械，施工易于掌握，可节省劳动力和缩短工期。

（4）充分利用土与拉筋的共同作用，使挡墙结构轻型化，其所使用的混凝土体积相当于重力式挡墙的 3%～5%，故其造价可节约 40%～60%，墙越高经济效益越佳。

（5）加筋土挡墙系由各构件互相拼装而成。具有柔性结构性能。可承受较大的地基变形，因而可应用于软土的地基上。

（6）加筋土挡墙的整体性较好，而且它具有的柔性性能很好地吸收了地震能量，因而具有良好的抗震性能。

（7）面板的型式可根据需要要拼装完成，造型美观，适合于城市道路的支挡工程。

14.1　加筋土加固机理

加筋土体的基本应力状态可如图 14-2 所示。图 14-2（a）为未加筋的土单元体，在竖向荷载 σ_τ 作用下，土单元体产生竖向压缩和侧内膨胀，随着竖向荷载逐渐增大；在压缩变向荷载作用下，土单元体产生竖向压缩和侧向膨胀，随着竖向荷载逐渐增大，在压缩变形增大的同时，侧向膨胀也越来越大，直至破坏，其相应的圆为 A 圆，如图 14-2（c）所示。

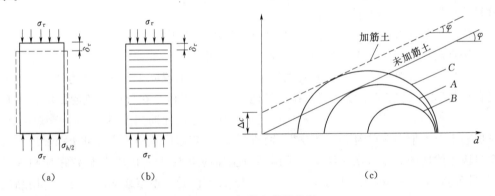

图 14-2　加筋土单元分析

假如土单元体中设置水平向拉筋，如图 14-2（b）所示，通过拉筋与土颗粒间的摩擦作用，将引起侧向膨胀的拉力传递给拉筋，使土体的侧向变形受到约束。在相同的竖向应力作用下，侧向变形 $\sigma_h = 0$，加筋后的土体就好像在单元土体的侧向加了一个约束力，其加筋的约束力相当于在侧向施加了一个静止土压力，其相应的摩尔圆为 B 圆。

若要使加筋土体在相同的 σ_v 作用下达到破坏，则需减小侧压力，C 圆为加筋土单元土体减小侧压力所达到破坏的应力圆，试验证明，其内摩擦角 φ 与未加筋土体相似，所不同的是增加了 Δc 值，这又说明加筋的作用相当于土体强度增加了黏聚力 Δc。

加筋土挡墙的整体稳定性取决于加筋土挡墙的内部和外部的稳定性。

从加筋土挡墙内部结构分析（图 14-3），由于侧向土压力的作用，土体中产生了一

个破裂面，破裂面的滑动棱体达到极限状态。在
土中埋设拉筋后，趋于滑动的棱体，通过土与拉
筋间的摩擦作用有将拉筋拔出的倾向。因此，这
部分的水平分力 τ 的方向指向墙外。滑动棱体后
面的土体则由于拉筋和土体间的摩擦作用把拉筋
锚固在土中，从而阻止拉筋被拔出，这一部分的
水平分力是指向土体。两个水平方向分力的交点
就是拉筋的最大应力点。将各根拉筋的最大应力
点连接成一曲线，该曲线就把加筋土挡墙分成两
个区域，将各拉筋最大应力点连点以左的土体称

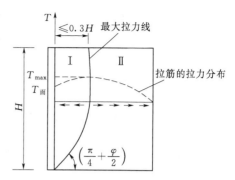

图 14-3 加筋土挡墙内部结构受力分析

为主动区（或称活动区），以右的土体称为被动区（或称锚固区或稳定区）。

通过大量的室内模型试验和野外实测资料分析，两个区域的分界线离开墙面的最大距
离为 $0.3H$。对于具有延伸性较大的土工合成材料，其破裂面接近朗肯理论的破裂面。具
体的滑动面形式可以参考图 14-4，当然加筋土两个区域的分界线的型式，还受到下列几
个因素的影响：①结构的几何形状；②作用在结构上的外力；③地基的变形；④土与拉筋
间的摩擦力。

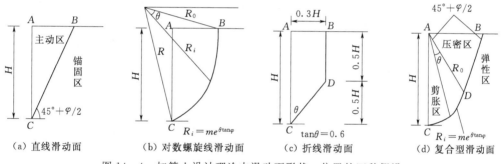

图 14-4 加筋土设计理论中滑动面形状、位置的四种假设

加筋土挡墙内部可能产生的破坏形式有①拉筋拔出破坏；②拉筋断裂；③面板与拉筋
间接头破坏；④面板断裂；⑤贯穿回填土破坏；⑥沿拉筋的表面破坏。

加筋土挡墙外部能产生的破坏型式有①滑动破坏；②倾覆破坏；③承载力破坏；④土
体整体失稳。

14.2 设计计算

加筋土工程设计计算应保证各部分具有足够的强度、耐久性和加筋体的整体稳定性。
加筋土工程的勘察资料，应能满足确定结构尺寸、筋带与填料类型、地基承载力和设计排
水设施等要求。对于公路加筋土工程应按《公路工程技术标准》（JTGB 01—2014）中的
工程地质勘察标准所规定的要求进行。

14.2.1 加筋土挡墙型式

加筋土挡墙一般修建在填方地段，如在挖方地段使用，则需增大土方量。它可应用于

道路工程中路肩式及路堤式挡墙。

根据拉筋不同配置的方法，可分为单面加筋土挡墙、双面分离式加筋土挡墙和双面交错式加筋土挡墙以及台阶式加筋土挡墙。

14.2.2　加筋土荷载组合与基本假定

14.2.2.1　荷载类型与组合

加筋土挡墙设计的荷载类型应按表 14-1 采用。

表 14-1　　　　　　　　　　　　　　　荷　载　类　型

荷载类型	编号	荷载名称	荷载类型	编号	荷载名称
永久荷载	1	加筋体重力	基本可变荷载	5	汽车
	2	加筋体上填土重力		6	平板挂车或履带车
	3	加筋体外土的侧压力		7	车辆荷载引起的侧压力
	4	水的浮力	偶然荷载	8	地震力

结构计算时应根据可能同时出现的作用荷载来选择荷载组合。

组合 1：基本可变荷载（平板挂车或履带车除外）的一种或几种与永久荷载的一种或几种相组合。

组分 2：基本可变荷载（平板挂车或履带车除外）的一种或几种与永久荷载的一种或几种与其他可变荷载的一种或几种相结合。

组合 3：在进行施工阶段验算时，根据可能出现的施工荷载（结构应力、脚手架、材料机具、人群）进行组合。构件吊装时，构件应力应乘以动力系数 1.2 或 0.8，并可视构件具体情况作适当的减增。

14.2.2.2　基本假定

（1）墙面板承受填料产生的主动土压力，每块面板承受其相应范围内的土压力，将由墙面板上拉筋有效摩阻力-抗拔力来平衡。

（2）按折线滑面假定，挡土墙内部加筋体分为滑动区和稳定区，两区分界面为土体破裂面。作用于面板上的土压力由稳定区的拉筋与填料之间的摩阻力平衡。

（3）拉筋与填料之间的摩擦系数在拉筋的全长范围相同。

（4）压在拉筋有效长度上的填料自重及荷载对拉筋产生有效摩阻力，及拉筋上受到的竖直荷载沿拉筋长度均匀分布。

14.2.3　加筋土挡墙填料与构件

14.2.3.1　加筋体填料

填料特点：易于填筑与压实、与拉筋之间有可靠的摩阻力、不应对拉筋有腐蚀性、水稳定性好。

填料选择如下：

（1）通常选择有一定级配渗水的砂类土、砾石类土。

（2）采用黏性土和其他土作填料时，必须有相应的防水、压实等工程措施。

（3）填料中不应含有大量的有机物。

（4）禁止使用泥炭、淤泥、冻结土、盐渍土、垃圾、白垩土、中强膨胀土及硅藻土。

（5）采用聚丙烯土工带为拉筋时，填料中不宜含有两价以上铜、镁、铁离子及氧化钙、碳酸钠、硫化物等化学物质。

（6）采用钢带作拉筋，填料应满足表 14-2 中化学和电化学标准。

表 14-2　　　　　　　　填料的化学和电化学标准

项目	电阻率/(Ω/cm)	氯离子/(m·e/100g±)	硫酸根离子/(m·e/100g±)	pH 值
无水工程	>10	5.6	21.0	5～10
淡水工程	>10	2.8	10.5	5～10

填料的设计参数应由实验或当地经验数据确定。当无上述条件时，可参照表 14-3 采用。

表 14-3　　　　　　　　填 料 的 设 计 参 数

填料类型	重度/(kN/m³)	计算内摩擦角/(°)	似摩擦系数
中低液限黏性土	18～21	25～40	0.25～0.40
砂性土	18～21	25	0.35～0.45
砾碎石类土	19～22	35～40	0.4～0.5

14.2.3.2　筋带

筋带的作用：承受垂直荷载和水平荷载，并与填料产生摩擦力。从材质上，筋带可分为金属、钢筋混凝土、CAT 钢塑复合材料、竹片、聚丙烯土工带、土工格栅等。

拉筋材料必须具有以下特性：

（1）具有较高的抗拉强度，延伸率小，蠕变小，不易产生脆性破坏。

（2）与填料之间具有足够的摩擦力。

（3）耐腐蚀和耐久性能好。

（4）具有一定的柔性，加工容易，接长及与墙面板连接简单。

（5）使用寿命长，施工简单。

筋带分为以下几种：

（1）扁钢带。扁钢带宜采用软钢（Q235 钢）轧制，可采用光面带或有肋带。断面为肩矩形。宽度不应小于 30mm，厚度不应小于 3mm。钢带表面一般应镀锌或采取其他措施进行防锈处理。镀锌时其镀锌量不应小于 0.05g/cm²。连接螺栓可采用机械行业标准镀锌螺栓，接长可采用搭板接。

（2）钢筋混凝土带。混凝土强度等级不应低于 C20，主筋为 3 号钢，直径≥8mm，为防止或减少混凝土被压裂，混凝土内常布设钢丝网；筋带连接多用焊接，也可用螺栓连接，外露钢筋表面采用沥青纤维布处理。

（3）聚丙烯土工带。聚丙烯土工带具有造价低、抗拉强度好、不易脆断、使用方便、施工简便等优点；其缺点是低模量、高蠕变，其抗拉强度受蠕变控制，使得墙面位移大或墙面平整性差，影响美观。

其技术指标如下：

容许应力：断裂强度的 1/5～1/7；

延伸率：4‰～5‰；

断裂强度：≥220kPa；

断裂延伸率：≤10%；

厚度：≥0.8mm；

表面应有粗糙花纹。

除上述筋带外，土工格栅（图 14－5）目前应用也是非常广泛。土工格栅（geogrid）

是一种主要的土工合成材料，与其他土工合成材料相比，它具有独特的性能与功效。常用作加筋土结构的筋材或复合材料的筋材等。

土工格栅分为塑料土工格栅、钢塑土工格栅、玻璃纤维土工格栅和聚酯经编涤纶土工格栅四大类。格栅是用聚丙烯、聚氯乙烯等高分子聚合物经热塑或模压而成的二维网格状或具有一定高度的三维立体网格屏栅，当作为土木工程使用时，称为土工格栅。

图 14－5　土工格栅

14.2.3.3　面板

面板的作用：防止拉筋间填土从侧向挤出，并保证拉筋、填料、墙面板构成有一定形状的整体。

面板的种类：

（1）金属面板：常用钢板、镀锌钢板、不锈钢板等。

（2）混凝土面板。

（3）钢筋混凝土面板。

国内较常采用混凝土面板与钢筋混凝土面板。板边一般有楔口和小孔，安装时使楔口相互衔接，并用短钢筋插入小孔，将墙面板从上、下、左右串成整体墙面。墙面板后填筑细粒土时，会设置反滤层。

墙面板设计应满足下列规定：

（1）作用于单板的水平土压力，应按均匀分布。

（2）单板可沿垂直方向和水平方向分别计算内力。

（3）墙面板与拉筋连接部分的配筋应加强。

（4）墙面板采用钢筋混凝土预制构件，按双向悬臂梁进行单面配筋设计。

面板周边设计成突缘错台楔口，使面板之间能相互嵌接，插销钢筋连接时，钢筋直径不能小于 10mm；面板上的拉筋结点，可采用预埋钢拉环、钢板锚头或预留穿孔等形式，露于混凝土外部的钢拉环、钢板锚头应作防锈处理，聚丙烯土工带与钢拉环的接触面应作隔离处理。

当采用混凝土或者钢筋混凝土材料的面板时还应满足如下要求：

（1）混凝土强度等级≥C20，面板厚度不小于 8cm。

（2）强度可按均布荷载作用下两端悬臂的简支梁验算，对于同一水平线上拉筋连接点超过 3 个的面板，应按超静定连续梁进行设计；能满足强度要求的素混凝土，按最小配筋率 0.2％配筋；墙高较大的加筋混凝土挡墙，除进行抗弯强度验算外，还应验算面板的抗剪强度和抗裂性。

（3）墙面板设计一般只需确定墙面板厚度，可根据墙面板的外力与所受最大弯矩进行估算，墙高小于 6m 时，面板厚度可不分段设计，而采用同一厚度。

（4）面板外形主要有十字形、槽形和六角形等；为适应顶部和角隅处的构造要求，需设计异型面板和角隅面板。详细尺寸与类型见表14-4。异形面板的使用如图14-6所示，异形面板的形式如图14-7所示。

表 14-4 　　　　　　　　　　**面 板 尺 寸 表** 　　　　　　　　　单位：cm

类型	简　　　图	高度	宽度	厚度
十字形		50～150	50～150	8～25
槽形		30～75	100～200	14～20
六角形		80～120	90～130	8～25
L形		30～50	100～200	8～12
矩形		50～100	100～200	8～25

注　1．L 型面板下缘宽度一般采用 20～25cm，厚 8～12cm；
　　2．槽型面板的底板和翼缘厚度不宜小于 5cm。

14.2.3.4 拉筋与面板的连接

面板与拉筋连接必须坚固可靠，耐腐蚀性能应与拉筋相同。钢筋混凝土拉筋与面板之间，串联式钢筋混凝土拉筋节与节之间的连接，一般采用焊接。金属薄板拉筋与墙面板之间的连接一般采用圆孔内插入螺栓连接。聚丙烯拉筋与面板的连接，可用拉环，也可直接

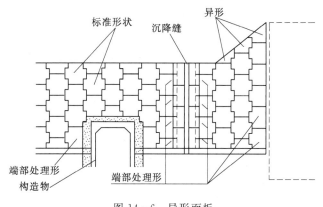

图 14-6　异形面板

穿在面板的预留孔中。埋入土中的接头拉环，以浸透沥青的玻璃丝布绕裹两层防护。

14.2.3.5 墙面板基础

混凝土浇筑或浆砌片石砌筑。一般为矩形，高为 0.25～0.4m，宽 0.3～0.5m。顶面可作一凹槽，以利于安装底层面板。土质地基基础埋深不小于 0.5m，还应考虑冻结深度、冲刷深度等。对于软弱地基，除作必要处理外，尚应考虑加大基础尺寸。土质斜坡地区，基础不能外露，其他要求如图 14-8 所示。

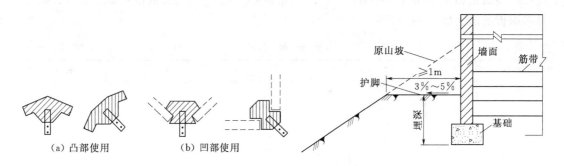

（a）凸部使用　　　（b）凹部使用

图 14-7　角隅面板　　　　　图 14-8　加筋土挡墙护脚横断面图

加筋挡土墙高度大于 12m 时，墙高的中部宜设宽度不小于 2.0m 的错台。错台顶部应设不小于 20％的排水横坡，并用混凝土板防护；当采用细粒填料时，上级墙的面板基础下应设置宽不小于 1.0m，高不小于 0.5m 的砂砾或灰垫层。错台建造示意图如图 14-9 所示。

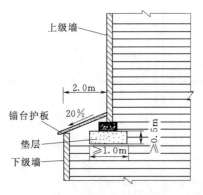

图 14-9　错台与垫层横断面图

14.2.3.6 沉降缝与伸缩缝

在地基情况变化处及墙高变化处，通常每隔 10～20m 设置沉降缝。伸缩缝与沉降缝统一考虑。面板在设缝处应设通缝，缝宽 2～3cm，缝内宜用沥青麻布或沥青木板填塞，缝的两端常设置对称的半块墙面板。

14.2.3.7 帽石与栏杆

加筋挡土墙顶面一般设置混凝土或钢筋混凝土帽石。帽石突出墙面 3～5cm，其作用是约束墙面板。栏杆高 1.0～1.5m，栏杆柱埋于帽石中，以保证栏杆坚固稳定。

14.2.3.8 加筋体的横断面形式

加筋土的断面尺寸由内部稳定性和外部稳定性的计算确定。图 14-10 列举了一些典型的加筋体横断面。一般情况下，上部筋带长度由抗拔稳定性所决定，而下部筋带长度则取决于加筋体的抗滑移稳定性、抗倾覆稳定性、地基承载力以及加筋体的整体抗滑移稳定性等中的一种或若干种因素。

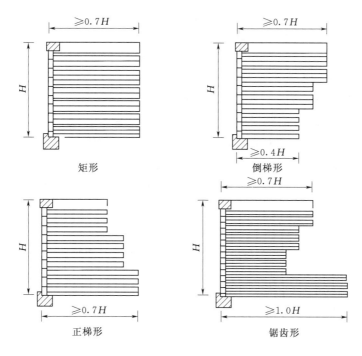

图 14-10 加筋体典型横断面

14.3 加筋土施工

14.3.1 基础施工

基础开挖时，基槽平面尺寸一般大于基础外缘 0.3m。对未风化的岩石应将岩面凿成水平台阶，台阶宽度不宜小于 0.5m，台阶长度除满足面板安装需要外，高度比不宜大于 1∶2。当基槽底土质为碎石土、砂性土或黏性土等时，均应整平夯实。对特殊土地基，应按有关规定处理。在地基上浇筑或放置预制基础，基础一定要做得平整，使得面板能够直立，须严格控制基础顶面标高，砌筑基础时可用水泥砂浆找平，基础砌筑时，应按设计要求预留沉降缝。

14.3.2 面板安装

面板可在预制厂或工地附近场地预制后再运到施工场地安装，面板可竖向堆放或平放，但应防止扣环变形和碰坏翼缘角隅，当面板平放时，其堆筑高度不宜超过 5 块，板面间宜用方木衬垫。

14.3.2.1 第一层面板安装

（1）放线。第一层面板安装是控制全墙基线是否符合设计的关键，其面板外缘线应用经纬仪测量控制，然后再进行水平测量。

（2）允许偏移量。安装时用低强度砂浆砌筑调平，同层相邻面板水平误差不大于 10mm，轴线偏差每 20m 不大于 10mm，这样可保墙面水平缝得到一致的基本要求。

（3）六角形、十字形和矩形面板安装时的排列程序按要求进行。

（4）当填料为黏性土时，由于其透水性较差，故宜在面板背后不小于 0.5m 范围内，填砂砾材料，这样既便于压实，又利于排水。

（5）面板安装可用人工或机械吊装就位，安装时单块面板倾斜度一般可内倾 1/100～1/200，作为填料压实时板外倾的预留度。

14.3.2.2　以后各层面板安装

（1）沿面板纵向每 5m 间距设标桩，面板安装时用垂球挂线，再用经纬仪测量核对。每三层面板安装完毕均应测量标高和轴线，其允许偏差量与第一层相同。

（2）为防止相邻面板错位，第一层用斜撑固定，以后各层用夹木螺栓固定。在曲线部位尤应注意安装顺适，水平误差用软木条或低强度砂浆调整。水平及倾斜的误差应逐层调整，不得将误差累积后再进行总调整。

（3）不得在未完成填土作业的面板上安装上一层面板。

（4）严禁采用坚硬石子及铁片支垫，以免应力集中损坏面板。

14.3.2.3　设有错台的高加筋土挡墙

对设有错台的高加筋土挡墙，上面板的底部应按设计要求进行处理，并应及时将错台表面封面，如浆砌块（片）石或铺砌混凝土预制块等。

14.3.3　铺设筋带

（1）钢带与面板拉环（片）的连接和钢带的接长，可用插销连结、焊接或螺栓连结。钢带应平顺铺设于已压实整平的填料上，不得弯曲或扭曲。

（2）钢筋混凝土带与面板拉环的连接以及每节钢筋混凝土带之间的连接，可采用焊接、扣环或螺栓连接。筋带底面的填料应平整和密实。钢筋混凝土带可在压实的填料达到设计标高后，按设计位置挖槽铺设；也可直接铺设于压实的填料上。

（3）聚丙烯土工带与面板的连接，一般可将土工带的一端从面板预埋拉环或预留孔中穿过，折回与另一端对齐。土工带可采用单孔穿过、上下穿过或左右环孔合并穿过，并加以绑扎，以防止移动。无论采用何种方法，均应避免土工带在环（孔）上绕成死结，不然筋带的材料会超过其弯折强度，影响筋带的使用寿命。土工带应成扇形辐射状铺设在压实整平的填料上，不宜重叠，不得卷曲或扭曲，土工带不得与硬质棱角填料直接接触。铺设时可用夹具将筋带拉紧（拉力宜保一致），再用少量填料压住筋带，使之固定并保持正确位置。

（4）在拐角处和曲线部位，各类筋带的布筋方向都应与墙面垂直，当设有加强筋时，加强筋可与面板斜交。具体铺设方法见图 14-11。

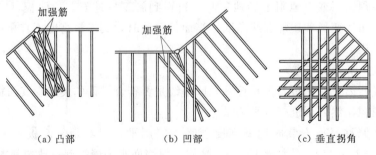

（a）凸部　　　　　（b）凹部　　　　　（c）垂直拐角

图 14-11　拐角与曲线部位拉筋的铺设

14.3.4 填料的采集、摊铺和压实

1. 填料的采集

填料采集后，应按要求作标准击实试验，加筋土填料可用人工采集或机械采集，采集时应清除表面种植土、草皮及杂土等。对浸水加筋土工程的填料。应选用水稳性好的透水性材料填筑。

2. 填料的摊铺

加筋土填料应根据筋带竖向间距进行分层摊铺。卸料时机具与面板距离不应小于 1.5m。

可用人工摊铺或机械摊铺，铺摊厚度应均匀一致，表面平整，并设有不小于 3% 的横坡。当机械摊铺时，摊铺机械距面板不应小于 1.5m。摊铺前应设明显标志，易于驾驶观察。机械运行方向应与筋带垂直，并不得在未覆盖填料的筋带上行驶或停车，不能扰动下层筋带，距面板 1.5m 范围内应用人工摊铺。对钢筋混凝土筋带顶面以上的填料，一次摊铺厚度不得小于 20cm。

3. 填料压实

碾压前应进行现场压实试验。根据碾压机械和填料性质，确定填料分层摊铺厚度和碾压遍数，以指导施工。压实时应随时检查其含水量是否满足压实要求。

每层填料摊铺完毕后应及时碾压，用黏性土作填料时，在雨季施工应采取排水和遮盖措施。填料应严格分层碾压。碾压时一般应先轻后重，并不是使用羊足碾，压路机不得在未经压实的填料上急剧改变运行方向和急刹车。

压实作业应先从筋带中部开始，逐步碾压至筋带尾部，在铺筑上层筋带前，再回填预留部分，并用人工或小型压实机具压实后再铺设上层筋带。

加筋土工程面板内测 1.0m 范围内和桥台转角的压实要求如下：

（1）应按设计规定选用填料，并优先选用透水良好的材料进行填筑。

（2）用小型压实机械先在墙面板板后轻压，再逐步向路中心压实。严禁使用大、中型压实机械。当碾压困难时，可用人工夯实，以免面板错位。

（3）加筋土工程填料压实度按表 14-5 规定的要求。

1）对加筋土工程填料的压实标准；对高速公路及一、二级公路，按重型击实试验方法求得。对三级以下（包括三级）公路，按轻型击实试验方法求得。

表 14-5 加筋土工程填料压实度

填土范围	路槽底面以下宽度 /cm	压 实 度/%	
		二、三、四级公路	高速一、二级公路
距面板 1m 范围外	0~80	≥93	≥95
	>80	≥90	≥90
距面板 1m 范围内	全部墙高	≥90	≥90

2）对特别干旱和特别潮湿地区，表 14-5 内压实度数值可减少 2%~3%。

4. 施工检验频度

距面板 1.0m 范围外，每一压实层每 5000m³ 或每 50m 不少于 3 个测点。

距面板 1.0m 范围内。每一压实层每 100 延长米不少于 3 个测点,若压实段落小于上述规定时仍取 3 个测点。

14.3.5 防水和排水

加筋土工程施工现场应先完成场地排水,以保证正常施工。

当加筋土工程区域内出现层间水、裂隙水、涌泉等时,应先修筑排水构造物再作加筋土工程。

加筋土工程中的反滤层、透水层、隔水层等防排水设施,应按设计要求与加筋体施工同步进行,对路肩式加筋土挡墙,路肩部分应进行封闭。

14.4 质量检验

质量检验项目及标准,适用于中间检查及竣工验收。

各工序完成后,应进行分项工程中间检查验收,并提供实测记录资料。经检查验收合格后方可进行下一工序施工,凡不合格者,必须进行补救或返工。

竣工验收时,应按规定提交全部竣工文件。

总体外现鉴定,其墙面板光洁无破损、平顺美观。板缝均匀,线形顺适、沉降缝上下贯通顺直、附属及防水排水工程齐全、取弃土位置合理。

思 考 题

1. 加筋土的加固机理是什么?
2. 加筋土的应用范围是什么?
3. 加筋土的特点是什么?
4. 筋带的形式是什么?
5. 加筋土面板有何形式以及如何铺装?

第 15 章　土 工 合 成 材 料

　　土工合成材料开始应用的确切年代已难以考证。只能从部分早期有里程碑意义的工程事例中知其大概；20 世纪 30 年代，聚氯乙烯土工膜已被应用游泳池防渗；1953 年美国垦务局开始用聚乙烯膜于渠道防渗；苏联也较早地在渠系上铺设设低密度聚乙烯膜；1958 年美国佛罗利达州在海岸块石护坡下展铺土工织物作反滤护垫，至今被认为是近代史土工织物应用的发端。1952—1953 年荷兰遭遇特大风暴，造成重大生命财产损失，灾后启动著名的三角洲工程，这个项目动用了大量的早期的土工织物，因此大大推动了土工织物的发展。于 1968 年，荷兰又开发研制成双层土工织物缝制成的用于护岸的混凝土模袋。

　　土工合成材料在 20 世纪 50 年代末开始盛行。以合成纤维、进料、合成橡胶等聚合物为原料制成的用于岩土工程的新型材料。它的用途极为广泛，用于排水、反滤、隔离、防侵蚀、护坡、防渗、加筋强化、垫层等许多方面，在国外，常以土木织物（Geotextile）和土工膜（Geomembrane）分别作为用于岩土工程的进水性和不透水性组合型纤维材料的总称，用于岩土工程的合成纤维材料还有各种不同的名称。如称作土工纤维、建筑织物、土工布、化纤滤网、塑料网、塑料膜等。但是，由于定义上的不明确和应用上的交织，尤其是许多新型透水与不透水组合型合成纤维材料的出现，就很难以“土工织物”和“土工膜”来划分或概括。后来建议使用“土工合成材料”（Geosyntheties）一词来概括各种类型的材料。最近几年，这一名词已被人们按受，合成材料在我国的应用开始于 20 世纪 60 年代中期。首先是塑料薄膜作渠道防渗方面的应用，后来推广到水库、水闸和蓄水池子等工程。目前，已在水利水电、公路、铁路、建筑、港口等工程中成功地得到了应用。

　　随着使用的不断扩大，土工合成材料的生产和应用技术也在迅速提高，使其逐渐形成一门新的边缘性学科。它以岩土力学为基础，与纺织工程、石油化学工程有密切联系，应用于岩土工程的各个领域。

15.1　土工合成材料的分类

　　土工合成材料分类随着新材料和新技术的发展，还将有所变化。从现状和分类趋向发展，暂将土工合成材料分为四大类，即土工织物、土工膜、特种土工合成材料和复合型土工合成材料。特种土工合成材料包括：土工垫、土工网、土工格栅、土工格室、土工膜袋和土工泡沫塑料等。复合型土工合成材料则是由上述有关材料复合而成各种类型的土工合成材料，如土工垫、土工网、土工格栅、土工格室、土工膜袋以及各种规格的土工织物、土工膜等，在国内均能生产，并已在一些工程中应用，但目前在工程实际中使用最多的还是土工织物和土工膜。

土工合成材料由合成纤维制成，合成纤维是以煤、石油、天然气和石灰石等作起始原料，经过化学加工而成聚合物（高分子化合物）。再经过机械加工制成纤维、条带、网格和薄膜等。纤维又分短丝、连续长丝（直径一般为 0.02～0.04mm）、条丝、单丝、多股丝、纺纤和各种纱线等。合成纤维的品种有锦纶、涤纶、腈纶、维纶、丙纶和氯纶等，但目前国内外用于生产土工纤维者多以丙纶（聚丙烯）、涤纶（聚酯）为主要原料。

土工合成材料可以分为以下几类：

（1）土工织物。

1）有纺土工织物：编织型（平织法、园织法）；机织型（平纹法、斜纹法）；针织型（经编法、缝编法）。

2）无纺土工织物：机械加固型（针刺法）；化学黏合型（喷胶法）；热黏合型（热轧法）。

（2）土工膜。压延型、吹塑型；聚乙烯土工膜（PE）；聚氯乙烯土工膜（PVC）；氯化聚乙烯土工膜（CPE）。

（3）土工复合材料。复合土工膜；复合土工织物；复合防、排水材料-塑料排水带、排水软管、水平排水板。

（4）土工特种材料。土工模袋、土工格栅、土工格室、土工条带、土工管、土工网、三维植被网、土工膨润土垫（GCL）；聚苯乙烯板块（EPS）、排水防水板块。

15.2　土工合成材料的特性

土工合成材料的主要特性是质地柔软而重量轻、整体连续性好、抗拉强度高，耐腐蚀性和抗微生物侵蚀性好、反滤性（土工织物）及防渗性（土工膜）好，施工简便。

15.2.1　物理特性

物理特性主要是厚度、单位面积重量和开孔尺寸等。

1. 厚度

常用的各种土工合成材料厚度：土工织物一般为 0.1～5mm，最厚的可达 10mm 以上；土工膜一般为 0.25～0.75mm，最厚的可达 2～4mm。土工格栅的厚度随部位的不同而异，其肋厚一般为 0.5～5mm。

2. 单位面积重量

土工织物和土工膜单位面积的重量取决于原材料的密度，同时受厚度、外加剂和含水量的影响，常用的土工织物和土工膜单位面积重量一般在 $50～1200g/m^3$ 的范围内。

3. 开孔尺寸

开孔尺寸亦即等效孔径：土工织物一般为 0.05～1.0mm，土工垫为 5～10mm，土工网及土工格栅为 5～100mm。

15.2.2　力学特性

力学特性上是抗拉强度、渗透性和界面的剪切摩擦等。

1. 抗拉强度

土工合成材料是柔性材料，大多通过其抗拉强度来承受荷载以发挥工程作用。因此，抗拉强度及其应变是土工合成材料主要的特性指标，由于土工织物在受力过程中厚度是变化的，故其受力大小一般以单位宽度所承受的力来表示。常用的无纺型土工织物抗拉强度为 $10\sim30kN/m$，高强度的为 $30\sim100kN/m$，常用的有纺型土工织物为 $20\sim50kN/m$，高强度的为 $50\sim100kN/m$。特高强度的编织物（包括带状织物）为 $100\sim1000kN/m$；一般的土工格栅为 $30\sim200kN/m$，高强度的为 $200\sim400kN/m$。

2. 渗透性

土工合成材料的渗透性是其重要的水力学特性之一。根据工程应用的需要，常要确定垂直于和平行于织物平面的渗透性。渗透性主要以渗透系数表示。土工织物的渗透系数约为 $8\times10^{-4}\sim5\times10^{-1}cm/s$，其中无纺型土工织物的渗透系数为 $4\times10^{-3}\sim5\times10^{-3}cm/s$。土工膜的渗透系数为 $i\times10^{-10}\sim i\times10^{-11}cm/s$。

3. 剪切摩擦

土工合成材料作为加筋材料埋在土内，或作为反滤反铺在土坡上，都将与周围土体构成复合体系。两种材料在外荷及自重作用下产生变形时，将会沿其界面发生相互剪切摩擦作用。根据剪切摩擦试验，土与土工合成材料之间的黏着力一般很小，通常可以略去不计。土与土工合成材料之间的摩擦角是与土的颗粒大小、形状、密实度和土工合成材料的种类、孔径以及厚度等因素有关。对于细粒土（如细砂、粉土等，其粒径小于织物孔隙）以及疏松的中砂等与织物之间的摩擦角，大致接近于土的内摩擦角；对于粗粒土（如粗砂、砾石，其粒径大于织物的空隙）以及密实的中细砂等与织物之间的摩擦角，小于土的内摩擦角。

土工合成材料的力学特性，除了上述抗拉强度、渗透性和剪切摩擦等主要力学特性外，还有撕裂强度（反映土工合成材料抵抗撕裂的能力）、顶破强度（反映土工合成材料抵抗带有棱角的块石或树枝刺破的能力）、穿透强度（模拟具有尖角的石块或带尖用的工具跌落在土工合成材料上的破坏情况）和握持抗拉强度（反映土工合成材料分散集中荷载的能力）等，有关这些强度指标的测试，可参考《土工合成材料测试手册》。

15.3 土工合成材料的作用

土工合成材料用于岩土工程中所起的作用，可以概括为反滤、排水、隔离，加筋、防渗和防护等作用。

15.3.1 反滤作用

在土工建筑物中，为了防止流土（流砂）、管涌破坏，常需设置砂石料所组合的反滤层。而土工合成材料完全可以取代这种常规的砂石料反滤层，起到防止渗透破坏的反滤作用。编织的、机织的和无纺的土工织物都可以起到这种反滤作用（图 15-1）。如土石坝黏土心墙或黏土斜墙的反滤层等，都可以用土工合成材料代替。

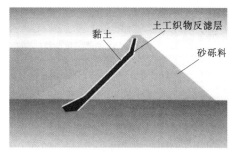

图 15-1 反滤作用应用

15.3.2　排水作用

某些具有一定厚度的土工合成材料有着良好的三维透水特性，利用这种特性，除了可以透水反滤外，还可使水经过土工织物的平面迅速地沿水平向排泄，且不会堵塞，构成水平排水层。此外，它还可与其他储水材料（如粗粒料、排水管、塑料排水带等）一起构成排水系统或深层排水井，如图 15-2 所示。

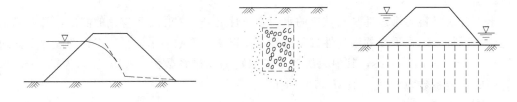

（a）土坝内部垂直和水平排水　　（b）土工织物包裹排水盲沟作用　　（c）软基处理的垂直和水平排水

图 15-2　排水作用应用

15.3.3　隔离作用

土工合成材料设置在两种不同的土（材料）之间，或者设置在土与其他材料之间予以隔开，以免相互混杂失去各种材料和结构的完整性，或发生土粒流失现象，如图 15-3 所示。

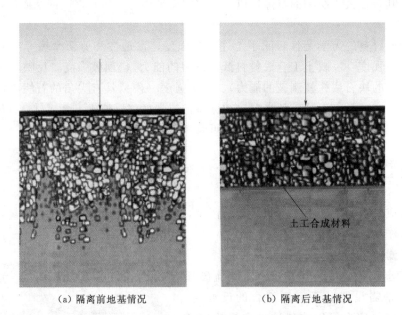

（a）隔离前地基情况　　　　　　　　（b）隔离后地基情况

图 15-3　土工合成材料隔离作用应用

15.3.4　加筋作用

由于土工合成材料具有较高的抗拉强度，又具有较好的柔性，容许一定的变形而不破坏。当以适当的方式铺设在土中时可以约束土的拉伸应变，减少土的变形，从而增加土的模量。改变土的受力状况增加土的稳定性，如图 15-4 所示。

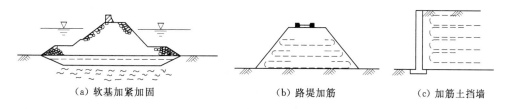

(a) 软基加紧加固　　　　　　　(b) 路堤加筋　　　　　　　　(c) 加筋土挡墙

图 15-4　土工合成材料加筋作用应用

15.3.5　防渗作用

土工膜和复合性土工合成材料可以防止液体的渗漏、气体的挥发，保护环境或建筑物的安全。例如，土坝或水闸地基的垂直防渗墙，渠道防渗，水闸上游护坦及护坡防渗等，如图 15-5 所示。

(a) 土坝的垂直防渗墙　　　　　　(b) 道防渗　　　　　　(c) 闸上游护坦及护坡防渗

图 15-5　土工合成材料防渗作用应用

15.3.6　防护作用

土工合成材料对土体或水面，可以起防护作用。例如，防止河岸成海岸被冲刷，防止土体的冻害，防止路面发生裂缝，防止水面蒸发或空气中的灰尘污染水面等，如图 15-6 所示。

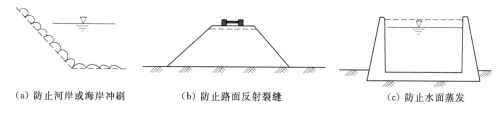

(a) 防止河岸或海岸冲刷　　　　(b) 防止路面反射裂缝　　　　　(c) 防止水面蒸发

图 15-6　防护作用应用

必须指出，在工程实际中运用土工合成材料往往是几种作用的综合，其中有的是主要的，有的是次要的。例如，土工合成材料用于松砂或软土地基上的铁路路基，隔离作用是主要的，反滤和加筋作用是次要的。而土工合成材料用于软土地基上的公路路基，加筋作用是主要的，隔离和反滤作用是次要的。

15.4　设计方法和施工要点

由于土工合成材料在岩土工程中的应用，主要是反滤、排水、隔离、加筋、防渗和防护等，目前大多处于探索和开发阶段，尚无公认可靠的计算理论和设计方法，也缺少可遵循的技术规范和标准。故此处只能简单介绍设计的原则，以及反滤和地基加固应用方面的设计要点。

15.4.1 设计的一般原则

1. 设计步骤

运用土工合成材料的工程，其设计程序和其他土建工程的设计程序一样，应包括①确定工程范围和目标；②勘察查明场地的工程地质和水文地质条件；③初步拟定 2~3 个设计方案进行比选；④建立分析模型计算方法和确定设计参数；⑤进行分析计算；⑥根据经济和技术可行性，比选并确定最佳方案；⑦作出详细的设计；⑧确定施工检测手段。

2. 进行工程设计计算时需考虑

（1）要考虑到与应用结构形式有关的危险因素及其对结构破坏的影响。如用于永久性建筑，一旦土工合成材料被破坏，将会严重损害建筑物的安全。因而应特别仔细和慎重周密的考虑。对于大多数的临时工程，即使发生破坏也可很快修复。并且不会影响整个建筑物的安全使用的，则可大胆地应用土工合成材料，但也应认真对待。

（2）分析不利条件的影响。例如，对超软土地基，重大载荷条件、较大水头、正反两向渗流和紊流等的水力条件，以及土工合成材料用作排水时遇到级配不连续的土等。

（3）考虑土工合成材料对整个工程设计和施工的影响。例如，对水下铺设合成材料。拟采取何种施工方法和措施等。

15.4.2 土工织物的反滤设计

如图 15-7 所示，在图的左侧为堆石排水体，中间是铺设的土工织物，右侧为被保护的土体。渗流方向自右向左，在单向渗流的情况下，初期紧贴土工织物的土体中发生细颗粒向滤层移动，其中一部分极细颗粒通过土工织物被带走，剩下较粗的颗粒。同时，这一较粗的颗粒层又有组织后面的极细粒继续被带走的性能，而且越往后，极细颗粒被带走的可能性就越小。这样，土工织物就与其紧贴的部分土体形成了一道由粗颗粒及细颗粒组成的"天然"反滤层，能有效地起到反滤作用，确保被保护的土体不致发生管涌，因此，铺设土工织物能起反滤层的作用，并不是土工织物成了反滤层而是由于有了土工织物的"媒介"作用，使被保护的土体内形成了"天然"反滤层。

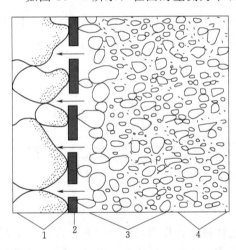

图 15-7 反滤机理示意图
1—排水体；2—土工织物；3—"天然"
反滤层；4—原土体

15.4.3 反滤设计准则

为了使土工织物起到反滤作用，则要对土工织物提出一定的设计要求，规定设计准则。设计时除了要求符合反滤条件的准则外，还应同时考虑到隔离、平面排水和加筋加固作用的要求，以便保证其反滤层的稳定、连续和正常工作，从而达到预期的效果，所选用的土工织物必满足两个基本要求。

（1）防止发生管涌。被保护土体中的颗粒（极细小的颗粒除外）不得从土工织物中的孔隙中流失。因此，土工织物的孔径不能太大。

（2）保证水流通畅。防止保护土体的细颗粒停留在土织物内发生淤堵。因此，土工织物的孔径不能太小。

可见，这两个基本要求是互相矛盾的。设计者的任务，就是要根据被保护土体的特性。选用一种合适孔径的土工织物。

针对上述两个基本要求，国内外已提出了不少设计准则。这些准则考虑的因素就是土工织物的孔径、水力坡降、被保护土体的粒径、渗透系数等之间的关系。

因为现在土工织物还没有一个公认的、统一的准则，可供设计使用。即使按照同一标准，由于所采用的指标不完全相同（因试验方法尚不统一），所得的结果也会有较大差异。这里介绍一些常用的反滤设计标准，供设计时参考。

15.4.3.1 按常规砂石料反滤层设计准则所导出的准则

关于常规砂石料反滤层的设计准则，1948 年首次由太沙基（K. Terraghi）和潘克（R. B. Peek）提出，即应满足以下两条准则。

为防止管涌：

$$D_{15f} < 5D_{85b} \tag{15-1}$$

为保证进水：

$$D_{15f} > 5D_{15b} \tag{15-2}$$

式中 D_{15f}——反滤料的特征粒径，相应于粒径分布曲线上小于某粒径的土粒含量 P 为 15％时的粒径，mm；

D_{85b}、D_{15b}——被保护土料的特征粒径，分别相应于粒径分布曲线上 P 为 85％、15％时的粒径，mm。

从式（15-1）和式（15-2）可以看出，通过调整反滤料与被保护土料两者的粒径大小来体现的，而实际的物理意义，应该是反滤料孔隙大小与被保护土料粒径大小的关系。利用常规砂石料反滤准则以导出土工织物反滤准则时，只要将式（15-1）和式（15-2）改写为孔径与粒径的关系，然后认为土工织物的孔径相当于反滤料孔隙即可。

将式（15-1）和式（15-2）中的 D_{15f} 改换成以孔隙直径表达的形式，亦即

$$D_{15f} = 5d_f \tag{15-3}$$

式中 d_f——反滤材料孔隙的平均直径。

于是，得

$$d_f < D_{85b} \tag{15-4}$$

$$d_f > D_{15b} \tag{15-5}$$

对于土工织物来讲，就可用其有效孔径 O_e 取代以上两式中的 d_f，故得到土工织物的反滤设计准则为

$$O_e < D_{85b} \tag{15-6}$$

$$O_e > D_{15b} \tag{15-7}$$

这种准则已在工程实际中被采用，只是对土工织物的有效孔径 O_e 的取值还未统一，如选用 O_{85}，O_{90}，或 O_{50}。但由于土工织物孔隙大小一般比较均匀，故这三个数值相差不多。

式（15-6）和式（15-7）所表示的准则，若用粒径分布曲线表示，就更明显。以上

准则只适用于无黏性土，对于黏性土，在常规砂石料反滤层设计时，其准则为

$$D_{15f} < 0.4\text{mm} \tag{15-8}$$

将式（15-3）代入上式，则得：$d_f < 0.08\text{mm}$。因此，土工织物用于黏性土反滤时，要求：

$$O_e < 0.08\text{mm} \tag{15-9}$$

15.4.3.2　美国陆军工程师的准则

美国陆军工程师团水道试验站是最早研究土工织物用于反滤的单位之一。1972 年就制定了指导性准则，1975 年、1977 年又做过几次修改。

陆军工程师团准则（1977）：

为防止管涌：

$$O_e = D_{85d} \tag{15-10}$$

为保证进水：

$$O_e \geqslant 0.149\text{mm} \tag{15-11}$$

此处土工织物的有效孔径 O_e 用 O_{98}。

同时还规定：对于黏粒含量大于 50% 的土料，则 $O_e < 0.21\text{mm}$；对 $D_{85b} < 0.074\text{mm}$ 的土料，不宜采用土工织物作滤层。

这种准则非常简单，物理概念明确，在我国工程实际中已被广泛使用。但由于假定滤层材料与被保护的无黏性土都是均质的，没有考虑到被保护土层可能形成"天然"反滤层，因此使用陆军工程师团队准则也是偏于安全和保守的。

15.4.3.3　荷兰的准则

兰德尔夫特（Delft）水力试验室，1975 年提出的防止无黏性土管涌的准则为

对有纺型织物：

$$O_{90} \leqslant D_{90b} \tag{15-12}$$

对无纺型织物：

$$O_{90} \leqslant 1.8 D_{90b} \tag{15-13}$$

以上介绍的反滤设计准则，只适用于静荷载条件下的单向水流。

15.4.4　运用土工织物加固堤坝软基时的稳定设计

15.4.4.1　土工织物加固堤坝软基的作用机理

在软土地基上修建堤坝或路堤加固设计时，主要考虑的问题如下：

（1）堤坝的一部分沿土工织物滑动的稳定性。

（2）边坡连同地基的滑动稳定性。

（3）防止土工织物过量的变形。

如图 15-8（a）所示，土坝的某一部分堤坝在另一部分堤坝的侧向土压力作用下，就必然使部分堤坝所在地基承受剪应力。因此要求土体与土工织物之间必须有足够大的摩阻力，有些堤坝工程中，往往将土工织物直接铺设在软土地基表面，那样由于土工织物与软土接触界面上摩阻力极小，不足以抵抗堤坝体产生的剪应力，就容易滑动。为此，要求土工织物铺设在砂垫层之间，形成土工织物与砂垫层复合加固地基。这种复合加固对改善软土地基的变形和提高地基稳定性有着明显的作用。

如图15-8（b）所示，若堤坝的边坡较陡，地基土质软弱，则有可能土坡连同一部分地基绕某一滑弧滑动。铺设了土工织物，由于土工织物抗拉力产生的稳定力矩，从而提高了地基的稳定性。

所谓过量变形是指图15-8（c）所示的情况，即堤坝中心轴线处发生很大的垂直变形（沉降），中心轴线两侧的垂直变形较小，在堤脚附近的地面还有隆起现象。铺设土工织物后，由于它对地基侧向有约束作用，减少了侧向变形，从而相应地减少了垂直变形。

根据试验研究，在基底铺设了土工织物，则地基中位移场就偏移，位移减少，地基中剪应变较大（超过15%）的区域也相应缩小。特别是在浅层，土工织物作

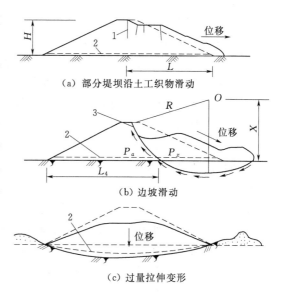

（a）部分堤坝沿土工织物滑动

（b）边坡滑动

（c）过量拉伸变形

图15-8 加筋堤坝的三种破坏形式
1—拉伸裂缝；2—土工织物；3—破坏面

用相当明显，从而难以形成贯通的滑动面，这样也就提高了地基稳定性。同时，铺设土工织物后，能使地基中难以形成贯通的滑动面，同时改善了堤基的沉降量。这也就是土工织物加固软基的作用原理。

15.4.4.2 土工织物加固堤坝软基的稳定分析

土工织物用作增加堤坝、路堤填土稳定性时，其铺设方式有两种：一中是铺设在堤坝或路堤基底与填土间；另一种是在堤身内填土层间铺设。地基的稳定分析时，常采用圆弧滑动，铺设土工织物后，因土工织物承受了拉力，增加了一个稳定力矩，从而使安全系数K增大。荷兰法的计算模型是假定在滑动处土工织物发生与滑弧相适应的扭曲，认为土工织物的拉力方向与滑弧相切。采用瑞典法计算模型是假定土工织物的拉应力总是保持原来铺设方向（图15-9），由于土工

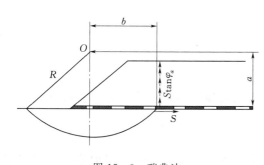

图15-9 瑞典法

织物拉力S的存在，就产生两个稳定力矩，即$S \cdot a$和$\varphi S \cdot \tan\varphi \cdot b$。

计算式为

$$K = \frac{\sum(c_i l_i + Q\cos\alpha\tan\varphi)R + S(a + b\tan\varphi)}{\sum Q\sin\alpha R} \qquad (15-14)$$

式中　R——滑弧半径，m；

a、b——力臂，m；

φ——堤坝填土的内摩擦角，（°）。

根据这样的稳定验算，在基底铺设土工织物后，其稳定安全系数一般能提高2%～

8％。例如，不铺设土工织物，若算得稳定安全系数 $K=1.0$，则铺设土工织物后，$K=$ 1.02～1.08，从现有的稳定分析计算结果，还看不出对提高稳定性有明显效果。因此，对铺设土工织物后地基的稳定验算方法还有进一步探讨的必要。根据运用有限元法和以有效应力表示的圆弧滑动稳定分析计算堤坝的稳定性和变形，计算结果与实测资料比较接近，但有有限元法计算参数不易确定，其计算结果也只能作为参考。

15.4.5　施工要点

土工织物是按一定规格的幅宽和长度在工厂进行定型生产的。因此，这些材料运到现场后，两块织物之间还应进行连接。连接的方式，一般有如下几种。

1. 搭接法

将相邻两块织物重叠一部分，一般重叠宽度为 30～90cm，如图 15-10（a）所示，轻型建筑物可取小值。织物的压重增大或倾斜度增大时，搭接长度也要相应增大，在水下进行不规则铺设时，搭接长度还要大一些。在搭接处应尽量避免受力，以免织物移动。若织物上铺有一层砂土，最好不采用搭接法，因砂土极易挤入两层织物之间而将织物抬起。

2. 缝合法

用移动式缝合机将尼龙或涤纶线面对面缝合或折叠缝合，如图 15-10（b）、（c）所示。可缝成单道线，也可缝成双道线。一般采用对面缝，按缝处的强度可达到织物强度的 80％，如采用折叠缝并用双道缝合，则可取得更高的强度。缝合法能节省材料，但施工费时。

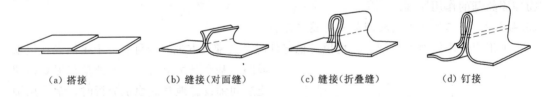

　　（a）搭接　　　　　　（b）缝接（对面缝）　　　　（c）缝接（折叠缝）　　　　（d）钉接

图 15-10　接缝连接方式

3. 钉接法

用 U 形钉将两块织物连接起来，U 形钉应能防锈，接缝方法最好是折叠式，如图 15-10（d）所示。钉接的按缝强度一般低于缝合法。

4. 黏接法

此法又可分为加热黏接法、胶粘剂黏接法和双面胶布黏接法，黏接时搭接宽度可取 10cm 左右，其接缝处的强度与土工织物原有的强度相同。双曲胶布黏接法工艺复杂，不宜在现场使用。

15.4.6　施工中应注意的问题

（1）当土工织物用作反滤层时，应使织物有均匀折皱，使其保持一定松紧度，以防在抛填石块时产生超过织物弹性极限的变形。

（2）铺设土工织物滤层的关键是保证织物的连续性，使织物在弯曲、折皱、重叠以及拉伸至显著程度时，仍不丧失抗拉强度，为此，尤应注意接缝的连接质量。

（3）若用块石保护土工织物，施工时将块石轻轻铺放，不得在高处抛掷。块石下落高度大于 1m 时，任何类型的土工织物都有可能被击破，有棱角的重块石在 0.3m 高度下落，便能损坏土工织物。如块石下落的情况不可避免时，应先在织物上铺一层砂对其加以保护。

（4）土工织物铺完之后，不得长时间受阳光曝晒，最好在一个月之内把上面的保护层做好，备用的土工织物在运送、储存过程中，也应加以遮盖，不得长时间受阳光曝晒。

（5）当土工织物用作软土地基上的堤坝、路堤加紧加固时，基底必须加以清理，清除树根、植物及草根等物。基底面要平整，尤其是水面以下的基底面，要先抛一层砂，将凹凸不平的基底面予以平整，再由潜水员下去检查是否平整。因为铺设在凹凸不平基底面上的土工织物呈"波浪形"，当堤身荷载作用引起沉降，这时土工织物不易张拉，也就难以发挥其抗拉强度。

（6）土工织物应沿堤轴线的横向展开铺设，不容许有褶皱，更不容许断开，并尽量以人工拉紧。

（7）铺设前，应将土工织物予以抽样检查。对照出厂标准和试验要求指标，不合格的坚决不用，以保证质量，如在铺设前发现土工织物有破洞、撕裂等破损情况，应立即处理。

思　考　题

1. 土工合成材料的分类有哪些？
2. 土工合成材料的工程特性是什么？
3. 土工合成材料的作用是什么？
4. 土工合成材料的搭接方法有哪些？

第16章 土 层 锚 杆

土层锚杆（亦称土锚）是一种新型的受拉杆件，它是在岩石锚杆的基础上发展起来的，1958 年联邦德国在深基坑开挖中首次运用。土层锚杆技术近三十年来得到迅猛的发展，目前它已成为现代建筑技术的重要组成部分。随着我国工程建设的不断发展，土层锚杆在高层建筑深基坑施工中的应用日渐增多，取得了较好的效果。尤其是当深基坑邻近已有建筑物和构筑物、交通干线或地下管线时，深基坑难以放坡开挖，或基坑宽度较大、较深，对支护结构采用内支撑的方法不经济或不可能时，在这种情况下采用土层锚杆支承支护结构，维护深基坑的稳定，对简化支撑、改善施工条件和加快施工进度能起很大的作用。

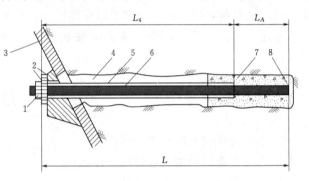

图 16-1　土层锚杆的构造
1—锚头；2—锚头垫座；3—支护结构；4—钻孔；5—防护套管；6—拉杆（拉索）；7—锚固体；8—锚底板

16.1　土层锚杆的构造

土层锚杆的主要构造如图 16-1 所示。锚杆在工程中的应用如图 16-2 所示。

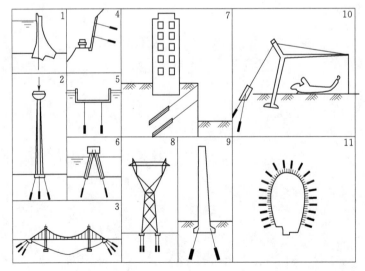

图 16-2　锚杆应用示意图
1—大坝；2—电视塔；3—悬索桥；4—公路一侧；5—水池；6—栈桥；7—房屋建筑；
8—高价电缆铁塔；9—烟囱；10—机库大跨度结构；11—隧道孔壁

16.2　土层锚杆的类型和加固机理

土层锚杆之所以能锚固在土层中作为一种受拉杆件，主要是由于锚杆在土层中具有一定的抗拔力。当锚固段锚杆受力，首先通过拉杆与周边水泥砂浆握裹力传到砂浆中，然后通过砂浆传到周围土体。传递过程中随着荷载增加，拉杆与水泥砂浆黏结力逐渐发展到锚杆的下端，待锚固段内发挥最大黏结力时，就发生与土体的相对位移，随即发生土与锚杆的摩阻力，直到极限摩阻力。抗拔试验表明，拉力小时锚杆位移量极小，拉力增大，位移增大，当拉力达到一定时，位移不稳定，甚至不加力时位移仍不停止，此时可认为锚杆已经进入破坏阶段。

土层锚杆通常是按垂直于地面的方向或者与开挖面呈某一角度来布置的，无论按何种方式布置，从锚固体向地基的传力方式来看，大致可分为摩擦型，支承型，摩擦-支承型三种。

1. 摩擦型锚杆

摩擦型锚杆是通过锚固体对其周围的摩擦阻力，将土层锚杆所受的抗拔力传递到稳定土体中去的一类锚杆。设摩阻力为 F，支承力为 Q，则当 F 远大于 Q 时，此时锚固体的抗拉拔机理为摩擦型方式。

2. 支承型锚杆

支承型锚杆指锚固体通过局部扩孔，主要由作用于锚固体断面上的被动土压力来抵抗锚杆拉拔力的一类锚杆，亦即锚固体的支承机理可考虑为 F 远小于 Q。

3. 摩擦-支承型锚杆

工程中使用的土层锚杆大多数为摩擦型锚杆，而支承型锚杆较少采用。但是即使是支承型锚杆，由于扩孔后锚固体表面积变大，其摩擦阻力分担的力也相当大，故在张拉力作用时，大多可考虑摩擦力和支承力同时起作用，这类锚杆为摩擦-支承型锚杆。

16.3　土层锚杆的特点

（1）土层锚杆系统位于坑外，基坑挖土方便。

（2）可施加预应力，对挡墙位移有一定控制作用。

（3）基坑周边地层需有足够空间，以利锚杆施工。

（4）适用范围广。

（5）首层土锚要有一定的覆土厚度，以保证一定的抗拔力，不能直接布于浅层。

（6）无坑内立柱与支撑，地下结构施工方便，还可省却拆撑、换撑等工序。

16.4　勘察要求

土层锚杆工程在设计与施工前必须进行工程勘察。工程勘察宜分为初步勘察和详细勘察两阶段，对于总平面位置已定的工程，也可仅进行详细勘察。

16.4.1　初步勘察

初步勘察阶段主要为确定锚杆的布置和方案，以及为锚杆的基本试验提供工程地质资料，并对场地土作出评价。由于土层锚杆为受拉体系，因此勘察点深度不受建筑物总重量及对地基变形要求的控制，但必须查明场地土范围内具有良好的锚固层。

16.4.2　详细勘察

详细勘察阶段主要为锚杆设计与施工提供工程地质资料，并作出分析和评价。为此，勘察要求如下：

（1）勘察点间距应为 30～50m，若为单项工程，并锚固工程基础为坞式或筏型基础时，则勘察点数量不应少于 5 个。

（2）勘察点深度宜取估计锚固端深度以下 1～2m。

（3）在锚固段范围内提供每层土的物理性质和力学指标，有条件时，尽可采用适宜土的原位测试。

（4）在具有对锚杆和灌浆材料腐蚀的特殊情况下（如温泉地区、矿渣废弃场、工厂废料场等），必须查明地下水对锚杆的腐蚀性，并据此研究防腐措施。

（5）对于斜土层锚杆还必须查明：

1）场地土地形。

2）邻近建筑物（建筑结构、基础形式、有无地下室等）。

3）地下埋设物（上下水管道、煤气管道、电缆管线等）及地上输电线（电话线、高压线）。

4）周围道路、轻轨、高架、地铁等交通情况以及与施工有关的资料（运输条件，施工用水及用电）。

5）附近河道，城市岸壁。

16.5　设计计算

16.5.1　土层锚杆的布置

土层锚杆的布置应遵守以下规定：

（1）锚杆的上下排间距不应小于 1.50～3.00m 或 20 倍锚杆直径，锚杆的水平方向间距不应小于 1.50～2.50m，此时不需考虑群锚折减系数。

（2）锚杆锚固体上覆土层厚度不应小于 4.00m，以避免车辆荷载的影响及灌浆时可能产生地面的隆起。

（3）斜锚杆的水平倾角不应小于 130° 和不应大于 450°，一般以 150～350° 为宜。

16.5.2　锚杆的安全系数值

锚杆的安全系数值，对于一般地基应按表 16-1 确定，对于软土地基可按表 16-2 确定。

锚杆的安全系数是锚杆各部件的极限抗力对设计荷载的比值。安全系数取决于工程服务年限，使用条件，结构设计中的不确定因素和风险性。使用年限在两年及两年以上者为永久性锚杆；使用年限小于两年者为临时性锚杆。

表 16－1 **一般地基锚杆安全系数**

锚杆破坏后危害程度	安 全 系 数	
	临时锚杆	永久锚杆
危害轻微，不会构成公共安全问题	1.4	1.8
危害较大，但公共安全无问题	1.6	2.0
危害大，会出现公共安全问题	1.8	2.2

表 16－2 **软土地基锚杆安全系数**

锚杆使用期限	安全系数	锚杆使用期限	安全系数
永久性锚杆（≥2 年）	2.0～2.5	临时性锚杆（<2 年）	1.5～2.0

16.5.3 锚杆钢筋截面面积

锚杆预应力钢筋截面面积按下式确定：

$$A = \frac{KN_t}{f_{prk}} \tag{16-1}$$

式中　N_t——锚杆的设计轴向拉力；

　　　K——锚杆的安全系数；

　　　f_{prk}——钢丝、钢绞线、钢筋强度标准值。

16.5.4 锚固段长度

（1）黏性土中圆柱型锚杆锚固段长度由下式确定：

$$L_m = \frac{KN_t}{\pi D_1 q_k} \tag{16-2}$$

式中　D_1——锚固体直径；

　　　q_k——土体与锚固体间黏结强度值，一般由试验确定。

（2）黏性土中端部扩大头型锚固段长度由下式确定：

$$L_m = \frac{k}{\pi q_k}\left(\frac{N_t - R_t}{D_1}\right) \tag{16-3}$$

式中　R_t——单个扩大头的承载力。

（3）非黏性土中圆柱形锚杆锚固段长度由下式确定：

$$L_m = \frac{KN_t}{\pi D_1 (q_3 + \sigma\tan\delta)} \tag{16-4}$$

式中　σ——土体与锚固体间的摩擦角；

　　　δ——锚固体剪切面上的法向应力。

16.5.5 土层锚杆的极限抗拔力

土层锚杆的极限抗拔力可按法国学者 P·Habib 提出的式（16－5）计算：

$$N_{cd} = \pi D_1 \int_{Z_1}^{Z_1+L_2} q_z \,\mathrm{d}z + \pi D_2 \int_{Z_2}^{Z_2+L_2} q_3 \,\mathrm{d}z + qA \tag{16-5}$$

式中　q——锚固体扩大段的单位面积承压抗力；

A——锚固体扩大段的有效承压面积。

对于永久性锚杆，锚杆侧表面积与土体的黏结强度，锚固体扩大段的承压抗力，极限拉拔力必须通过基本实验确定。对灌浆式锚杆，其灌浆，加压和钻孔是否良好，对锚杆与土体的黏结强度也有很大的影响。

16.6　整体稳定

当使用土层锚杆来稳定建筑物时，除了应研究锚杆的极限拉拔力外，还应研究包括建筑物锚杆地基在内的整体稳定。可按下列不同的情况进行计算。

（1）当支护体系中锚杆深度不足时，滑动面发生在锚固体之外，这时，整体稳定可按圆弧滑动计算，当采用总应力法确定土体的抗剪程度时，圆弧滑动面上的稳定安全系数 K 可用简单条分法计算。

（2）当支护体系具有足够的安全度时，圆弧面发生在锚固体系之内，整体稳定常用 E-Kranz 法求出土层锚杆设计水平力之比，即为整体稳定安全系数。此系数应大于 1.50。

（3）地下建筑物与水工构筑物锚杆体系的抗浮稳定计算中，通常不计锚固体的活荷载。当浮托力为最大时，抗浮稳定的安全系数必须等于及大于 1.10。

$$K = \frac{结构物自重 + 锚固土块抗力}{浮托力} \geqslant 1.10 \qquad (16-6)$$

16.7　土层锚杆的施工工艺

16.7.1　施工准备

（1）土层锚杆施工必须清楚施工地区的土层分布和各土层的物理力学特性（天然重度、含水量、孔隙比、渗透系数、压缩模量、凝聚力、内摩擦角等）。这对于确定土层锚杆的布置和选择钻孔方法等都十分重要。还需了解地下水位及其随时间的变化情况，以及地下水中化学物质的成分和含量，以便研究对土层锚杆腐蚀的可能性和应采取的防腐措施。

（2）查明土层锚杆施工地区的地下管线、构筑物等的位置和情况，慎重研究土层锚杆施工对它们产生的影响。

（3）研究土层锚杆施工对邻近建筑物等的影响，如土层锚杆的长度超出建筑红线、还应得到有关部门和单位的批准或许可。

（4）编制土层锚杆施工组织设计，确定土层锚杆的施工顺序，保证供水、排水和动力的需要，制订钻孔机械的进场、正常使用和保养维修制度，安排好施工进度和劳动组织；在施工之前还应安排设计单位进行技术交底，以全面了解设计的意图。

16.7.2　材料选用

16.7.2.1　水泥浆体材料

1. 水泥

水泥宜选用普通硅酸盐水泥，对永久性锚体所用水泥不得含有大于 0.02％氧化物及

0.1％硫化物，不得使用高铝水泥。当需要早期强度时，可使用早强硅酸盐水泥。

2. 水

用于拌和纯水泥浆和水泥砂浆的水，不得含有油、酸、盐类，有机物及其他对灌浆材料和预应力钢丝、钢绞线、钢筋产生不良影响的物质。

3. 细骨料

细骨料应为粒径不大于 2mm 的坚硬中，细沙，砂中不应含有垃圾、泥土、有机物等有害物质。

4. 外加剂

水泥中掺外加剂及混合料必须符合该类产品的技术标准，其中水泥浆中氯化物含量不得超过外加剂总量的 0.1％。

16.7.2.2 锚束材料

该材料以采用钢绞线、高强钢丝或精轧螺纹钢最为合适。当上述材料供应有困难时也可采用 2 级或 3 级钢筋，这时锚杆的长度宜小于 20m。

16.7.2.3 锚具材料

1. 锚具

锚具必须是能承受锚束材料标准拉伸荷载的结构，宜具有必要的强度。通常采用预应力混凝土用的锚具，最常用的 JM 系列钢绞线锚具和 QM 系列钢绞线锚具的规格。

2. 锚板和锚座

锚板和锚座由钢、铸钢、混凝土等制成。这种结构必须能充分承受被锚固锚束的拉伸荷载。通常情况下，锚座同时承受锚束的垂直分力和水平分力。所以它必须具有能将应力传递给被加固结构的合适形状。

16.7.3 施工方法

16.7.3.1 钻孔

坚硬黏性土和不易坍孔的土层宜选用地质钻机、螺旋钻机或土锚专用钻机，饱和黏性土及易坍孔的土层宜选用带护壁套管的土锚专用钻机。钻机工艺直接影响锚杆的工程质量、功效和成本，因此提高钻孔质量是锚杆施工工艺中十分重要的环节。土层锚杆的钻孔工艺，直接影响土层锚杆的承载能力、施工效率和整个支护工程的成本。钻孔的费用一般占成本的 30％以上，有时甚至超过 50％。钻孔时注意尽量不要扰动土体，尽量减少土的液化，要减少原来应力场的变化，尽量不使自重应力释放。

1. 施工工具

土层锚杆的成孔设备，国外一般采用履带行走全液压万能钻孔机，孔径范围 50～320mm，具有体积小、使用方便、适应多种土层、成孔效率高等优点。国内使用的有螺旋式钻孔机、冲击式钻孔机和旋转冲击式钻孔机。在黄土地区亦可采用洛阳铲形成锚杆孔穴，孔径 70～80mm。

2. 土层锚杆施工要点

(1) 孔壁要求平直，以便安放钢拉杆和灌注水泥浆。

(2) 孔壁不得坍陷和松动，否则影响钢拉杆安放和土层锚杆的承载能力。

(3) 钻孔时不得使用膨润土循环泥浆护壁，以免在孔壁上形成泥皮，降低锚固体与土壁间的摩阻力。

（4）土层锚杆的钻孔多数有一定的倾角，因此孔壁的稳定性较差。

（5）由于土层锚杆的长细比很大，孔洞很长，保证钻孔的准确方向和直线性较困难，容易偏斜和弯曲。

（6）土层锚杆的水平误差不得大于 25cm，标高误差不得大于 10cm。

（7）扩孔的方法通常有四种：机械扩孔、爆炸扩孔、水力扩孔和压浆扩孔。

16.7.3.2 杆体（锚束）的组装和安放

土层锚杆用的拉杆，常用的有粗钢筋、钢丝束和钢绞线。当承载能力较小时，多用粗钢筋；承载能力较大时，多用钢绞线。拉杆使用前要除锈。成孔后即可将制作好的通长、中间无节点的钢拉杆插入管尖的锥形孔内。为将拉杆安置于钻孔的中心，防止非锚固段产生过大的挠度和插入孔时不搅动孔壁，和保证拉杆有足够厚度的水泥浆保护层，通常在拉杆表面上设置定位器（图 16-3）。定位器的间距，在锚固段为 2m 左右，在非锚固段多为 4～5m。在灌浆前将钻管口封闭，接上压浆管，即可进行注浆，浇注锚固体。

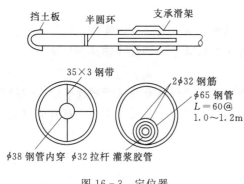

图 16-3　定位器

16.7.3.3 灌浆

灌浆的作用为形成锚固段，将锚杆锚固在土层中；防止钢拉杆腐蚀；充填土层中的孔隙和裂缝。

灌浆的材料要求：灌浆的浆液为水泥砂浆（细砂）或水泥浆。水泥一般不宜用高铝水泥，由于氯化物会引起钢拉杆腐蚀，因此其含量不应超过水泥重的 0.1%。我国多用普通硅酸盐水泥；拌和水泥浆或水泥砂浆所用的水，一般应避免采用含高浓度氯化物的水，因为它会加速钢拉杆的腐蚀；一般常用的水灰比为 0.38～0.45。以便用压力泵将其顺利注入钻孔和钢拉杆周围。

1. 一次灌浆

灌浆作业从钻孔底部开始，灌浆过程中应确保从钻孔底部中顺利的排水，排气，直到结束后为止。灌浆作业不得中断，一次灌浆的灌浆压力通常采用 0.3～0.5MPa。从钻孔到第一次灌浆完成尽可能快速进行，通过一次灌浆在规定的位置上形成锚固体。对于一次灌浆应遵守以下规定：

（1）锚杆的灌浆材料宜采用 1:1～1:2 灰砂比，水灰比宜采用 0.38～0.45 的水泥砂浆或 0.45～0.50 纯水泥浆，必要时可加入一定量的外加剂或掺和剂，外加剂一般控制在 0.2%～0.15% 左右，随不同种类的外加剂而异。

（2）灌浆浆液需搅拌均匀，随搅随用，浆液应在初凝前用完，并严防石块和杂物等混入。

（3）灌浆作业开始时或中途停止超过 10min 以上，宜用水或稀水泥浆润滑灌浆泵及灌浆管路。

(4) 灌浆时，灌浆管端口距孔底应保持 50～100mm 的距离。

(5) 待孔口溢出浆液或排气管停止排气时，才可以停止灌浆。

2. 二次高压灌浆

为了进一步提高锚杆的拉拔能力，可在一次灌浆完成后，锚固体达到相当强度时进行二次高压灌浆，二次灌浆的灌浆压力可高达 6～8MPa。二次高压灌浆时，灌浆管出口的浆液对锚固体周围的土层施加了附加压应力，使土体发生剪切裂缝，而浆液沿裂缝面劈裂注入，从而提高了锚杆拉拔力。因此，对锚固体采用二次高压灌浆纯系劈裂灌浆的一种方法。对于二次高压灌浆应遵守下列规定：

(1) 对锚固体进行二次高压灌浆，应在一次灌浆形成水泥结石体强度达到 5MPa 后，方可依次由上而下分段进行灌浆。

(2) 二次高压灌浆的浆材宜选用水灰比为 0.45～0.50 纯水泥浆。

二次高压灌浆主要是劈裂一次灌浆形成的锚固体结石，并向周围土体渗透，挤压，扩散，已形成连续球体。若一次灌浆的浆体尚未形成一定强度结石时，劈裂灌浆难以实现，若结石强度过高时，则二次灌浆不能冲开水泥结石体。因此，对于二次灌浆必须把握住一次灌浆结石强度与时间，为此除凭以往工作经验以外，可对不同的土层进行必要实验室实验。

16.7.3.4 张拉与锚固

土层锚杆灌浆后，待锚固体强度达到 80％设计强度以上，便可对锚杆进行张拉和锚固。张拉前先在支护结构上安装围檩。张拉用设备与预应力结构张拉所用者相同。

若钢拉杆为变形钢筋，其端部加焊一螺丝端杆，用螺母锚固。若钢拉杆为光圆钢筋，可直接在其端部攻丝，用螺母锚固。如用精轧钢纹钢筋，可直接用螺母锚固。张拉粗钢筋用一般单作用千斤顶。

钢拉杆为钢丝束，锚具多为镦头锚，也用单作用千斤顶张拉。

16.8 质量检验与监测

由于锚杆工程的工程地质与施工条件有很大差异，因而锚杆性能易发生很大变化。为验证锚杆是否达到设计承载能力，对于工程锚杆必须进行验收实验，验收实验锚杆数量应取锚杆总数的 5％，并进行随机抽样。

16.8.1 最大实验荷载的确定

(1) 永久性锚杆的最大实验荷载为锚杆设计轴向拉力值的 1.5 倍，且不宜超过应力筋值 $A \cdot f_{ptk}$ 的 7/10。

(2) 临时性锚杆的最大实验荷载为锚杆设计轴向力值的 1.2 倍，且不应超过应力筋 $A \cdot f_{ptk}$ 的 7/10。

16.8.2 加筋方式与加筋时间

(1) 初始荷载宜取锚杆设计轴向拉力值的 1/10。

(2) 加荷等级与各等级荷载观测时间应满足表 16-3 的规定。

表 16 - 3　　　　　　　　　加荷等级与各级等集合在观测时间

加荷等级	测 定 时 间/min	
	临时锚杆	永久锚杆
$Q_1 = 0.10N_t$	5	5
$Q_2 = 0.25N_t$	5	5
$Q_3 = 0.50N_t$	5	10
$Q_4 = 0.75N_t$	10	10
$Q_5 = 1.00N_t$	10	15
$Q_6 = 1.20N_t$	15	15
$Q_7 = 1.50N_t$	—	15

注　N_t—锚杆的设计轴向拉力值。

（3）在每级加荷等级观测时间内，测读锚头位移不应少于 3 次。

（4）最大实验荷载观测 15min 后，卸荷至 $0.1N_t$ 量测位移，然后加荷至锁定荷载锁定。

16.8.3　锚杆验收标准

（1）验收实验所得的总弹性位移应超过自由段长度理论弹性伸长 80％，且小于自由段长度与 0.5 锚固段长度之和这一理论弹性伸长。

（2）在最大实验荷载作用下，锚头位移趋于稳定。

16.8.4　锚杆预应力长期监测与控制

永久性锚杆及其用于重要工程的临时性锚杆，应对锚杆预应力进行长期的监测，当锚杆和被加固的构筑物及其周围地层出现异常状况时，必须根据观察和量测的结果进行研究。

锚杆竣工后，其预应力值一般随着时间而减少，并逐渐趋于稳定，对于变幅较大的锚杆，其预应力值的损失会延续相当长的时间。因此，对锚杆监测时间应视锚杆的永久性及重要性而定，通常不宜少于 1 年，进行长期监测的预应力永久锚杆的根数，应不少于锚杆总数的 5％～10％。

锚杆的预应力值可采用下列方法进行监测：

（1）在锚杆中埋设测力传感器测定。

（2）在锚具中设置油压型测力传感器进行顶升实验测定。

（3）通过千斤顶顶升实验测定。

预应力的变化值，在最初 10 天内应每天记录一次，以后每 10 天记录一次，一个月后每月记录一次。预应力变化值一般不宜大于设计荷载的 10％，必要时，可采用二次或多次张拉，以补偿预应力损失。

对于锚固构筑物和周围地层的变形和位移，可采用地表测斜仪，孔内测斜仪，孔隙水压计，经纬仪和光波测距仪等进行监测。

思 考 题

1. 土层锚杆的构造是什么？
2. 土层锚杆的加固机理是什么？
3. 什么是层锚杆的加固系数？如何计算？

第17章 土 钉 墙

土钉是一种原位加固土技术，就像是在土中设置钉子，故名土钉。土钉按施工方法可分为钻孔灌浆型土钉、打入型土钉、射入型土钉和打入灌浆型土钉。我国目前应用最多的是钻孔灌浆型土钉。

土钉墙则是土钉加固技术的总称，它是由原位土体、设置在土体中的土钉和喷射混凝土面层组成；原位土体通过土钉的加强，并在坡面上喷射混凝土，形成一个土体加固区带，其作用类似于重力式挡土墙（图17-1），以此来抵御加固区带外的土压力和其他作用力，从而使开挖的边坡稳定。土钉墙主要用于基坑开挖支护和天然边坡加固处理，是一项实用的原位岩土加固技术。

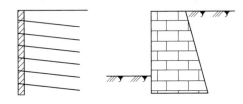

图17-1 土钉墙与重力式挡土墙

20世纪70年代初期，德国、法国和美国都独立地开始了土钉墙的研究和应用，但土钉墙起源思路有所不同。在德国，土钉墙是基于挡土墙系统发展起来的（图17-2）。在20世纪50年代末期，通过土层锚杆的使用，使挡土结构有了一个新的发展，人们可以在基坑开挖之前，建造起诸如桩、连续墙以及板桩墙等深长的墙体构筑物，利用土层锚杆对其进行背拉处理，从而发展了锚杆挡土墙。10年之后，人们又发展了一种新型挡土构筑物，即锚杆构件墙，它是将预制的混凝土构件纵横交错排列在开挖过的土层表面，用锚杆对其进行背拉处理，它是一种可以与挖方工程同时进行作业的方法。加筋土的出现，用于填方工程中，具有良好的经济效果，这是因为此种结构物的主体部分是由土构成的；但修建这种挡土墙必须从底部到顶部进行施工，也就是说，在建造此种墙体前，必须进行完全的开挖。基于对这种结构的改进，人们于70年代初期发展了土钉加固的方法（即土钉墙）。这样人们使用了与加筋土墙建造顺序相反的方法，即把天然土体用土钉就地加固，并进行喷射混凝土护面，从而形成土钉墙。

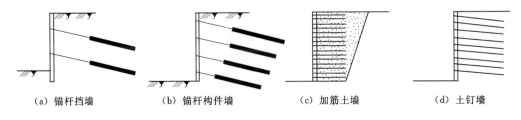

（a）锚杆挡墙　　（b）锚杆构件墙　　（c）加筋土墙　　（d）土钉墙

图17-2 挡土墙系统的发展

在法国，土钉墙是基于新奥法的原理发展起来的。出现在20世纪60年代初新的奥地利隧道施工法——即新奥法，是利用喷射混凝土与全长黏结的锚杆相结合，为岩石隧道开挖提供及时有效的稳定支护。后来，新奥法在土质隧道中得到了成功的应用。1972 年法国承包商 Bouygues 提出了新奥法原理应用于土质边坡和软岩边坡的临时支护，并在法国凡尔赛市铁路边坡开挖工程中进行了成功的应用；该边坡高为 14m，坡角 70°，总加固面积为 12000m²，使用了 25000 根钻孔灌浆土钉，这就是土钉墙的首次应用，在这以后，法国在边坡稳定和深基坑开挖支护中普遍使用土钉技术。几乎在同时，德国和美国也发展了土钉墙技术，但都是独立地进行，只有在 1979 年巴黎关于地基加固国际会议之后，由于各国信息交流，使得土钉墙技术得到迅速发展和应用，受到土木工程界的极大重视。1990年在美国召开的挡土结构国际学术会议上，土钉墙作为一个独立的专题与其他支挡形式并列，它成为一个独立的地基加固学科分支。

我国在土钉墙技术方面近年来发展很快，尤其是土钉墙用于深基坑支护工程的实例非常之多。冶金部建筑研究总院从 1988 年起进行土钉墙技术的研究，包栝土钉加固原理、设计方法、施工工艺、施工机具、质量检验、量测和监测等，并在深圳、北京、厦门、惠州、武汉、广州等地应用于基坑支护和边坡工程几十余项，取得了良好的效果。与此同时，总参科研三所（他们称为喷锚网支护）、北京工业大学（他们称为插筋补强护坡）、山西煤矿设计院（他们称为土钉）等单位各自均在进行土钉墙的试验研究和工程应用，中国华西公司应用了一种新型土钉（他们称为锚管），是将一根约 6m 长的钢管前半部管壁上打许多小孔，小孔外焊短角钢加以保护并形成倒齿，用特制的铁锤打入土壁中，然后进行压力灌浆形成土钉，这种土钉特别适合于成孔困难的粉细砂层和较软土层中设置，其提供的摩阻力比直接打入粗钢筋或角钢这样的土钉高，这种土钉在许多工程中得到了使用。目前，《建筑基坑支护技术规程》（JGJ 120—2012），也将土钉墙列为一种独立的支护型式，这说明土钉墙技术作为一个学科分支，已经从试验研究阶段走向了工程的普遍应用。

17.1 土钉墙的特点及适用性

土钉墙融合了锚杆挡墙和加筋土墙的优点，应用于基坑开挖支护和边坡稳定处理中，具有以下特点：

（1）土钉墙形成一个加固区复合体，充分利用了土体本身的强度，这样大大降低了支护工程的造价，据测算，土钉墙比其他支护方案（如护坡排桩、锚杆挡墙）节约投资 30%～50%，经济效益好。

（2）施工灵活、机具简单。设置土钉采用的机具及喷射混凝土设备都属可移动的小型机械，移动灵活，所占场地也小，这些机械的振动小、噪声低，在城区施工具有明显的优越性。

（3）土钉墙随基坑开挖逐次分段实施作业，土钉施工速度快，不占或少占单独作业时间，施工效益高。土钉墙快速施工，可适应开挖中的土层条件的变化，易于使土坡得到稳定。

（4）土钉墙本身变形很小，对相邻建筑物和地下管线影响也小。

土钉墙适用于地下水位低于基坑开挖底面或经过降水措施使地下水位低于开挖面的情况。为保证土钉的施工，土层在分段开挖时，应能自立稳定，为此，土钉适用于有一定黏性的杂填土、黏性土、粉性土、黄土类土及含有 30％以上黏土颗粒的砂土边坡。此外，当采用喷射混凝土面层或坡面浅层灌浆等稳定坡面措施，能够保证每一阶坡台阶的自立稳定时，也可采用土钉墙支护作为稳定砂土边坡的方法。

对标贯击数低于 10 击或相对密实度低于 0.3 的砂土边坡，采用土钉法一般是不经济的；对塑性指数 I_p 大于 20 的黏性土，必须仔细评价其徐变特性后，方可将土钉墙用作永久性支挡结构；土钉墙不宜用于含水丰富的粉细砂层、砂卵石层，其主要原因是成孔困难，土钉施工难度大。土钉墙不适用于软土边坡，这是由于软土只能提供很低的界面摩阻力，假如采用土钉稳定软土边坡，其长度与设置密度均需提得很高，且成孔时保护孔壁的稳定也较困难，技术经济综合效益均不理想。

17.2　勘察要求

（1）查明基坑周边的地层结构和土的物理力学性质，重点试验项目为土的重度、快剪或固结快剪试验、三轴不固结不排水剪或固结不排水剪、渗透试验、压缩试验，对砂性土要做休止角试验。勘察报告中应提供土的重度 γ，土的内摩擦角 ϕ、土的黏聚力 c 及土的变形模量 E。

（2）查明地下水类型、埋藏条件及渗透性，分析地下水对基坑开挖、基底隆起和支护结构的影响，判断人工降低地下水位的可能性，并评价对已有建筑物和地面沉降的影响，提供降低地下水位设计、施工所需有关资料。

（3）对基坑邻近建筑物、管线、道路的现状进行调查，判断基坑开挖对其影响的程度。勘察报告中应提供邻近建筑物、管线、道路与基坑的相互关系、基础形式及埋置深度等内容。

（4）勘察平面图，其上应附有基坑开挖线和周边环境概况；沿开挖线的工程地质剖面图及垂直于基坑边线的典型地质剖面图。

17.3　设计计算

土钉墙工程设计应包括以下内容：
（1）确定土钉墙的结构尺寸及分段施工长度与高度。
（2）设计土钉的长度、间距及布置、孔径、钢筋直径等。
（3）设计面层和灌浆参数。
（4）进行内部和外部稳定性分析计算。
（5）进行构造设计及质量控制要求。
根据土钉墙的设计内容，具体设计计算如下。

17.3.1　确定土钉墙结构尺寸

土钉墙适用于地下水位以上或经人工降水后的人工填土、黏性土和弱胶结砂土的基坑支护，基坑高度以 5～14m 为宜，所以在初步设计时，先根据基坑环境条件和工程地质资料，决定土钉墙的适用性，然后确定土钉墙的结构尺寸，土钉墙高度由工程开挖深度决定，开挖面坡度可取 60°～90°，在条件许可时，尽可能降低坡面坡度。

土钉墙均是分层分段施工，每层开挖的最大高度取决于该土体可以站立而不破坏的能力。在砂性土中，每层开挖高度一般为 0.5～2.0m，在黏性土中可以增大一些。开挖高度一般与土钉竖向间距相同，常用 1.0～1.5m；每层开挖的纵向长度，取决于土体维持稳定的最长时间和施工流程的相互衔接，一般多用 10m 长。

17.3.2 土钉参数的设计

根据土钉墙结构尺寸和工程地质条件，进行土钉的主要参数设计，包括土钉长度、间距、布置、孔径和钢筋直径等。

17.3.2.1 土钉长度

在实际工程中，土钉长度一般不超过土坡的垂直高度。试验表明，对高度小于 12m 的土坡采用相同的施工工艺，在同类土质条件下，当土钉长度达到垂直高度时，再增加其长度对承载力的提高不明显；另外，土钉越长，施工难度越大，单位长度费用越高，所以选择土钉长度是综合考虑技术、经济和施工难易程度后的结果。Schlosser（1982）认为，当土坡倾斜时，倾斜面侧向土压力降低，这就能使土钉的长度比垂直加筋土挡墙拉筋的长度短。因此，土钉的长度常采用约为坡面垂直高度的 60%～70%。Bruce 和 Jewell（1987）通过对十几项土钉工程分析表明：对钻孔灌浆型土钉，用于粒状土陡坡加固时，其长度比（土钉长度与坡面垂直高度之比）一般为 0.5～0.8；对打入型土钉，用于加固粒状土陡坡时，其长度比一般为 0.5～0.6。

17.3.2.2 土钉直径及间距布置

土钉直径 D 可根据成孔方法确定。人工成孔时，孔径一般为 70～120mm；机械成孔时，孔径一般为 100～150mm，土钉间距包括水平间距 S_x 和垂直间距 S_y，对钻孔灌浆型土钉，可按 6～12 倍土钉直径 D 选定土钉行距和列距，且宜满足：

$$S_x S_y = KDL \tag{17-1}$$

式中　K——灌浆工艺系数，对一次压力灌浆工艺，取 1.5～2.5；

　　　D——土钉直径，m；

　　　L——土钉长度，m；

S_x、S_y——土钉水平间距和垂直间距，m。

经统计分析表明：对钻孔灌浆型土钉用于加固粒状土陡坡时，其黏结比 $D \cdot L/(S_x S_y)$ 为 0.3～0.6；对打入型土钉，用于加固粒状土陡坡时，其黏结比为 0.6～1.1。

17.3.2.3 土钉钢筋直径 d 的选择

为了增强土钉钢筋与砂浆（纯水泥浆）的握裹力和抗拉强度，土钉钢筋一般采用Ⅱ级以上变形钢筋，钢筋直径一般为 $\phi16$～$\phi32$，常用 $\phi25$，土钉钢筋直径也可按下式估算：

$$d = (20 \times 25) \cdot 10^{-3} (S_x S_y)^{1/2} \tag{17-2}$$

统计资料表明：对钻孔灌浆型土钉，用于粒状土陡坡加固时，其布筋率 $d^2/(S_x S_y)$ 为 $(0.4～0.8) \times 10^{-3}$；对打入型土钉，用于粒状陡坡时，其布筋率为 $(1.3～1.9) \times 10^{-3}$。

17.3.3 内部稳定性分析

土钉墙内部稳定性分析是为了保证土钉墙本身的稳定。国内外有数种不同的分析方法，国外的有：法国方法、德国方法、美国的 Davis 法、英国的 Bridle 法、运动学方法、有限元方法、Schlosser 方法和通用极限平衡法等；国内的有：太原煤矿设计院方法、北京工业大学方法、总参科研三所方法、清华大学方法和冶建总院方法等。下面仅介绍冶建总院方法。

17.3.3.1　基本假定

（1）破裂面为圆弧形，破坏是由圆形破裂面确定的准刚性区整体滑动产生的。

（2）破坏时，土钉的最大拉力和剪力在破裂面处。

（3）土体抗剪强度（由库仑破坏准则定义）沿着破裂面全部发挥。

（4）假定小土条两边的水平作用力相等。

17.3.3.2　土钉力简化

土钉的实际受力状态非常复杂，一般情况下，土钉中产生拉应力、剪应力和弯矩，土钉通过这个复合的受力状态对土钉墙稳定性起作用。为了要合理地确定土钉所产生的拉力、剪力和弯矩的大小，就需要知道土体中会出现的变形、土钉的弯曲刚度、土钉的抗弯能力以及土钉周围土体的侧向刚度，但这在实际工程中往往是比较困难的。单就土钉的抗拉能力而言，土钉界面摩阻力分布也是非均匀的，一般在破裂面处最大，往两边逐渐减小，对常用的 3～12m 的土钉，土钉界面摩阻力简化成沿土钉全长均匀分布。该法在土钉墙稳定性分析计算中仅考虑土钉的抗拉作用，这是因为同激发侧向力相比，激发土钉的抗拉能力所要求的土体变形量要小得多，而且只考虑土钉的抗拉作用就使得分析计算大大简化。大量试验认为，土钉剪力的作用是次要的，仅考虑抗拉作用的设计虽有点保守，却是很方便的设计方法。

土钉的抗拉作用具体计算为该土钉与破裂面交点处的土钉拉力，简化后的破裂面与土钉相交处的土钉抗拉能力标准值 T_x 可计算如下：

（1）由土钉与土体界面的抗剪强度 τ_f 计算，则

$$T_{x1} = \pi D L_B \tau_f \qquad (17-3)$$

式中　L_B——土钉伸入破裂面外约束区内长度，m；

　　　τ_f——土钉与土体间的抗剪强度标准值（一般由试验资料确定，如果无试验资料，可由该处土体抗剪强度换算），kN/m^2。

由土钉钢筋强度 f_y 计算，则

$$T_{X2} = f_y A_s \qquad (17-4)$$

式中　A_s——钢筋截面积，m^2；

　　　f_y——钢筋抗拉强度标准值，kN/m^2。

（2）由钢筋与砂浆间的粘结强度计算，则

$$T_{X3} = \pi d L_B \tau_g \qquad (17-5)$$

式中　d——钢筋直径，m；

　　　τ_g——刚筋与砂浆界面的黏结强度标准值（当无试验资料时，可用灌浆体的抗剪强度代替），kN/m^2。

在式（17-3）～式（17-5）计算中，取用小值作为土钉的抗拉能力标准值。一般情况下，土钉的抗拉能力标准值由式（17-3）决定，从许多试验结果可以看出，土钉破坏均是土钉与土体界面的破坏，即土钉被拔出。

17.3.3.3 最危险破裂面的选择

土钉墙的实际破裂面是无任何确定形状的，这种破裂面形状取决于坡面的几何形状、土的强度参数、土钉间距、土钉能力以及土钉的倾斜角度等等。该方法分析采用圆弧形破裂面，是因为它与一些试验结果比较接近，并且圆弧形破裂面分析计算比较容易。虽然土钉为空间三维分布，为简化计算，仍以二维方式取给定长度来进行土钉墙的稳定性分析。最危险破裂面具体选择方法如下。

1. 确定可能圆心点位置

根据对于土坡稳定性分析的研究结果，土坡圆弧滑动可能的圆心位置是：$x = H[(40-\varphi)/70-(\beta-40)/50]$，$y = H[0.8+(40-\varphi)/100]$ 它与土的内摩擦角 φ 值、边坡高度 H 及边坡坡角 β 值有关。我们将此圆心位置作为土钉墙稳定性分析圆心搜索区域的中心。

2. 确定圆心搜索区范围

以上面确定的圆心位置为中心，四个方向各扩大 $0.35H_i$，形成一个 $0.7H_i \times 0.7H_i$ 的矩形区域作为计算滑裂面圆心的搜索范围，经反复计算验证，上面所确定的区域已足够大，再扩大搜索计算范围已无必要，此处 $H_i = H + H_0$。（H 为每次计算的坡高，H_0 为坡顶超载换算高度）。

3. 确定最危险破裂面

在滑裂面圆心搜索范围内按一定规律确定 $m \times n$ 个圆心，以圆心到计算高度底部连线为半径画弧，确定了 $m \times n$ 个圆弧形破裂面，分别计算每个滑裂面上考虑与不考虑土钉作用的稳定安全系数，并分别从中选择最小安全系数所对应的滑动面，即为最危险破裂面。

4. 整体安全系数计算

整体安全系数计算为改进的稳定性分析条分法。对于施工时不同开挖高度和使用时不同位置，对应于每个圆心沿破裂面滑动的安全系数计算为滑裂面上抗滑力矩与下滑力矩之比。

（1）当不考虑土钉作用时，其安全系数 K_i 计算为

$$K_{si} = \frac{\sum CiL + \sum W_i \cos\theta_i \tan\varphi_i}{\sum W_i \sin\theta_i} \tag{17-6}$$

（2）当考虑土钉作用时，其安全系数 K_{pi} 计算为

$$K_{pi} = \frac{\sum CiLiS + \sum W_i \cos\theta_i \tan\varphi_i S + \sum T_{xj} \cos(\theta_i + \alpha_i) \tan\varphi_i}{\sum W_i \sin\theta_i S} \tag{17-7}$$

式中　K_{si}——不考虑土钉作用时安全系数；

$\quad\quad K_{pi}$——考虑土钉作用后安全系数；

$\quad\quad Ci$——土体的黏聚力，kPa；

$\quad\quad \varphi_i$——土体的内摩擦角，（°）；

$\quad\quad Li$——土条滑动面弧长，m；

$\quad\quad W$——土条重量，kN；

$\quad\quad T_{xj}$——某位置土钉的抗拉拔能力标准值，kN；

$\quad\quad S$——计算单元的长度，m；

$\quad\quad \theta_i$——滑动面某处切线与水平面之间的夹角，（°）；

α_i——某土钉与水平面之间的夹角，(°)。

计算取得结果是每个计算高度中考虑与不考虑土钉作用的最小安全系数及对应圆心点位置，安全系数分别表示为 K_{smin} 和 K_{pmin}，一般情况下 K_{pmin} 应大于 1.2。

5. 计算高度的选择

(1) 使用阶段计算高度的选择。根据以前的试验情况分析，在土钉墙建成以后，滑裂面破坏一般都通过土钉头附近位置；在最下排土钉离基坑底面较近的情况下，最危险的滑动面常常通过最下排土钉头位置。因此，除了计算基坑底部的滑裂面安全系数外，还需计算每排土钉头位置处的滑裂面安全系数。

(2) 施工阶段计算高度的选择。由于土钉墙是从上到下逐段施工而形成的，因而在基坑边坡开挖阶段的稳定性非常重要，它往往比建成土钉墙后使用阶段的稳定性更处于危险的状态，尤其是某一层开挖完毕，而土钉还没有安装的情况下。因此，计算时选取每个开挖阶段的这个时刻进行稳定性分析。

6. 土钉抗拔力极限状态验算

土钉抗拔力的验算是对整体稳定性分析的补充，是从另一个角度核算土钉的抗拔能力，与内部稳定性分析结果是一致的。为简化计算，给定破裂面形状。土钉抗拔力验算包括单根土钉抗拔力验算和计算断面内全部土钉总抗拔力验算。

(1) 单根土钉抗拔力验算。在面层土压力的作用下，土钉墙内部给定破裂面后的土钉有效锚固段，应提供足够的抗拉能力标准值，而使土钉不被拔出或拉断，应满足下式：

$$K_{Bj} = \frac{T_{xj}\cos\alpha_j}{e_{Bj}S_xS_y} \tag{17-8}$$

$$T_{xj} = \pi D\tau_f[L - (H - H_j)\sin[\beta + \varphi]/2]/\{\sin\beta\sin[(\beta + \varphi)/2 + \alpha_j]\}$$

式中 K_{Bj}——某一土钉抗拔力安全系数，取 1.5~2.0，对临时性土钉墙工程取小值，永久性工程取大值；

T_{xj}——第 j 个土钉破裂面外土体提供的有效抗拉能力标准值 (kN)，破裂面与水平面间的夹角取 $(\beta + \varphi)/2$；

β——边坡坡角，(°)；

e_{Bj}——主动土压力强度，kPa；

H——土钉墙高度，m；

H_j——土钉距坡顶的距离，m。

(2) 总抗拔力验算。由土钉墙内部给定破裂面后土钉有效抗拔能力标准值，对土钉墙底部的力矩应大于主动土压力所产生的力矩，即

$$K_F = \frac{\sum T_{xj}(H - H_j)\cos\alpha_j}{E_aH_a} \tag{17-9}$$

式中 K_F——总体抗拔力安全系数，取 2.0~3.0，对临时性土钉墙工程取小值，永久性工程取大值；

E_a——整个面层所受的主动土压力合力，kN；

H_a——主动土压力合力到土钉墙底面的距离，m。

17.3.4 外部稳定性分析

以土钉原位加固土体，当土钉达到一定密度时所形成的复合体，就会出现类似加筋土

挡墙外部破裂面现象，在土钉加固范围内形成一个"土墙"，在内部自身稳定得到保证的情况下，它的作用类似重力式挡墙，所以土钉墙外部稳定性分析可按重力式挡墙考虑，包括土钉墙的抗倾覆稳定、抗滑动稳定及墙底地基承载力稳定性。计算时，简化"土墙"的厚度可取 11/12 土钉在水平方向的投影长度，"土墙"长度方向可取单位长度计算。

17.4 施工方法

土钉墙施工过程包括以下几个方面。

17.4.1 作业面开挖

土钉墙施工是随着工作面开挖分层施工的，每层开挖的最大高度取决于该土体可以站立而不破坏的能力，在砂性土中每层开挖高度为 0.5～2.0m，在黏性土中每次开挖高度可按式（17-10）估算：

$$h = \frac{2c}{\gamma \tan(45° - \phi/2)} \tag{17-10}$$

式中　h——每层开挖深度，m；

　　　c——土的黏聚力（直剪快剪），kPa；

　　　γ——土的重度，kN/m³；

　　　ϕ——土的内摩擦角（直剪快剪），(°)。

开挖高度一般与土钉竖向间距相匹配，便于土钉施工。每层开挖的纵向长度，取决于交叉施工期间保持坡面稳定的坡面面积和施工流程的相互衔接，长度一般为 10m。使用的开挖施工设备必须能挖出光滑规则的斜坡面，最大限度地减少对支护土层的扰动。松动部分在坡面支护前必须予以清除。对松散的或干燥的无黏性土，尤其是当坡面受到外来振动时，要先行进行灌浆处理，在附近爆破可能产生的影响也必须予以考虑。在用挖土机挖土时，应辅以人工修整。

17.4.2 喷射混凝土面层

一般情况下，为了防止土体松弛和崩解，必须尽快做第一层喷射混凝土。根据地层的性质，可以在安设土钉之前做，也可以在放置土钉之后做。对于临时性支护来说，面层可以做一层，厚度 50～150mm；而对永久性支护则多用两层或三层，厚度为 100～300mm。喷射混凝土强度等级不应低于 C15，混凝土中水泥含量不宜低于 400kg/m³。喷射混凝土最大骨料尺寸不宜大于 15mm，通常为 10mm。两次喷射作业应留一定的时间间隔。为使施工搭接方便，每层下部 300mm 暂不喷射，并做 45°的斜面形状，为了使土钉同面层能很好地连接成整体，一般在面层与土钉交接中间加一块 150mm×150mm×10mm 或 200mm×200mm×12mm 的承压板，承压板后一般放置 4～8 根加强钢筋。在喷射混凝土中，应配置一定数量的钢筋网，钢筋网能对面层起加强作用，并对调整面层应力有着重要的意义。钢筋网间距通常双向均为 200～300mm，钢筋直径为 $\phi6$～$\phi10$，在喷射混凝土面层中配置 1～2 层。

17.4.3 排降水措施

当地下水位较高时，应采取人工降低地下水措施，一般沿坡顶每隔 10m 左右设置一个降水井，常采用管井井点降水法，效果比较好。

在降水的同时，也要做好坡顶、坡面和坡底的排水，应提前沿坡顶挖设排水沟，并在坡顶一定范围内用混凝土或砂浆护面以排除地表水。坡面排水可在喷射混凝土面层中设置排水管，一般使用 300～500mm 长的带孔塑料管子，向上倾斜 5°～10°排除面层后的积水。在坡底设置排水沟和积水坑，将排入积水坑的水及时抽走。

17.4.4 土钉施工

土钉施工包括定位、成孔、置筋、灌浆等工序，一般情况下，可借鉴土层锚杆的施工经验和规范。

1. 成孔

成孔工艺和方法与土层条件，机具装备和施工单位的手段和经验有关。当前国内大多数采用螺旋钻、洛阳铲等干法成孔设备，也可使用如土锚专用钻机成孔。由于土钉往往要在脚手架上施工，且钻孔长度较短，要求使用重量轻、易操作及搬运的钻机。为满足土钉钻孔的要求，可选用岩石电钻，配置 ϕ75 的麻花钻杆，每节钻杆长 1.5m，钻机整机重量 40kg，搬运操作非常方便，钻孔速度 0.2～0.5m/min，工效较高，适合于土钉施工。

依据土层锚杆的经验，孔壁"抹光"会降低浆土的黏结作用，当采用回转或冲击回转方法成孔时，建议不要采用膨润土或其他悬浮泥浆做钻进护壁。

显然，在用打入法设置土钉时，不需要进行预先钻孔。在条件适宜时，安装速度是很快的。直接打入土钉的办法对含块石的土是不适宜的，在松散的弱胶结粒状土中应用时要谨慎，以免引起土钉周围土体局部结构破坏，而降低土钉与土体间的黏结力。

2. 置筋

在置筋前，最好采用压缩空气将孔内残留及扰动的废土清除干净。土钉的钢筋一般采用Ⅰ级螺纹钢筋，为保证钢筋在孔中的位置，在钢筋上每隔 2～3m 焊置一个定位架。

3. 灌浆

土钉灌浆可采用灌浆泵或砂浆泵灌注，浆液采用纯水泥浆或水泥砂浆。纯水泥浆可用 425 号普通硅酸盐水泥，用搅碎装置按水灰比 0.45 左右搅拌，水泥砂浆采用 1:2 至 1:3 的配合比，用砂浆搅拌机搅拌，再采用灌浆泵或灰浆泵进行常压或高压灌浆。为保证土钉与周围土体紧密结合，在孔口处设置止浆塞并旋紧，使其与孔壁紧密贴合。在止浆塞上将灌浆管插入灌浆口，深入至孔底 0.2～0.5m 处，灌浆管连接灌浆泵，边灌浆边向孔口方向拔管，直至注满为止，放松止浆塞，将灌浆管与止浆塞拔出，用黏性土或水泥砂浆充填孔口。为防止水泥砂浆或水泥浆在硬化过程中产生干缩裂缝，提高其防腐性能，保证浆体与周围土壁的紧密黏合，可掺入一定量的膨胀剂。具体掺入量由试验确定，以满足补偿收缩为准。为提高水泥砂浆或水泥浆的早期强度，加速硬化，可掺入速凝剂或早强剂。

17.4.5 土钉防腐

在正常环境条件下，对临时性支护工程，一般仅由砂浆做锈蚀防护层，有时可在钢筋表面涂一层防锈涂料；对永久性工程，可在钢筋外加环状塑料保护层或涂多层防腐涂料，以提高钢筋锈蚀防护的能力。

17.4.6 边坡表面处理

对临时支护的土钉墙工程来说，只要求喷射混凝土同边坡面很好地黏结在一起就行了，而对永久性工程来说，边坡表面还必须考虑美观的要求，有时使用预制的面板或喷涂。

17.5 质量检验与监测

土钉墙工程质量检验包括土钉的基本抗拔力试验、土钉抗拔力检验试验、原材料的进场检验、喷射混凝土面层强度和厚度检验等。

17.5.1 土钉抗拔力试验

严格来说，每种地层均应分别做抗拔力试验，为土钉墙设计提供依据或用以证明设计中使用的黏结力是否合适。由于土钉的整体作用是主要的，不像锚杆那样要求高，所以只有对重要的工程，设计或施工前需要进行土钉的基本抗拔力试验，以确定土钉界面摩阻力的分布型式及土钉的极限抗拔力等。土钉基本抗拔力试验可采用循环加荷的方式，第一级荷载加土钉钢筋屈服强度的 10% 为基本荷载，进而以土钉钢筋屈服强度的 0.15 倍为增量来增加荷载，同时用退荷循环来测量残余变形，每一级荷载持续到变形稳定为止；土钉破坏标准为：在同级荷载下，变形不能趋于稳定，即认为土钉达到极限荷载。必须量测荷载和位移，提出荷载变形曲线。在土钉上连接钢筋计或贴电阻应变片，可以量测土钉应力分布及其变化规律，这对设计是非常有益的。

对于一般的土钉墙工程，土钉抗拔力检验试验是必需的，试验数量应为土钉总数的 1%，且不少于 3 根。土钉检验的合格标准为：土钉抗拔力平均值应大于设计极限抗拔力，抗拔力最小值应大于设计极限抗拔力的 0.9 倍。土钉抗拔力设计安全系数：对临时性工程可取 1.5，对永久性工程可取 2.0。

17.5.2 原材料检验

土钉墙工程原材料（钢筋、水泥、砂、石等）进场检验，可按有关的规范进行质量检验。

17.5.3 面层强度及厚度检验

喷射混凝土应进行抗压强度试验，试块数量为每 $500m^2$ 取一组，每组试块不少于 3 个，对于小于 $500m^2$ 的独立工程，取样不少于一组。喷射混凝土抗压强度试块可采用现场喷射混凝土大板方法制作。大板模具尺寸为 $450mm \times 350mm \times 120mm$（长×宽×高），其尺寸较小的一边为敞开状，现场喷射混凝土大板养护 7 天后，加工切割成边长为 100mm 的立方体试块。当不具备切割制取试块的条件时，亦可直接向边长为 150mm 的无底试模内喷射混凝土制取试块，其抗压强度换算系数，可通过试验确定。

喷射混凝土厚度检查可采用凿孔法或其他方法检查，检查数量为每 $100m^2$ 取一组，每组不少于 3 个点，其合格条件为：全部检查孔处厚度平均值应大于设计厚度，最小厚度不应小于设计厚度的 80%，并不应小于 50mm。

17.5.4 监测

对于土钉墙基坑支护工程，监测工作是非常必要的，最为直观和最为重要的监测是土钉墙顶面的水平位移和垂直位移；对土体内部变形的监测，可在坡面后不同距离的位置布置测斜管，用测斜仪进行观测，其他的监测项目，如土钉应力、土压力和面层应力等，可根据实际工程的需要选择。做好施工期间的监测，从而可以达到信息化施工的目的，对保证工程质量和安全具有重要的意义。

思　考　题

1. 土钉墙的特点及适用性是什么？
2. 土钉墙的稳定分析如何进行？
3. 土钉墙排水措施都有什么？
4. 土钉墙的施工步骤以及注意事项有哪些？

第18章 锚定板挡土结构

锚定板挡土结构是由墙面系、钢拉杆、锚定板和填土共同组成的一种新型支挡结构形式。它是我国铁路系统在 20 世纪 70 年代初首创并发展起来的。这种结构具有造价低，施工方便，对各类地基的适应性较强等优点。因此无论作为桥台或挡墙都可以节省大量的圬工（"圬工"即是"圬工结构"。以砖、石材、砂浆或混凝土为建筑材料所建成的"砖石结构"或"混凝土结构"统称为"圬工结构"。）和劳动力，具有较好的经济效益和社会效益，与重力式支挡相比，一般可节省工程投资 20％～30％。目前除了已在铁路系统推广应用外，煤炭部、轻工业部、各省市水利、公路等部门，在立交桥台、边坡支挡、路堤挡墙、坡脚挡墙等多种工程中应用。

从工程使用上，锚定板挡土结构目前有两大类型：锚定板桥台与锚定板挡土墙。

1. 锚定板桥台

锚定板桥台有分离式与结合式两种结构类型。

（1）分离式锚定板桥台。由支承墩和锚定板挡土结构两部分构成，如图 18-1（a）所示。其中支承墩的作用与桥墩相同，该种类型桥台仅承受由梁体传递的竖向荷载及车辆

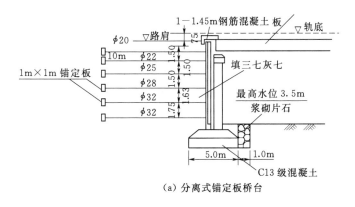

（a）分离式锚定板桥台

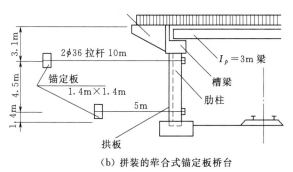

（b）拼装的牵合式锚定板桥台

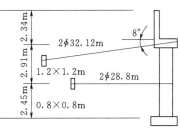

（c）整体式锚定板桥台

图 18-1 锚定板桥台类型

制动力。锚定板挡土结构则承受路基填土土压力及活载引起的侧压力，这种结构形式受力明确，支承墩和挡土结构互不干扰。

支承墩可以做成实体墩，也可以做成双柱式或三柱式框架墩，按一般桥墩的设计方法计算。其基础可以采用扩大基础，也可以采用钻孔灌注桩等，视荷载和地基土的性质而定。

锚定板挡土结构的墙面一般由肋柱和挡土板拼装而成。为了施工和吊装方便，肋柱高度一般不宜大于 6m。当桥台台后填土较高时，肋柱可以分成几段，各段肋柱之间可采用榫连接，并对接头处的柱端用钢筋网加强。在肋柱底部设置混凝土垫块基础或杯座基础。肋柱通过钢拉杆与锚定板相连接。每根肋柱可设置双层拉杆，也可设置多层拉杆。挡土板一般做成钢筋混凝土矩形板、空心板或槽形板。锚定板是埋在填土中的钢筋混凝土构件，借助其前方土体的抗力来平衡拉杆拉力，一般宜采用方形板。

分离式锚定板桥台的墙面与支承墩之间，一般要留有 10～20cm 的间隙，以防止因填土位移造成墙面与支承墩相抵触。

（2）结合式锚定板桥台。结合式锚定板桥台的挡土结构与支承墩合为一体，同时承受竖向荷载和侧向荷载。与重力式结构相比，其侧向荷载由锚定板抗拔力平衡，因此使桥台的受力状态有很大的改善，从而大大减轻了台身重量，基础重量及其埋置深度也随之减小，可节省较大的圬工量。结合式锚定板桥台受力状况虽然比分离式复杂，但其整体性好，基底应力比较均匀，桥台位移比分离式锚定板桥台小。

结合式锚定板桥台又可分为拼装式和整体式两种类型。

拼装的结合式锚定板桥台是由支承墩和挡土板拼装而成。锚定板通过钢拉杆直接与支承墩相连接，如某公路跨铁路立交桥桥台即为拼装的结合式锚定板桥台 [图 18-1 (b)]，由三柱式框架组成支承墩，并于填土侧布置拱形挡土板拼装而成。土压力由挡土板传递给支承墩，再通过拉杆将水平力传递给锚定板。这种桥台的支承墩采用现场灌注，挡土板可采用工厂或现场预制。整体式锚定桥台是由实体矩形断面的整体支承墩，用钢拉杆与锚定板相连接而构成，如图 18-1 (c) 所示整体式锚定板桥台。整体式桥台是在现场灌注，结构的整体性能好，台身位移小。

2. 锚定板挡土墙

锚定板挡土墙按其使用情况可分为路肩墙、货场墙、坡脚墙和码头墙等，如图 18-2 (a)～(d) 所示。

按墙面的结构型式可分为柱板拼装式和无肋柱式锚定板挡土墙。柱板拼装式挡土墙由肋柱与挡土面板组成，根据运输和吊装能力可采用单根肋柱，也可以分段拼接，上下肋柱之间用榫连接。按肋柱上的拉杆层数还可分为多层拉杆和双层拉杆的锚定板挡土墙。无肋柱式锚定板挡土墙，墙面板可采用矩形板或十字板拼装而成，墙面板直接用钢拉杆与锚定板连接，如图 18-2 (e)、(f) 所示。

锚定板挡土墙还有单级和多级之分。单级锚定板挡土墙的高度通常不大于 6m。分级设计时，上、下两级墙之间可留有平台，平台宽度一般不小于 1.5m。为了减少因上级墙的肋柱下沉对下级墙拉杆的影响，上、下墙的肋柱沿线路方向的位置应该相互错开，如图 18-2 (e) 所示。

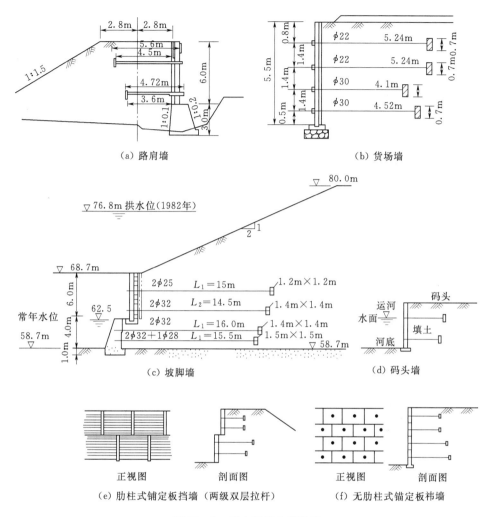

图 18-2　锚定板挡土墙类型

上述按不同情况分类的各种锚定板挡土墙，还可以相互组合使之成为型式多样，适合各种具体使用条件的锚定板挡土墙，也可以根据周围环境及地质、地形条件设计成锚定板和锚杆联合使用的挡土墙，如图 18-3 所示。这样可充分利用原有边坡，发挥锚定板和锚杆的优越性，既不占用原有路堤坡脚以外的地面，又不增加太多的工程量，是最为经济合理的结构形式。

锚定板挡土结构与加筋土挡墙都是用于人工填土中的轻型挡土结构，与重力式圬工持

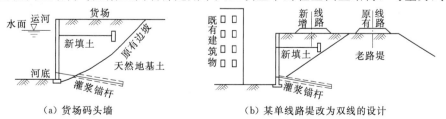

图 18-3　锚定板与锚杆联合使用的挡土墙

土墙相比，它们能节省材料和劳动力，并能适应承载力较低的地基，有利于抗震。但是如果将这两种结构相互比较，则在加固原理和特性上是有所不同的。

加筋土挡墙是由墙面板、拉筋及填土共同组成，它依靠拉筋与填土之间的摩擦力以保持稳定。拉筋一般采用带状镀锌扁钢，也可采用土工合成材料等（详见本书第 15 章）。锚定板结构是依靠埋在填土中的锚定板的抗拔力来维持结构的平衡，不需要利用拉杆与填土间的摩擦力。因此，锚定板结构的钢拉杆的长度可以较短，钢拉杆表面可以用沥青玻璃布包扎以防止锈蚀，填料不必限用摩擦系数较大的砂性土。从防锈、节省钢材和适应各种填土三方面比较，锚定板结构有一定的优越性，但其施工干扰较加筋土复杂一些。当然这里所指的是针对加筋土挡墙中用镀锌材料作为拉筋而言的。应用土工合成材料作为加筋材料，是当前加筋土发展的一个方向，今后应在改善土工合成材料的力学性能、抗震、疲劳强度，延长使用寿命等方面进行深入研究，以开创更为广泛的应用前途。

锚定板挡土结构自 20 世纪 70 年代中期列入铁道部新技术研究计划，由中国铁道科学研究院主持，各铁路设计院、铁路局和工程局以及铁路高等院校参加共同协作研究，于1974—1991 年间建成了 30 多座各种类型的锚定板挡土结构。

18.1　勘察和测试要求

对锚定板挡土结构场地的勘察要求，与重力式挡土结构基本相同，主要包括以下内容。

18.1.1　工程地质勘察

（1）勘测挡土结构所在地段的平面地形情况，必要时提供工程地质平面图，以便确定挡土结构的位置及平面布置。

（2）勘测挡土结构所在地段的工程地质情况及不良地质现象等。编制工程地质说明，提供墙址的工程地质纵断面图及有代表性的工程地质横断面图。

（3）勘探基底的地层结构及基底土的性质，以评价地基的稳定性和承载能力。勘探深度应穿过基底以下 3～5m，当在勘探深度内有软弱层且其层底在勘探深度以下时，应适当加深勘探。

（4）基底为土层时，根据需要取样做物理力学性质试验。

18.1.2　水文地质勘察

（1）查明锚定板结构范围内的水文地质条件，包括地下水和地面水的情况。必要时取样做水质分析，了解地下水对填料及结构所用材料性能的影响。

（2）勘察地下水流量，分析静、动水压力的影响，有时需采取必要的排水措施。

（3）对过水锚定板桥台和滨河锚定板挡墙，需了解河床土的粒径、水流的流速和流向，河流的变动和下切情况、洪水季节水位和洪峰持续时间等。

18.1.3　填料的物理力学性质测试

（1）调查施工场地附近是否有符合锚定板结构要求的填土来源及填料的运输距离和运输条件等。

（2）对选用的填料取样进行物理力学性能试验，给出填料的物理力学指标。如果没有条件进行试验，可按以下规定选用填料的设计参数。

表 18-1　填料的物理力学指标

填料种类	参数	内摩擦角或综合内摩擦角 $\varphi/(°)$	重度 $\gamma/(kN/m^3)$
细粒土		30~35	17、18
粗粒土	砂类土	35	17、18
	砾石类土、碎石类土	40	18、19

对于锚定板桥台，当填料为一般渗水性土时，采用内摩擦角；当填料为一般黏性土时，采用综合内摩擦角 $\varphi = 30°$（目前，由于难以恰当地确定黏性土的力学指标，并缺乏按黏性土力学指标设计挡土墙的实践经验，我国铁路挡土墙设计通常采用综合内摩擦角法计算土压力。即用增大内摩擦角的方法来考虑黏聚力的影响，然后按照砂性土的土压力公式计算土压力。这时的摩擦角称为综合内摩擦角）。对于锚定板挡墙，内摩擦角或综合内摩擦角及重度 γ 可参考表 18-1 所列数值选用。墙面板与填土之间的墙背摩擦角 δ 可采用 $\varphi/2$。

18.1.4　锚定板拉拔试验

通常应在现场进行原型锚定板拉拔试验，以确定锚定板的抗拔力。现场拉拔试验一般采用方形钢筋混凝土锚定板，埋置深度可按设计要求选用。锚定板底部至填土顶面的距离为埋置深度 h。拉杆由粗钢筋组成。试验时用张拉千斤顶和高压油泵在拉杆外端施加压力，并用自动控制油压的装置控制拉力，在锚定板受拉变形过程中保持稳定。千斤顶的反力作用在一对跨长 2m 的钢梁上，钢梁的支点在浆砌片石墙面上。试验中用挠度计量测拉杆端部的位移量。挠度计的支架固定在距离墙面较远不受拉力影响的木桩上。

试验开始时每级荷载按估计极限抗拔力的 1/10 施加。加载后每隔 10min 测读一次拉杆端部的变位数值，每级加载阶段内记录值不少于 3 次。如果连续 3 次位移增量的总和不超过 0.1mm（即 30min 的位移增量不超过 0.1mm），则认为已经达到稳定，可施加下一级荷载。接近极限抗拔力时，每级荷载按预估极限抗拔力的 1/15 或 1/20 施加。在拉力小于极限抗拔力的 1/3 或 1/2 时，锚定板受力后变位数值很小，并且迅速稳定。当拉力逐渐接近极限杭拔力时，变位持续发展的时间延长，并且变位量和变位速率也逐渐增大。如果变位量不断地迅速增大，则锚定板已经丧失稳定，此时应采用前一级拉力做锚定板的极限稳定抗拔力。

将每次试验结果绘制成拉力-变位曲线，按中国铁道科学研究院提出的判断极限抗拔力的三种标准：极限稳定抗拔力、局部破坏抗拔力和极限变形抗拔力，从拉拔试验曲线上确定合理的极限抗拔力。设计采用的锚定板容许抗拔力为极限抗拔力除以安全系数，通常采用不小于 2.5~3.0 的安全系数。

18.1.5　地基承载力的确定

根据勘探资料按现行的《建筑地基基础设计规范》（GB 50007—2011）的有关规定确定地基承载力。

18.1.6　其他要求

根据工程设计和施工的需要，必要时尚需进行气象、地震及施工等方面调查。

18.2 设计计算

18.2.1 土压力计算

18.2.1.1 恒载土压力计算

由填土重量产生的墙背恒载土压力可按库伦主动土压力公式求得，并乘一个增大系数，按下式计算：

$$E_X = 1/2\gamma H^2 \lambda_X B m_e \qquad (18-1)$$

式中　E_X——恒载土压力的水平分力，kN；

　　　γ——填土重度，kN/m³；

　　　H——计算土层的高度，m，当锚定板挡墙为双级墙时，H 为上下级墙高之和；

　　　λ_X——主动土压力系数，当地面水平，墙背竖直时，$\lambda_X = \dfrac{\cos^2\varphi}{\left[1+\sqrt{\dfrac{\sin(\varphi+\delta)\sin\varphi}{\cos\delta}}\right]^2}$，

　　　　　其中，φ 为土的内摩擦角，（°）；当为非渗水性土时则采用综合内摩擦角（以后同），δ 为填土与墙背的摩擦角，（°）；

　　　B——桥台路基主墙面或挡墙墙面计算宽度，m；

　　　m_e——土压力增大系数，对于锚定板桥台，建议取 $m_e = 1.05\sim1.20$，对于锚定板挡墙，建议取 $m_e = 1.20\sim1.40$。

恒载土压力沿墙高的分布，建议采用图 18-4 所示图形。

$$\delta_H = 0.65\gamma H \lambda_X m_e \qquad (18-2)$$

式中　δ_H——墙底土压应力，kPa。

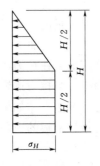

图 18-4　恒载土压力分布

18.2.1.2 活荷载产生的墙背侧压力

由活荷载产生的墙背侧压力及其分布图形，按重力式挡土结构的有关规定计算，活载侧压力不乘增大系数。

1. 桥台台背活载侧压力

列车（铁路）或车辆荷载在桥台后引起的侧向压力，是将活荷载换算为等代均布土层厚度进行计算：

$$E_{活} = \gamma h_0 H \lambda_X B \qquad (18-3)$$

式中　h_0——活荷载换算等代土层厚度，m。

分离式锚定板桥台挡土结构部分不考虑制动力的影响。支承墩的荷载分别按铁路和公路桥涵设计规范计算。

结合式锚定板桥台不计台后填土传给墙面的制动力，台身制动力按铁（公）路桥涵设计规范计算。

桥台各种构件的设计荷载按恒载土压力与活载侧压力的最不利组合计算。

2. 挡土墙墙背活载侧压力

公路挡土墙由车辆荷载引起的墙背侧压力按式（18-3）计算。

铁路挡土墙由列车荷载引起的墙背侧压力，按照《铁路路基支挡结构物设计规则》

(TB 10025—2006) 的有关规定计算。将轨道和列车荷载作为换算土柱作用在路基面上，换算土柱的高度和分布宽度按上述设计规则的规定计算。双线及站场内的挡土墙，除按股道实际作用的列车荷载计算外，还应考虑临近挡土墙的 I 线、B 线有荷载及无荷载的各种组合进行计算，取其最不利者作为设计荷载。

18.2.2 锚定板容许抗拔力

有条件进行现场原型锚定板拉拔试验时，应根据现场试验结果确定锚定板容许抗拔力。当无条件进行现场拉拔试验时，可采用中国铁道科学研究院根据试验资料给出的容许抗拔力数值。

为了解决实际工程中锚定板抗拔力问题，中国铁道科学研究院和协作单位共同进行了大量现场原型试验，通过对原型试验资料的分析研究，并在多处实际工程中应用验证后，提出锚定板单位面积容许抗拔力 $[p]$ 按以下数值选用：

当锚定板埋置深度为 5~10m 时，$[p]=130~150$kPa；

当锚定板埋置深度为 3~5m 时，$[p]=100~120$kPa；

当锚定板埋置深度小于 3m 时，锚定板的稳定不是由抗拔力控制，面是由锚定板前被动抗力阻止板前土体破坏来控制。这时锚定板的"抗拔力"按下式计算：

$$[T]=\frac{1}{2K}\gamma h^2(\lambda_p-\lambda_a)b \tag{18-4}$$

式中 　$[T]$——单块锚定板的容许抗拔力，kN。其实际含义为锚定板前的被动土压力与板后主动土压力之差。为了和深埋锚定板的容许抗拔力保持一致，将 $[T]$ 视为单块锚定板的抗拔力；

　　K——安全系数，取 $K=2$；

　　γ——填土的重度，kN/m³；

　　h——锚定板埋置深度，为锚定板底边至填土表面的距离，m；

λ_p、λ_a——被动土压力系数和主动土压力系数；

　　b——锚定板边长，m。

18.2.3 锚定板挡土结构的稳定性验算

锚定板挡土结构是由墙面、拉杆、锚定板及其之间的填土组成的复合结构。要保证锚定板结构的稳定性，必须对每一块锚定板及结构整体进行稳定性验算。在每一块锚定板的抗滑稳定性得到保障之后，便不至于发生倾覆破坏。因此，锚定板结构一般只进行抗滑稳定性验算，不需要抗倾覆稳定性验算。当锚定板结构位于陡坡之上或基底以下有软弱层时，尚应进行陡坡滑动及穿过基底软弱层的滑弧稳定性验算，验算方法与重力式结构相同。此外，还要按重力式结构中的方法验算基底应力。

锚定板结构的稳定性验算可采用以下几种方法。

18.2.3.1 Kranz 法

Kranz 根据大量模型试验及计算得出，对于图 18-5（a）所示的单层锚定板结构，在经过锚定板底可能产生的所有滑面中，折线滑面 bce 为最危险滑面。其中 ce 是锚定板假想墙 W 后的主动土压裂面。

通过分析隔离土体 abcd 所受外力的平衡关系 [图 18-5（b）、（c）] 得出

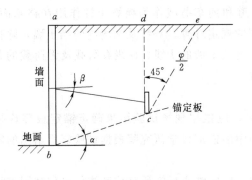
（a）单层铺定板及其滑面 *bce*

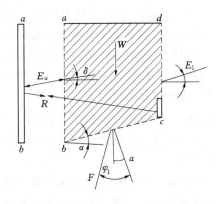
（b）*Rff* 离体及其所受外力

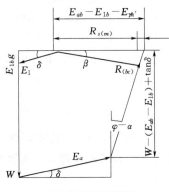
（c）力多边形的几何关系

图 18-5 单层锚定板结构的 Kranz 稳定分析图示

$$E_{th} = [W - (E_{ah} - E_{1h})\tan\delta]\tan(\varphi - a) \qquad (18-5)$$

$$R_{h(bc)} = f(E_{ah} - E_{1h} + E_{rh}) \qquad (18-6)$$

$$f = \frac{1}{1 + \tan\beta\tan(\varphi - \alpha)} \qquad (18-7)$$

单层锚定板结构的抗滑稳定安全系数 K_s 为

$$K_s = R_{h(bc)}/R_h \qquad (18-8)$$

图中和式中　　　　W——土体 *abcd* 重量，kN；

　　　　E_a、E_1——作用在墙面 *ab* 和假想墙面 *cd* 上的主动土压力，kN；

　　　　　F——*bc* 滑面上的反力，kN；

　　　　R_{bc}——从力多边形求得的土体 *abcd* 的最大抗滑力，kN；

　　　　　R——拉杆的设计拉力，kN；

E_{ah}、E_{1h}、$R_{h(bc)}$、R_h——E_a、E_l、R_{bc}、R 的水平分力，kN；

　　　　　δ——填土的墙背摩擦角，（°）；

　　　　　ψ——填土的内摩擦角，（°）；

　　　　　α——*bc* 滑面的倾角，（°）；

　　　　　β——拉杆的倾斜角，（°）。

将 Kranz 法用于双层或多层锚定板结构，可按以下两种情况进行稳定检算。现以双拉杆锚定板结构为例说明。

第一种情况为上层拉杆较短，上层锚定板位于下层锚定板假想墙后的动裂面 fe 之内。应分别验算土体 $abcd$ 和 $abfh$ 的稳定性，如图 18-6（a）、（b）所示。

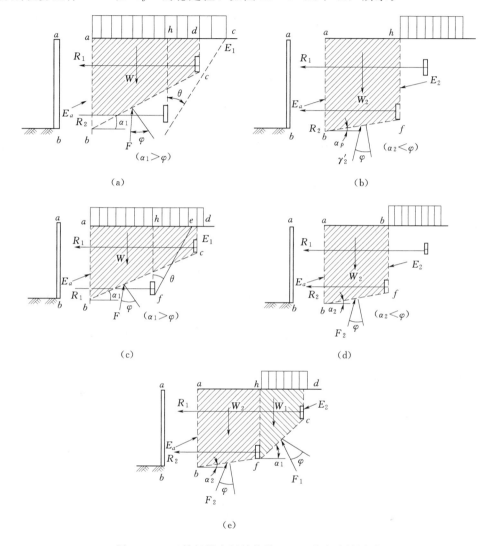

图 18-6　双拉杆锚定板结构的 Kranz 稳定验算图示

第二种情况为上层拉杆较长，上锚定板的位置超出了下锚定板假想墙后的主动裂面 fe，此时应验算土体 $abcd$、$abfcd$ 的稳定性，如图 18-6（c）、（d）、（e）所示。

对于多层锚定板结构，可以此类推：既要分别验算各单层锚定板的稳定性，还要验算双层、三层以至多层锚定板组合情况下的稳定性。

上、下锚定板及结构整体的稳定安全系数分别按下式计算：

第一种情况：

$$K_{s(bc)} = R_{h(bc)}/R_{1h} \qquad (18-9)$$

$$K_{s(bf)} = R_{h(hf)} / (R_{1b} + R_{2b}) \tag{18-10}$$

第二种情况：

$$K_{s(bc)} = R_{h(bc)} / R_{1b} \tag{18-11}$$

$$K_{s(bf)} = R_{h(bf)} / R_{2b} \tag{18-12}$$

$$K_{s(bfc)} = R_{h(bfc)} / (R_{1b} + R_{2b}) \tag{18-13}$$

式中　$K_{s(bc)}$、$K_{s(bf)}$、$K_{s(bfc)}$——沿滑面 bc、bf 及 bfc 的抗滑安全系数。对于锚定板桥台，主墙部分只计主力时 $K_a \geqslant 2.0$，计算主力＋附加力时 $K_a \geqslant 1.5$；翼墙部分 $K_a \geqslant 1.5$；对于锚定板挡墙：$K_a \geqslant 1.5$；

　　　　R_{1b}、R_{2b}——上、下拉杆设计拉力的水平分量；

　　　　$R_{h(bc)}$、$R_{h(bf)}$、$R_{h(bfc)}$——土体 $abcd$、$abfh$、$abfcd$ 可提供的抗滑力的水平分量。其中 $R_{h(bfc)} = R_{h(bf)} + R_{h(bc)}$，$R_{h(bc)}$、$R_{h(bf)}$ 及 $R_{h(fc)}$ 的计算方法同单层锚定板，见式（18-9）。

此外，在上述两种情况中，无论是双层还是多层锚定板结构，对于其最下面一层锚定板，尚应按式（18-10）进行验算。

稳定验算还应考虑路基面上活荷载的最不利位置。

对于桥台和货场墙，视所验算裂面的倾斜角 α 决定活荷载的最不利位置。当 $\alpha < \varphi$（土的内摩擦角）时，活荷载通常布置于验算裂面的后方，不进入所验算滑动面范围内，如图 18-6（b）、（d）所示。活荷载进入所验算的裂面范围内，布满整个滑动土体的范围，如图 18-6（a）、（c）所示。

对于铁路路肩墙，应分别验算有荷载和无荷载或Ⅰ线、Ⅱ线分别有荷及无荷的各种组合，取其最不利者。

18.2.3.2　铁科院折线滑面分析法

该法认为，锚定板挡土结构的拉杆长度应满足每一块锚定板前方土体的稳定性要求，并以下列基本假定为出发点（其分析图示如图 18-7 所示）：

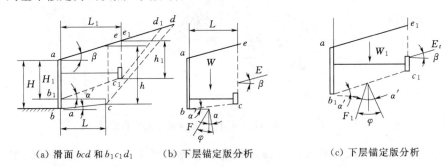

（a）滑面 bcd 和 $b_1c_1d_1$　（b）下层锚定版分析　　（c）下层锚定版分析

图 18-7　铁科院折线滑面稳定分析图示

bcd—下层锚定板的临界滑面；$b_1c_1d_1$—上层锚定板的临界滑面 cd、c_1d_1 朗肯主动土压裂面；

E、E_1—ce、c_1e_1 竖直面上的主动土压力；F、F_1—bc、b_1c_1 滑面上的反作用力；

W、W_1—土体 $abce$、$ab_1c_1e_1$ 的重量；α、α'—bc 滑面、b_1c_1 滑面

的倾角；β—填土坡面倾角；φ—填土内摩擦角；

H、H_1、h、h_1、L、L_1—如图所示结构的尺寸

（1）下层锚定板前方土体的临界滑面通过墙面底 b。

（2）上层锚定板前方土体的临界滑面通过被分析锚定板以下的拉杆与墙面的交点 b_1。

（3）每一层锚定板后方土体的应力状态均符合朗肯土压力的应力状态。这一假定使计算方法大为简化，并使计算结果偏于安全。

根据静力平衡原理，W、E、F 形成闭合的力三角形，由此可求得：

（1）当填土表面倾角为 β，表面无活载时，其主动土压力系数为

$$\lambda_a = \cos\frac{\cos\beta - \sqrt{\cos^2\beta - \cos\varphi}}{\cos\beta + \sqrt{\cos^2\beta - \cos\varphi}}$$

下层锚定板的稳定安全系数为

$$K_a = \frac{L(H+L)}{\lambda_a h^2} \frac{(\tan\phi\cos\alpha - \sin\alpha)}{\cos(\beta-\alpha) - \tan\phi\sin(\beta-\alpha)} \tag{18-14}$$

（2）当填土表面有相当于土柱高度的均匀活荷载时，下层锚定板的稳定安全系数为

$$K_s = \frac{L(H+h)}{h(h+2h_0)} \frac{\tan(\varphi-\alpha)}{\tan^2(45° - \varphi/2)} \tag{18-15}$$

计算上层锚定板的稳定安全系数时，式（18-14）、式（18-15）中的 L、H、h、a 应分别改用 L、H_1、h_1 和 a'。

对于重要的挡土结构，$K_a \geqslant 1.8$；对于次要结构 $K_a \geqslant 1.5$。

18.2.3.3　整体土墙法

用西南交大等单位提出的整体土墙法验算锚定板结构的整体稳定性时，锚定板尺寸及其布置须符合下述形成"群锚"的条件：

（1）肋柱上各层锚定板面积之和应不小于肋柱间墙面板面积的 20%；锚定板应分散布置，两层拉杆的间距应不大于锚定板高度的 2 倍，肋柱的间距不大于锚定板宽度的 3 倍。肋柱上各层锚定板面积之和应不小于肋柱间墙面板面积的 20%。

（2）锚定板应分散布置，两层拉杆的间距应不大于锚定板高度的 2 倍，肋柱的间距不大于锚定板宽度的 3 倍。

采用整体土墙法，肋柱后各锚定板中心连线可布置成仰斜、俯斜、竖直或中间长的折线形（图 18-8）。当布置成仰斜或俯斜时，其连线的斜度不宜大于 1:0.25。

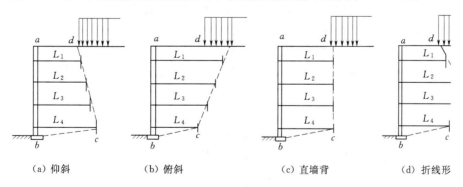

| （a）仰斜 | （b）俯斜 | （c）直墙背 | （d）折线形 |

图 18-8　整体土墙法锚定板布置形式

整体土墙法计算图示如图 18-10 所示，抗滑稳定安全系数为

$$K=\frac{(N-E_x\tan a_0)}{E_x+N\tan a_0}\geqslant 1.8 \tag{18-16}$$

$$N=W+E_y$$

式中　W——假想土墙 $abcd$ 的重量，kN/m；

E_x、E_y——假想墙背 cd 上主动土压力的竖直和水平分力（墙背摩擦角 δ 取 $\phi/2$）；

$\tan a_0$——假想土墙基底的倾斜度，$\tan a_0=\dfrac{h_n}{l_n}$；

l_n——下拉杆计算长度，m；

h_n——肋柱底至下锚定板中心处的高度，m。

稳定验算时尚应考虑墙顶荷载的最不利组合情况。

18.2.4　肋柱设计

锚定板挡土结构的构件设计，除按照本节介绍的设计原则和方法外，尚应遵守有关的钢筋混凝土结构设计规范。

18.2.4.1　肋柱内力计算

肋柱按受弯构件设计，主要承受由挡土板传递的侧向土压力，设计荷载的计算跨度为相邻肋柱中至中的距离。已建成的分离式锚定板桥台的肋柱间距一般为 1.5~2.0m，锚定板挡墙的肋柱间距通常为 1.6~2.5m。肋柱内力计算可根据肋柱上设置的拉杆层数及肋柱与肋柱、肋柱与基础的连接状况等按以下几种情况考虑。

1. 按单跨梁计算

当肋柱上设置双层拉杆并且肋柱平置于基础之上；或者用楔连接的分级双拉杆肋柱，其榫接只能定位不能约束肋柱连接端的位移时，可将肋柱底（顶）视为自由端，按两端悬出的简支梁计算其弯矩、剪力及支点反力。

2. 按连接梁计算

当肋柱 h 设置三层或二层以上拉杆或者是两层拉杆，但采用条形或分离式杯座基础，肋柱下端插入杯座较深，形成铰支点时，按连续梁计算肋柱弯矩、剪力及支点反力。

由于填土不均匀及土体变形十分复杂，肋柱各支点的变形量差别较大，很难准确计算。为了预防可能出现的各种不利因素，建议肋柱设计中，同时按刚性支承连续梁和弹性支承连续梁计算，并按两种情况计算所得的最不利弯矩、剪力进行肋柱截面设计和配筋，以保证肋柱有足够的安全系数并防止出现裂缝。

（1）按刚性支承连续梁计算。刚性支承连续梁按一般的三弯矩方程计算。

（2）按弹性支承连续梁计算。弹性支承连续梁按五弯矩方程计算，其中各支点的柔度系数 G 应由两部分组成：

$$C_i=C_{gi}+C_{ri} \tag{18-17}$$

式中　C_{gi}——单位力作用下支点的拉杆钢筋弹性伸长量，m/kN；

C_{ri}——单位力作用下 i 支点锚定板前方土体的压缩变形量，m/kN。

$$C_{gi}=\frac{L}{R}=\frac{L}{A_g E_g} \tag{18-18}$$

式中　L——拉杆钢筋长度，m；

A_g——拉杆钢筋面积，m^2；

E_g——拉杆钢筋弹性模量，kPa。

由于锚定板前方土体的压缩变形相当复杂，因此确定柔度系数 G 比较困难。根据经验和对比分析，目前采用以下两种计算方法：

中国铁道科学研究院建议按地基沉降量的分层总和法计算单位荷载下锚定板在土体中的位移量 Δm，以确定柔度系数 C_{ri}。

根据 C_n 的定义有

$$C_{ri} = \Delta m_i \tag{18-19}$$

而

$$\Delta m_i = \sum_{j-1}^{n} \delta_i \tag{18-20}$$

δ_i 为将锚定板前方土体划分为 n 层，在锚定板单位荷载作用下第 n 层土的压缩量。

$$\delta_j = \frac{\Delta h_j}{2EF_A}(K_j + K_{j-1}) \tag{18-21}$$

式中　　Δh_j——第 j 层土的划分厚度，m；

　　　　E——填土的压缩模量，kPa，可用现场锚定板抗拔试验应力应变曲线的起始斜率确定，也可采用 $5000 \sim 10000$kFa；

　　　　F_A——锚定板面积，m^2；

K_j、K_{j-1}——土中压力分布系数，对于矩形锚定板，可按表 18-2 取值。

表 18-2　　　　　　　　　　　**应力分布系数 K 值表**

$\beta = l_i/\alpha$	矩形锚定板边长比 $\alpha = b/a$						
	1	1.5	2	3	6	10	20
0.25	0.898	0.904	0.908	0.912	0.934	0.940	0.960
0.50	0.696	0.716	0.734	0.762	0.789	0.792	0.820
1.0	0.336	0.428	0.470	0.500	0.518	0.522	0.540
1.5	0.194	0.257	0.286	0.348	0.560	0.373	0.397
2.0	0.114	0.157	0.188	0.240	0.268	0.279	0.308
3.0	0.058	0.076	0.108	0.147	0.180	0.188	0.209
5.0	0.008	0.025	0.040	0.076	0.096	0.106	0.129

注　表中 $\beta = l_i/\alpha$ 为锚定板前方土层的相对厚度，为计算土层到锚定板的距离；a，b 为锚定板宽度和高度。

一般取锚定板前方 $5b$ 范围内的土体划分为 n 层，Δm_i 即为 $5b$ 范围内各层土的压缩量之和。

肋柱基础的柔度系数 C_e 可取上述计算的 Δm_i 中最小值的十分之一。

即

$$C_e = 0.1\Delta m_i \tag{18-22}$$

西南交通大学建议用弹性桩的弹性抗力系数法（即 m 法）计算柔度系数 C_{ri}。为简化起见，假定锚定板前方土体的压缩变形为弹性变形。

$$C_{ri} = \frac{1}{my_i ab} \tag{18-23}$$

式中　　m——弹力抗力系数的比例系数，kN/m^4，如无实验资料，可根据表 18-3 取值；

　　　　y_i——该支点距肋柱顶端的距离，m；

a、b——锚定板宽度、高度，m。

肋柱基础处的柔度系数：

$$C_{re} = \frac{1}{2mHa_0b_0} \tag{18-24}$$

式中 H——肋柱的高度，m；

a_0、b_0——柱座的宽度、高度，m。

18.2.4.2 肋柱断面设计

肋柱断面尺寸按计算的肋柱最大弯矩来确定，同时考虑支撑墙面板的需要，肋柱宽度不宜小于 26cm，高度不宜小于 30cm。断面配筋，考虑到肋柱的受力及变形情况比较复杂，支点柔度系数变化较大，以及肋柱在搬运、吊装及施工过程中受力不均匀等各种因素，应按刚性支承和弹性支承连续梁两种情况计算的最大正负弯矩（对于两端悬出的简支梁，则按简支梁最大正负弯矩）进行双面配筋计算，并在肋柱内外两侧配置通长的受力钢筋。

表 18-3　　　　　　　　　　　　　　比例系数 m 值

土 的 名 称	建议值（kN/m⁴）	土 的 名 称	建议值（kN/m⁴）
黏性细粒土	5000～10000	粗砂	20000～30000
细砂、中砂	10000～20000	砾砂、砾石土、碎石土、卵石土	30000～80000

肋柱上安装拉杆处需要预留穿过拉杆的孔道，孔道可作成椭圆或圆形，椭圆形孔道的宽度和圆形孔道的直径应大于拉杆的螺丝端杆直径，以便于在填土前填塞沥青水泥砂浆，用来防锈。如采用压浆法封孔，则需预留压浆孔。

18.2.5 拉杆设计

锚定板结构是一种柔性结构，其特点是能适应较大的变形。为了保证在较大变形情况下仍有足够的安全度，应选择延伸性能较好的钢材作为锚定板结构的钢拉杆。此外拉杆钢筋因长度关系需要焊接，同时在拉杆两端往往需要焊接螺丝端杆，因此还必须选用可焊性能较好的钢材才能保证拉杆焊接部位的质量。一般采用热轧螺纹钢筋。

18.2.5.1 拉杆直径

拉杆直径根据拉杆设计拉力及钢材的容许拉应力按下式计算：

$$d = 2\sqrt{\frac{R \times 10^4}{\pi[\sigma_g]}} \tag{18-25}$$

式中 d——拉杆直径，cm；

R——拉杆设计拉力，kN；

$[\sigma_g]$——拉杆钢材的容许拉应力，kPa。

式（18-25）中的 0.2cm 为考虑钢材锈蚀增加的安全储备。

拉杆应尽量采用单根钢筋，如果单根钢筋不能满足设计拉力的要求，也可采用两根钢筋共同组成一根拉杆，拉杆钢筋除需要满足上述设计拉力的要求外，还应满足以下条件：

（1）对于锚定板桥台，主墙部分的拉杆钢筋直径不宜小于 22mm，也不宜大于 32mm。

（2）对于锚定板挡墙，肋柱的上层拉杆钢筋直径不宜小于22mm。

18.2.5.2 拉杆长度

拉杆长度通过锚定板结构的整体稳定性验算来决定，同时，需满足以下要求：

（1）对于锚定板桥台及公路、货场挡墙，其拉杆长度至少要使锚定板埋置于墙面主动破裂面以外 $3.5b$ 处（b 为方形锚定板的边长）。

（2）对于铁路锚定板挡墙，其最上边一层拉杆的长度应超出Ⅰ线铁路远离挡墙侧的枕木端头。最下层拉杆的长度应使锚定板埋置于墙面主动破裂面以外不小于 $3.5b$ 处。

考虑上层锚定板的埋置深度对其抗拔力的影响，要求最上一层拉杆至填土顶面的距离不能小于1m。

18.2.5.3 螺丝端杆

拉杆两端可焊接螺丝端杆，穿过肋柱或锚定板的预留孔道，然后加垫板及螺帽固定，和拉杆钢筋一样，螺丝端杆也应采用延伸性能和可焊性能良好的钢材。

螺丝端杆（包括螺纹、螺母、钢垫板及焊接）按与拉杆钢筋断面等强度的条件进行设计。

螺丝端杆的长度应大于 $L_g+10\text{cm}$（L_g 为肋柱或锚定板厚度、螺母与钢垫板厚度以及焊接长度之和）。如果采用45SiMnV精轧螺纹钢筋作为拉杆，钢筋本身的螺旋即可作为丝扣并可安装螺帽，则不需另焊螺丝端杆。

18.2.6 锚定板设计

18.2.6.1 锚定板面积

锚定板一般采用方形钢筋混凝土板，竖直方向埋在填土中，忽略不计拉杆与填土之间的摩阻力，则锚定板承受的拉力即为拉杆设计拉力。锚定板面积根据拉杆设计拉力及锚定板容许抗拔力来确定。

$$F_A = R/[P] \tag{18-26}$$

式中　F_A——锚定板面积；

　　　R——拉杆设计拉力，kN；

　　$[P]$——锚定板单位面积容许抗拔力，kPa，按18.2.2节所述方法选用。

除满足计算要求外，锚定板尺寸还需满足下列构造要求：

对于锚定板桥台，主墙部分的锚定板边长应不小于80cm，翼墙部分锚定板边长应不小于60cm。

对于锚定板挡墙，柱板拼装式墙的锚定板边长应不小于70cm，无肋柱式墙的锚定板边边长应不小于45cm。

18.2.6.2 锚定板配筋

锚定板的厚度和钢筋配置可分别在竖直方向和水平方向，按中心有支承的单向受弯构件计算，并假定锚定板竖直面上所受的水平土压力为均匀分布。除验算锚定板竖直和水平方向的抗弯及抗剪强度外，尚应验算锚定板与拉杆钢垫板连接处混凝土的局部承压与冲切强度。考虑到施工、搬运及安装误差等因素，在锚定板前后面双向布置钢筋。

锚定板与拉杆连接处的钢垫板，也按中心有支点的单向受弯构件进行设计。

锚定板中心应预留穿过拉杆的孔道，孔道直径须大于螺丝端杆直径，以便于安装后填塞沥青水泥砂浆防锈。

18.2.7 挡土板设计

挡土板设置于肋柱内侧，直接承受填土的侧压力，并将侧压力传递给肋柱。挡土板两端搭接在肋柱上，搭接长度应不小于 12cm。

挡土板按两端简支的受弯构件设计，计算跨度为挡土板长度减去一个搭接长度，设计荷载为与挡土板位置相应的土压力图中的最大土压力值，按均匀荷载计算。为方便施工，挡土板种类不宜太多。

挡土板一般采用钢筋混凝土槽形板、空心板、矩形板，有时也可采用拱形板。为便于搬运和吊装，挡土板的高度一般采用 50cm。对于锚定板桥台，挡土板厚度不宜小于 10cm。

无肋柱式墙的挡土板可采用矩形或十字形、六边形等钢筋混凝土板。如果一块挡土板上设置一根拉杆，则按单支点双向悬臂板计算其内力并配筋。置于墙身最下部的挡土板，尚应按偏心受压构件检算。

18.2.8 肋柱基础设计

肋柱基础可采用混凝土条形基础、杯座式基础或分离式垫块基础。基础厚度通常为 50cm，襟边不小于 15cm，寒冷及严寒地区置于冻胀性土中的肋柱基础，其基底应置于冻结线以下 0.25m，或采取换填、保温等处理措施。

肋柱基础所承受的荷载，包括肋柱和挡土板的重量、位于肋柱内侧基础以上的一部分填土重量以及墙面土压力的竖向分力。基础尺寸应按基底应力及偏心要求进行设计。计算方法与重力式挡土结构相同。地基承载力按《铁（公）路路基设计规范》或《建筑地基基础设计规范》(GB 5007—2011) 的有关规定选用。

如果锚定板结构的地基有软弱土层，还应该进行穿过基底土层的滑弧稳定验算，其安全系数应不小于 1.25。

18.3 施工方法

18.3.1 构件预制

18.3.1.1 锚定板、肋柱、挡土板的预制

锚定板、肋柱、挡土板可在工厂预制或工地预制。预制的钢筋混凝土构件应按规范的要求，既要保证构件的内部质量，又要保证构件表面平整、光洁，无裂缝。

锚定板常用木模制作，可不设底模，使用半干硬性混凝土，振捣密实后即可脱模倒用。

柱一般采用钢筋混凝土矩形或 T 形柱，因模板较长，容易变形，因此制作模板时在每块模板上下边缘处用 45m×45mm 角钢固定，模板两端的挡头板卡在侧模相应位置的槽内，每隔 1m 左右用 ϕ22 钢筋制作的卡具把模板卡住，以防灌注混凝土时模板变形。在模板内侧钉一层 3mm 厚的白铁皮，可方便脱模，保证构件表面光滑美观（图 18-9）。

锚定板及肋柱上的拉杆预留孔，可用木料制成圆锥体短木棒，预埋在规定部位，待混土灌柱约 2h 后转动一次，以后每隔 1h 转动一次，待混凝土终凝后取出。

（a）肋柱模板内钉铁皮，外加角钢　　　　（b）肋柱模板挡头和钢筋卡

图 18-9　肋柱模板

挡土板如果采用钢筋混凝土槽形板，可使用翻转钢模浇筑混凝土。

18.3.1.2　拉杆及螺丝端杆制作

当拉杆长度不够需要焊接时，应采用对头接触焊方法。在现场焊接的钢拉杆和螺丝端杆，必须保证焊缝强度不低于母材强度。

选用螺丝端杆的钢筋时，其直径应比拉杆直径增加两倍的螺纹高度。螺丝端杆、螺帽尺寸及与拉杆直径的关系可参照有关标准。

18.3.1.3　拉杆防锈工艺

锚定板结构为柔性结构，其钢拉杆的防腐应选用柔性材料，不宜采用包混凝土等刚性防护。目前，锚定板结构采取的防锈措施是在拉杆钢筋表面缠裹用热沥青浸制的麻布两层。

实践证明，这是比较好的防锈措施之一。具体操作工艺如下：

先清除钢筋上的铁锈、杂物及油污等，用无油干布擦拭干净后，立即涂刷防腐底漆。防腐底漆涂料可采用：沥青船底漆、环氧沥青漆、环氧富锌漆。一般以涂刷二道为宜。涂刷时力求漆膜平整，厚度均匀无空白。在底漆外面再用热沥青浸制的麻布或玻璃纤维布缠裹两层，麻布或玻璃纤维布的宽度一般为 10～15cm，搭接头 5～8cm，须平稳粘牢。缠裹应紧密无皱折，压边均匀无空白。防腐蚀的效果与包裹层的施工质量有密切关系。

螺丝端杆与肋柱及锚定板连接的部分无法包裹，是防锈的薄弱环节，需慎重处理。应压注水泥砂浆或用水泥砂浆充填，并用沥青麻筋塞缝。

18.3.2　基础施工和肋柱吊装

18.3.2.1　基础施工

锚定板结构的基础工程通常采用现场浇筑，遵照设计要求和相应的施工规范进行施工，必须严格控制工程质量，确保结构的整体稳定。

在基坑开挖过程中，应密切注意土层的变化情况，发现与设计时土质条件差别较大时，必须及时采取处理措施。

18.3.2.2　肋柱吊装

由于肋柱下端一般都按铰支或悬臂端设计，为使分段的肋柱之间及肋柱与基础的接触处受力均匀，不至于过分嵌固，使其尽量符合设计采用的受力条件，当肋柱吊装时，在上下段肋柱的接触处及基础杯座槽内铺垫一层沥青砂浆。

为防止肋柱向外倾斜，在吊装过程中，严禁肋柱前倾。一般多做成肋柱向填土一侧仰斜，其仰斜度宜为 1：0.05。

根据现场的道路和吊装设备等情况，可采用独立拔杆或汽车吊进行肋柱吊装。如果采用杯座基础，肋挂可不设支撑，将肋柱插入杯座，调整肋柱中线位置达到设计要求后，杯座四周用木楔塞紧，肋柱即可自立。待墙后填土全部完成后，方可打掉木楔，并按设计要求填封杯座。支座如按铰支设计，则应该用沥青砂浆填封。如果采用条形或垫块基础，肋柱平置于基础上，必须使用临时支撑，肋柱才能直立。将肋柱立在基础上，调好肋柱中线位置及后仰坡度后，用支撑固定。

18.3.3 填土工艺

18.3.3.1 填料

墙后填料最好采用砂类土（粉砂、黏砂除外）、砾石类土或碎石类土。不能采用膨胀土、盐渍土及块石类土。严禁采用有腐蚀作用的酸性土和有机质土，以防止填土对拉杆钢筋的电化学腐蚀作用。

如果墙后填料为黏性上且可能有水浸入时，应在墙背自底部至墙顶以下 0.5m 范围内，填筑不小于 0.3m 厚的砂夹砾石等渗水性材料或无砂混凝土板、土工合成材料作为反滤层，以利排水，并要设置排水设施，必要时还可在填土顶部铺设防水材料。在寒冷及严寒地区，墙背应填非冻胀土，其厚度按该地区冻结深度确定。

18.3.3.2 基底处理

为保证锚定板结构的整体稳定，在填土前必须先处理好基底，锚定板结构应修建在横坡不陡于 1:10 的密实基底上。当横向坡度在 1:10～1:5 时须清除草皮；横坡在 1:5～1:2.5 时，应将原坡面挖成台阶，台阶的宽度不小于 1m；横坡陡于 1:2.5 时，应验算其基底稳定性。

如果有地下水影响基底稳固，应拦截或排除地下水到锚定板结构以外。排水有困难时，则应以渗水或不易风化的岩石填筑在底部。若基底为耕作土、松土或存在淤泥时，必须先清除然后再回填夯实。

18.3.3.3 填土程序

为保证在填土过程中，肋柱不会因填土推力的影响而产生位移，必须按图 18-10 规定的程序进行墙后填土，其步骤如下：

（1）从基底开始，由肋柱底部向上，以 1:1 的坡度夯填土方，此时肋柱完全不受土的推力。填土至下层拉杆标高以上 0.2m 处，完成了图示①。挖下层拉杆槽及锚定板坑，安装下拉杆及下层锚定板

（2）继续按图中②所示，夯填至下层锚定板以上 1m 左右，拧紧肋柱下层拉杆的螺帽，使下层锚定板能承受一定的拉力。

（3）按图示③填土，墙面系开始承受土压力。

（4）按图示④填土至上层拉杆以上 0.2m 处，挖上层拉杆槽及锚定板坑，安装上层拉杆及锚定板。此时上层锚定板尚不能起作用。

（5）按⑤继续填土至路基顶面，并拧紧上层拉杆螺帽，上拉杆及锚定板已受力

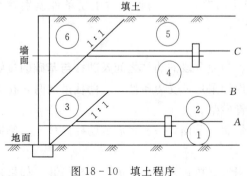

图 18-10　填土程序

工作。

（6）填完⑥三角部分，双拉杆锚定板结构填土过程完成。如为多层锚定板结构，可按以上程序循环往复填土直至全部完成。

18.3.3.4　填土夯实标准

墙后填土必须分层夯实。用机械碾压时，每层厚度以 0.3m 为宜。压实标准必须符合《铁（公）路路基设计规范》的规定。填土的含水量应等于或接近于最佳含水量。填土的密实度要求在下层压实系数应不小于 90%，面层 1m 以内压实系数应达到 95%。

填料运达工地后，应及时平整碾压，碾压次数根据密实度要求，通过试验确定。靠近墙面 1m 以内的填土，以及拉杆、锚定板以上 0.5m 厚的土体，应用人工或小型机械夯填，以防大型机械撞坏墙面、压弯拉杆或碰斜锚定板。锚定板前土体的夯填质量必须加强，以确保锚定板抗拔力的发挥。锚定板周围须用人工夯填，先夯锚定板前方填土，一排排向墙面方向推进，然后夯锚定板后填土。

18.3.4　构件安装

在填土夯填至拉杆标高以上 20cm，并挖好拉杆槽和锚定板坑后，将拉杆及锚定板就位安装。挖槽时一般使锚定板位置比设计标高抬高 3～5cm，以避免因填土沉降引起拉杆下垂。拉杆的安装须保证平直，并使其与肋柱及锚定板的连接紧密，拉杆螺帽以拧紧为度。如果要求在施工中或竣工时进行应力调整或预加应力，必须使用专用的测力扳手，并须在设计时提出操作规定。

锚定板安装完毕后，锚定板上预留的拉杆孔及锚定板后拉杆端部，须用干硬性水泥砂浆填塞封固，锚定板前及其周围的超挖部分，因空隙小不易保证填土夯实质量，须用素混凝土回填，并夯实至设计要求。

拉杆螺丝端杆与肋柱连接处应在填土前用沥青砂浆充填，并用沥青麻筋塞。外露的端杆和垫板，要在填土下沉基本完成后及时用水泥砂浆封固，并进行永久性的防锈处理。

随着填土增高，及时将挡土板安装就位。应注意使挡土板与肋柱搭接处尽可能密贴，以保证挡土板端部受力均匀，不致产生局部挤压破坏。

对于外形无明显差异的单向布筋构件，预制后应在构件表面设置方向标志，安装时应注意按照标志不要装反。

18.4　质量检验及监测

18.4.1　填土质量检验

填土质量与锚定板抗拔力、锚定板结构整体稳定性及拉杆因填土下沉而产生的次应力等有密切关系，它是锚定板结构成败的重要因素之一。因此必须加强填土质量的检验。从现场取土样进行填土的含水量及密实度测定。对于填土过程中的每一个程序，抽样检查点不得少于 3 处。当挡土结构较长时，抽样检查点的距离不宜大于 10m。检查结果比规定密度小 $0.04g/cm^3$ 者不得超过 10%，否则应进行补充夯（压）实，严重者则需返工。

18.4.2　肋柱位移及填土沉降监测

为了了解结构物的工作状态，掌握施工质量，可在施工过程中进行肋柱位移及填土沉降监测。肋柱位移包括肋柱的下沉和侧向位移。

1. 肋柱下沉置监测

在肋柱全部吊装就位后将肋柱按顺序编号，填土前用水准仪量测柱顶及基底标高，对所有测点作出标记，记录原始数据。在每一层填土完成后测量一次，并做好记录直至完工。如有条件，完工后仍可定期进行测量，直到稳定不再下沉为止。

2. 肋柱侧向位移监测

在每根肋柱上预埋位移标记，一般设在肋柱的顶部和底部或上、中、下部。在安装构件之前，预先设置三个以上位移控制桩，要保护好位移控制桩的位置不发生变化。当肋柱就位、墙后尚未填土时，用经纬仪量测肋柱上位移标记的初读数。墙背填土后，对位移标记进行定期测量，新读数与初读数之差即为该测点的位移值。如此可得到施工过程中的肋柱侧向位移量。

3. 填土沉降监测

填土沉降可采用按连通器原理设计的沉降杯来进行测量，通常将沉降杯埋设在拉杆中部及锚定板附近的填土内。沉降杯安装好之后，用水准仪量测其水杯杯口的标高作为初始读数。填土发生沉降时，沉降杯随之下沉。它的下沉量即为该测点的填土沉降量。测试方法为：从进水管向沉降杯水杯内注水，当水杯内水面超过杯口时，排水管开始排水，此时量测注水管的水位标高，它与初始读数之差，即为测点的填土沉降量。

思　考　题

1. 锚定板挡土结构的工程原理是什么与应用在哪些地方？
2. 锚定板挡土结构的稳定分析国内常采用哪几种方法？这些方法是如何分析的？
3. 锚定板的施工需要注意些什么？
4. 锚定板挡土结构的监测包括哪些内容？

参 考 文 献

[1] 叶书麟. 地基处理工程实例应用手册 [M]. 北京：中国建筑工业出版社，1998.

[2] 龚晓南. 地基处理手册 [M]. 2版. 北京：中国建筑工业出版社，2000.

[3] 李广信，张丙印，于玉贞. 土力学 [M]. 2版. 北京：清华大学出版社，2013.

[4] Brand E. M.，BrennerP. R. 软黏土工程学 [M]. 叶书麟，宰金璋，译. 北京：中国铁道出版社，1991.

[5] 侯兆霞，刘中欣，武春龙. 特殊土地基 [M]. 北京：中国建材工业出版社，2007.

[6] 中华人民共和国建设部. 建筑地基基础设计规范（GB 50007—2011）[S]. 北京：中国建筑工业出版社出版，2011.

[7] 中华人民共和国水利部. 土工试验方法标准（GB/T 50123—1999）[S]. 北京：中国计划出版社，1999.

[8] 中华人民共和国住房与城乡建设部，中华人民共和国质量监督检验检疫总局. 建筑抗震设计规范（GB 50011—2010）[S]. 北京：中国建筑工业出版社，2010.

[9] 中华人民共和国建设部，中华人民共和国质量监督检验检疫总局. 岩土工程勘察规范（GB 50021—2001）[S]. 北京：中国建筑工业出版社，2002.

[10] 林宗元. 岩土工程治理手册 [M]. 北京：中国建筑工业出版社，2005.

[11] 叶书麟. 地基处理与托换技术 [M]. 北京：中国建筑工业出版社，1994.

[12] 中华人民共和国建设部，中华人民共和国质量监督检验检疫总局. 湿陷性黄土地区建筑规范（GB 50025—2004）[S]. 北京：中国建筑工业出版社，2004.

[13] 中华人民共和国住房与城乡建设部. 钢筋混凝土结构设计规范（GB 50010—2010）[S]. 北京：中国建筑工业出版社，2011.

[14] 中华人民共和国交通部. 公路工程技术标准（JTGB 01—2014）[S]. 北京：人民交通出版社，2014.

[15] 中华人民共和国交通部. 公路桥涵设计通用规范（JTGD 60—2015）[S]. 北京：人民交通出版社，2015.

[16] 中华人民共和国交通部. 公路工程抗震设计规范（JTGB 02—2013）[S]. 北京：人民交通出版社，2013.

[17] 南京水利科学研究院. 土工合成材料测试手册 [M]. 北京：水利电力出版社，1991.

[18] 国家铁路局. 铁路桥涵设计规范（J 460—2017）[S]. 北京：中国铁道出版社，2017.

[19] 中华人民共和国住房与城乡建设部. 建筑桩基技术规范（JGJ 94—2008）[S]. 北京：中国建筑工业出版社，2008.

[20] 刘亚庄. 干法振动加固地基 [M]. 北京：原子能出版社，1990.

[21] 李波. 土力学与地基 [M]. 北京：人民交通出版社，2011.

[22] 罗宇生. 湿陷性黄土地基处理. 北京：中国建筑工业出版社，2010.

[23] 殷宗泽，龚晓南. 地基处理工程实例 [M]. 北京：中国水利水电出版社，2000.

[24] 龚晓南. 地基处理 [M]. 北京：中国建筑工业出版社，2005.

[25] 刘福臣. 地基基础处理技术与实例 [M]. 北京：化学工业出版社，2009.

[26] 郑俊杰. 地基处理技术 [M]. 2版. 武汉：华中科技大学出版社，2009.

[27] 杨仲元. 软土地基处理技术 [M]. 北京：中国电力出版社，2009.

[28] 刘川顺. 水利工程地基处理 [M]. 武汉：武汉大学出版社，2004.

[29] 王星华. 地基处理与加固 [M]. 长沙：中南大学出版社，2002.

[30] 中华人民共和国住房与城乡建设部. 建筑地基处理技术规范（JGJ 79—2012）[S]. 北京：中国建筑工业出版社，2012.

[31] 中华人民共和国住房与城乡建设部. 建筑基坑支护技术规程（JGJ 120—2012）[S]. 北京：中国建筑工业出版社，2012.

[32] 中华人民共和国铁道部. 铁路路基支挡结构物设计规则（TB 10025—2006）[S]. 北京：中国铁道出版社，2009.